绿色环保LED应用技术

魏学业　于　冬　等编著

机 械 工 业 出 版 社

本书从电力电子控制的角度出发，系统介绍了 LED 的基本原理及应用。全书共 7 章，内容包括：LED 照明基础知识，LED 的结构、特性和封装技术，LED 的应用领域，LED 驱动电路及电源变换，交流市电供电的 LED 驱动电路，单片机在 LED 照明中的应用技术，太阳能 LED 照明技术。

本书适用于高等院校电子信息、电子电力、光机电一体化等相关专业学生，以及从事 LED 应用工作的工程技术人员。

图书在版编目（CIP）数据

绿色环保 LED 应用技术 / 魏学业等编著．—北京：机械工业出版社，2011.10
ISBN 978-7-111-35497-0

Ⅰ．①绿… Ⅱ．①魏… Ⅲ．①发光二极管－照明 Ⅳ．①TN383

中国版本图书馆 CIP 数据核字（2011）第 154903 号

机械工业出版社（北京市百万庄大街 22 号 邮政编码 100037）
责任编辑：李馨馨
责任印制：李 妍
北京诚信伟业印刷有限公司印刷

2011 年 9 月第 1 版 · 第 1 次印刷
184mm×260mm · 15 印张 · 373 千字
0001－3500 册
标准书号：ISBN 978-7-111-35497-0
定价：39.00 元

凡购本书，如有缺页、倒页、脱页，由本社发行部调换

电话服务
社服务中心：（010）88361066
销 售 一 部：（010）68326294
销 售 二 部：（010）88379649
读者购书热线：（010）88379203

网络服务
门户网：http://www.cmpbook.com
教材网：http://www.cmpedu.com

前　言

绿色环保LED技术是指利用半导体固体发光器件作为光源，以低电压给照明电器供电的技术。它的特点是节能、环保、寿命长。因此，在照明领域，LED光源的应用范围十分广泛。

LED光源在2008年北京奥运会上的出色表现，极大地推动了我国LED照明技术的快速发展。随着城市化进程的加快和节能减排任务的日益艰巨，相关部门加大了推广LED应用的力度，尤其是2009年科技部的“十城万盏”LED应用示范工程，为LED产业的发展带来了新的机遇。

为了帮助从事LED应用研究的工程技术人员、电气工程专业的科研人员充分掌握LED照明技术的基本理论和应用技术，编者根据近几年在LED照明技术方面的研究心得，编写了本书。本书也可作为高等院校相关专业师生的参考用书。

本书共7章，主要从应用的角度来介绍LED的基本原理及应用。第1章介绍LED照明的基础知识、光源的度量方法和照明灯具的设计，并总结了LED的发展历程；第2章主要介绍LED的结构、特性、静电防护和封装技术；第3章介绍LED的应用领域和发展前景；第4章介绍低压供电的LED驱动电路和电源变换，其中包括驱动电源的变换类型、恒流和恒压驱动器等；第5章介绍市电供电的LED驱动电路，主要介绍AC/DC LED驱动电路、功率因数校正，列举了几个公司的解决方案；第6章介绍智能型LED照明技术，给出了几个智能LED照明的解决方案；第7章介绍了目前发展迅速的太阳能LED照明技术，对蓄电池、光伏电池进行了介绍，同时对路灯和草坪灯的设计原则给出了实例说明。

本书主要由魏学业、于冬编写，参加编写的还有邓仙玉、蔡敏、聂慧、宋水端。编写过程中得到了吴小进、覃庆努、李永康、赵顺利、吴建进的帮助，北京交通大学智能系统及再生能源研究中心的李鹏、袁雪等为本书提出了宝贵的建议，北京诚创星光科技有限公司为书中的案例提供了技术数据。在此对为本书做出贡献的人员和单位表示感谢。限于作者水平，书中错误及不妥之处在所难免，恳请读者和同行批评指正。

编　者

目　录

第 1 章　LED 照明基础知识

LED（Light Emitting Diode，发光二极管）作为新一代半导体固态照明光源，以其高效低耗、节能环保、寿命长、响应快和体积小等优点，广泛应用于照明、信号指示和背光等领域，并成为背光和信号指示领域的主流器件。随着 LED 技术的进一步发展，LED 必将取代普通灯泡而成为通用照明和特殊照明的主流器件。

在当今电能需求日益增长、可再生能源尚未广泛应用的现状下，最有效、最快捷且不影响生产和人们生活水准的节能方案就是提升用电设备、电器的能效比，即采用更为有效的技术手段，以最少的电能来完成相同的任务，LED 的应用就是提升照明电器能效比的有效方案之一。

LED 是集电学（电子光学、光电子学）、材料学（半导体发光材料、封装材料）和光学等多学科于一体的固态照明光源。为了设计以 LED 作为光源的照明设备，就需要了解 LED 的基本概念和发展状况，以及光的基本概念和灯具的设计基础，本章将对这些问题进行介绍。

1.1　LED 的基本概念

1.1.1　LED 的发光原理

LED 是一种固态的半导体器件，它可以直接把电能转化为光能。LED 的核心部分是一个半导体晶片，该晶片由两部分组成，一部分是 P 型半导体，在它里面空穴占主导地位，另一部分是 N 型半导体，它里面主要是电子。在这两种半导体的交界面处就形成了一个过渡层，称为PN 结。

当电流通过导线作用于这个晶片的时候，电子就会被推向 P 区，在 P 区里电子跟空穴复合，多余的能量则以光的形式向外辐射，从而把电能直接转换为光能，这就是 LED 的发光原理。因此，LED 的工作机理是一个电光转换的过程，当它处于正向工作状态时，电流从 LED 阳极（正极）流向阴极（负极），如图 1-1 所示。

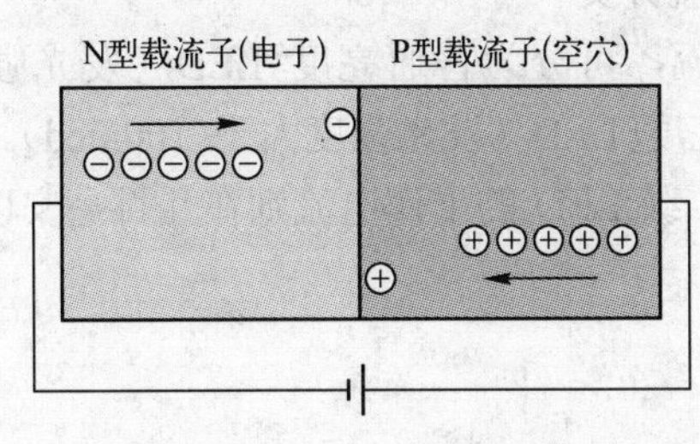

图 1-1　LED 的发光原理模型

PN 结材料的禁带宽度决定了 LED 的发光波长，通常禁带宽度越大，辐射出的能量越大，对应的光子波长就越长，反之波长就越短，因此材料不同的半导体晶体就会发出不同颜色、不同发光强度的光。

1.1.2 LED 的分类

LED 光源的分类方法有很多，可以根据 LED 的发光颜色、功率出光面的特征、LED 的封装形式和结构、发光强度和工作电流、芯片材料、功能等标准进行分类。

1．按发光颜色分类

根据发光颜色的不同，LED 光源可分成红光、橙光、黄光、绿光（又细分为黄绿、标准绿和纯绿）、蓝光、紫光和白光等。有的 LED 封装中还包含两种以上颜色的芯片，即可发出两种以上颜色的光。

根据 LED 在出光处掺或不掺散射剂、有色还是无色，上述各种颜色的 LED 还可分为有色透明、无色透明、有色散射和无色散射 4 种类型。

2．按 LED 的功率分类

按 LED 的功率，可分为小功率 LED、功率 LED、W 级功率 LED。

输入功率为几十毫瓦的 LED，称为小功率 LED；输入功率小于 1W 的 LED，称为功率 LED；输入功率大于等于 1W 的 LED，称为 W 级功率 LED，也叫照明级 LED。W 级功率 LED 通常有两种结构：一种是单芯片 W 级功率 LED，另一种是多芯片组合的 W 级功率 LED。W 级 LED 的功率有 1W、3W、5W、10W、15W 等。

3．按出光面的特征分类

根据 LED 出光面的特征，可分为圆灯、方灯、矩形灯、面发光管、侧向管、表面安装用微型管等。圆形灯按直径可分为ϕ2mm、ϕ3mm、ϕ4.4mm、ϕ5mm、ϕ8mm、ϕ10mm 等。国外常用的 T-1、T-1(1/4)和 T-1(3/4)分别对应ϕ3mm、ϕ4.4mm、ϕ5mm 的 LED。

4．按发光强度角分布图分类

根据发光强度角分布图[㊀]，LED 可分为如下三类：

1）高指向型。一般为尖头环氧封装，或是带金属反射腔封装，且不加散射剂。半值角范围为 5°～20°或更小，具有很高的指向性，可作局部照明光源用，或与光检出器组成自动检测系统。

2）标准型。通常作指示灯用，其半值角范围为 20°～45°。

3）散射型。这是视角较大的指示灯，半值角范围为 45°～90°或更大，掺入散射剂的量较大。

5．按发光强度和工作电流分类

根据发光强度和工作电流，可分为普通亮度 LED（发光强度小于 10mcd）[㊁]、高亮度 LED（10～100mcd）和超高亮度 LED（发光强度大于 100mcd）。普通亮度的 LED，工作电流为十几毫安至几十毫安。W 级 LED 的工作电流则在几百毫安以上，如 1W 的 LED，其工作电流在 350mA 左右。

㊀ 由半值角大小可以估计圆形发光强度角的分布情况。所谓半角是指法向 0° 与最大发光强度值的一半之间的夹角，即最大发光强度值与最大发光强度值的一半所对应的夹角。

㊁ cd: cadela，简写为 cd，中文为坎德拉，为发光强度的单位。

6．按 LED 的封装形式和结构分类

根据内置芯片的数量，LED 可分为单芯片和多芯片两大类。

根据是否有引脚，LED 可分为 SMD(贴片)和 DIP(直插)两种。

根据 LED 的结构，可分为全环氧封装、金属底座环氧封装、陶瓷底座环氧封装、玻璃封装和铝基板封装等。

另外，LED 还可按芯片材料、芯片数量和应用领域等进行分类。

1.1.3 LED 的特点

1．节能

LED 采用高亮度、大功率的 LED 光源，配合高效率电源，比传统白炽灯节电 80%以上，在相同功率下其亮度是白炽灯的 10 倍。

2．环保

LED 是由无毒的半导体材料做成的，不会对环境造成污染，还可以回收再利用。

3．坚固耐用

LED 光源为固体冷光源，环氧树脂封装，灯体内没有松动的部件，不存在灯丝发光烧坏、热沉积等缺点，使用寿命可达 6 万～10 万小时，是传统光源的 10 倍以上。

又因为 LED 是半导体器件，所以即使是频繁地开关，也不会影响其使用寿命。

4．便于安装

由于 LED 是半导体器件，其体积小，重量轻，便于各种设备的布置和设计，且能够做到夜景照明中“只见灯光不见光源”的效果。

5．响应快

白炽灯的响应时间为毫秒级，而 LED 灯的响应时间仅为纳秒级。白炽灯接通电源后，会延迟一段时间才亮，而 LED 灯接通电源后，会立即点亮。

6．低电压驱动

LED 使用低压 2.0～3.6V 的直流电源供电，所以即使身体接触到 LED 灯，也不会有危险，特别适用于公共场所的照明。

7．颜色多

LED 光源通过调整红、绿、蓝三基色，使这三种颜色具有 256 级灰度并任意混合，即可产生 256×256×256＝16777216 种颜色，从而实现丰富多彩的动态变化效果及各种图像。

8．抗振性强

LED 为固态封装，不怕振动，便于运输和安装，可以装在任何微型和封闭的设备中。

1.2 LED 技术发展概况

1.2.1 LED 的发展史

1907 年，自 Henry Joseph Round 在一块碳化硅里观察到电致发光现象以来，人们便开始了对电致发光的研究。1936 年，George Destiau 发表关于硫化锌粉末发射光的研究报告，报告中定义了“电致发光”这一概念。20 世纪 50 年代，英国科学家使用半导体砷化镓制作了

LED，这是一个具有划时代意义的发明，但早期的 LED 还无法满足实际应用。20 世纪 60 年代末到 70 年代末，人们使用砷化镓、磷化镓等作为发光源，研制出能发出红光、灰白绿光、黄光、绿光的 LED。

20 世纪 80 年代中期，先后出现了使用砷化镓、磷化铝作为光源的第一代高亮度红光、黄光、绿光 LED。20 世纪 90 年代初期，又出现了具有历史意义的蓝光 LED。

20 世纪 90 年代中期，超亮度的氮化镓 LED 研制成功，随即又出现了能发出高强度绿光和蓝光的铟氮镓 LED。超亮度蓝光芯片是白光 LED 的核心，在这个芯片上涂敷上荧光磷，荧光磷吸收来自芯片上的蓝光而转化为白光，利用这种技术可以制造出任何颜色的可见光。

随着技术的不断进步，近年来白光 LED 的发展相当迅速，当前商业化 LED 的光视效能已经达到 120 lm/W，在实验室样品中 LED 的光视效能已经达到 160 lm/W，大大超过白炽灯的光视效应（60～100W 白炽灯的光视效能为 15 lm/W），也超过了荧光灯的光视效能。

早期的 LED 主要是用于指示灯、计算器显示屏和电子手表等产品中，而现在的 LED 已经应用于照明、背光、显示、汽车等各个领域。

LED 产业链有上游的 LED 外延片、中游的芯片、下游的封装及应用产品三个环节。从应用产品市场的细分来看，LED 的应用领域主要有照明、显示屏、背光等。

全球 LED 产业主要分布在日本、欧美、中国台湾地区、韩国和中国内地。其中，日本的市场份额最大，是全球 LED 产业最大生产国。我国台湾地区产值位列全球第二，其产业由下游封装起步，逐步向上游外延片和中游芯片领域拓展，目前已经形成完整的产业链，是全球重要的芯片及封装生产地之一。美国及欧洲地区掌握着上游外延片及中游芯片的核心技术，在大尺寸 LCD 背光源、白光照明及汽车应用等高端市场占有优势。

目前，LED 外延片生长技术主要采用有机金属化学气相沉积（MOCVD）的方法，核心设备 MOCVD 供货商的供货能力正成为 LED 公司生产能力发展的瓶颈。与 LED 制造厂商不同的是，MOCVD 设备主要由德国、美国提供，德国 AIXTRON 公司和美国 VEECO 公司的市场占有率超过 92%。随着全球 LED 绿色节能的需求，对 MOCVD 设备的需求正在急剧增加。

目前，我国 LED 照明产业的发展较快，外延片企业的发展尤其迅速，封装企业规模继续保持较快的发展速度，照明应用技术取得较大进展。在产业规模迅速拓展的同时，国内产业结构也有较大改变，中高端产品份额逐步增加，显示屏/显示器件芯片、表面贴装器件（SMD）和大功率封装产品、路灯照明产品质量和技术都有明显提升。但是在 LED 芯片和外延片方面，我国仍缺乏具有自主知识产权的核心专利技术。从芯片和外延片水平上来看，我国与日本、美国等发达国家差距很大，在 LED 封装上规模偏小，主要企业有大连路美、江西联创光电等。

随着市场的快速发展，美国、日本、欧洲各主要厂商纷纷扩大产能，抢占市场份额。2004 年，日本 Nichia（日亚化工）、ToyodaGosei（丰田合成），美国 Cree、Lumileds、Gelcore 等国际著名半导体照明厂商新增投资超过 10 亿美元。这五大国际厂商代表了当今 LED 的最高水平，对产业的发展具有重大影响。

1.2.2 全球主要 LED 厂商介绍

1．日亚化学

日亚化学（Nichia）公司拥有自制 MOCVD 设备近 200 台，主要是单片型，所用衬底主要是蓝宝石（Al_2O_3）㊀。该公司生产蓝、绿、紫、紫外、白光小功率（<20mW）、中功率（20～50mW）以及大功率（>50mW）的 LED 产品，只出售 LED 以及后续产品，不出售 LED 芯片和外延片。此外，该公司的荧光粉技术非常成熟。产品应用广泛，几乎所有与氮化镓发光二极管（GaN-LED）相关的领域都有其产品。特别是户外全彩色大屏幕方面，约占全球市场份额的 20%～30%。

2．丰田合成公司

丰田合成（ToyodaGosei）公司拥有自制的 MOCVD 设备，产量比日亚化学公司大，但产品质量略差些，使用蓝宝石作为衬底。该公司只出售 LED 及其后续产品，不出售芯片和外延片。产品应用广泛，几乎所有与 GaN-LED 相关的领域都有其产品。但户外全彩色大屏幕无法与日亚公司相比，约占全球市场份额的 20%。

3．Cree 公司

Cree 公司既有市场上购买的 MOCVD 设备，又有自己研制和改进的 MOCVD 设备。主要是多片型 MOVCD 设备生产 Ga-LED。Cree 公司所用衬底是碳化硅（SiC），有非常成熟的碳化硅单晶生产技术，容易获得碳化硅衬底材料。该公司只出售 LED 外延片和芯片，可以生产蓝、绿、紫、紫外光小功率、中功率以及大功率的 LED 外延片。产品应用广泛，几乎所有与 Ga-LED 相关的领域都有其产品，约占全球市场份额的 10%。

4．GelCore 公司

GelCore 公司主要用 EMCORE 公司的 MOCVD 设备生产 Ga-LED 外延片，所用衬底主要是蓝宝石。Gelcore 公司可以生产蓝、绿、紫、紫外、白光小功率、中功率以及大功率的 LED 产品，但大功率产品目前还相对不成熟。Gelcore 公司在灯具设计方面有较强优势，产品应用广泛，几乎所有与 Ga-LED 相关的领域都有其产品，特别是高档照明市场（如建筑物轮廓装饰照明），其产品有很高的市场占有率。

5．Lumileds 公司

Lumileds 公司所用衬底主要是蓝宝石，也用氮化镓。该公司只出售 LED 以及后续产品，不出售芯片和外延片，可生产蓝、绿、紫、紫外、白光小功率、中功率以及大功率的 LED 产品。特别是它能生产 5W 的大功率 LED 产品，主要用于大功率白光照明。

1.2.3 中国 LED 产业发展现状

1．产业地区分布

目前我国 LED 产业已初步形成了珠江三角洲、长江三角洲、北方地区、江西及福建地区四大区域。同时，还建立了上海、北京、厦门、大连、南昌、深圳六个产业基地。另外，宁波、广州、武汉、重庆、哈尔滨、西安等城市也都成立了地方产业联盟、促进中心、商会等行业组织。我国 LED 照明产业的发展具备了一定的自发协调能力和机制。

㊀ 对于 LED 芯片来说，衬底材料的选用是首先要考虑的问题。应根据设备和 LED 器件的要求进行选择。目前市场上一般有三种材料可作为衬底。蓝宝石、硅和碳化硅。

目前，我国LED照明产业相关企业有3000余家，其中，约2000家处于LED应用端。1000多家从事LED封装，从事LED外延片及芯片生产的厂家有40多家。从产业链各环节的分布来看，我国LED产业存在着明显的产业链分布不均的问题。作为技术和资本都相对集中的上游外延材料及中游芯片制备环节企业较少，在关键设备方面的技术还较为薄弱，以MOCVD为代表的关键设备还处于研发试制阶段。

我国LED产业在封装及应用方面发展较快，尤其是应用环节的企业数量占整个产业链中企业数量的70%左右。这种不均匀的分布情况直接导致了我国LED产业的下游环节竞争激烈。同时，由于行业标准缺失以及行业内无大规模、大品牌的领军企业等原因，使得目前这种局面还很难改变。

2．技术现状

目前，我国LED产业在技术方面与欧美、日本等世界技术强国相比，还存在很大差距，尤其是材料外延技术与装备等方面，很多还停留在实验室阶段，离真正的产业化还有很大的距离。相对而言，我国在封装材料、工艺技术与装备、系统集成技术及应用等方面与国际技术水平的差距相对较小，尤其在应用环节，我国系统集成技术及应用发展十分迅速。目前部分技术，如系统集成、控制系统等甚至可以与世界一流的应用技术媲美，LED产品在2008年北京奥运会上的成功应用很好地说明了这一点。

在技术研发方面，我国启动了863计划“半导体照明工程”重大项目，并在“十一五”规划中将该项目列为新材料领域的重大专项，制订了3.5亿元的支持计划，重点在核心技术、重要装备及应用集成等方面寻求突破。目前，该计划在以100 lm/W大功率芯片等为主的核心技术方面已经取得较大突破，有力地支撑了国内产业的发展，在应用集成方面也取得了一些阶段性成果。

技术竞争也是目前国内外LED相关企业关注的焦点，拥有专利技术的厂商正通过知识产权保护来获得高额利润，在专利竞争中处于劣势的公司也积极通过不同技术的路线，取得自己的技术优势。据统计，我国大部分LED相关的专利都集中在中下游环节，上游材料、外延技术与装备方面的专利很少，国内关键技术目前主要由海外引进，这就造成了企业间技术的差异性不大，产品定位相似，市场高度集中的现状。

3．市场发展现状

LED的应用领域非常广泛，不同种类的LED、不同技术水平的LED都能在各自的应用领域找到市场需求。2008年，国内LED照明应用领域总产值达到450亿元，较为成熟的应用领域有建筑景观、大屏幕显示、交通信号灯、指示灯、手机、特种照明及军用、数码相机等。同时，随着LED光视效能的提升及性能的改进，LED的应用领域也不断拓展。白光LED问世后，其发光效率逐年提升，由于其显色性与色温表现渐佳及价格逐年降低等因素，使得LED照明应用领域变得更为宽广。相对而言，目前发展较快，但应用不够成熟的领域主要有中大尺寸LCD背光源、道路照明、室内照明、汽车照明等，而这几个领域也是LED未来发展的几大方向。

4．产业发展政策

我国在“十一五”期间经济快速发展，电力供给不足和能耗不断上升已成为我国经济发展的两大隐患，为了改善上述问题，在新电力开发有限的情形下，节能变成最主要的手段。

2006年年初，国务院发布了《国家中长期科学和技术发展规划纲要》，“高效节能、长寿命的半导体照明产品”被列入中长期规划第一重点领域（能源）的第一优先主题（工业节能），在国内外引起广泛关注。

同时国家科学技术部启动了 863 计划，863 计划中的半导体照明产业分为下列几个方向：第 3 代宽禁带半导体外延材料生长和器件技术研究、130 lm/W 半导体白光照明集成技术研究、100 lm/W 功率型白光 LED 制造技术、MOCVD 装备核心技术及关键原材料产业化技术开发、半导体照明产业技术标准、评价体系与专利战略研究。

1.3　白光 LED

白光 LED 自问世以来，受到了极大关注。近 20 年来，白光 LED 的发展十分迅速，其光视效能提高了近 20 倍，它作为一种新型的固态光源（Solid State Light, SSL），进入照明领域后很快便成为继气体放电灯光源之后的第三代新型光源。

1.3.1　白光 LED 的发展现状

以氮化物为代表的材料体系研究的历史性突破，以及 LED 的三基色发光体系的建立，使得白光 LED 的实现成为可能。20 世纪 90 年代是白光 LED 快速发展的时期，日亚化学公司继 1993 年成功研制了以氮化物为代表的高亮度蓝光 LED 后，仅仅过了 3 年，于 1996 年研制成功了世界上第一只白光 LED，并于 1998 年推向市场。由于白光 LED 具有低能耗、无汞、低电压等优点，符合绿色照明工程的节能、环保和安全的要求，因此世界上的知名学者、研究机构、知名企业都投入了极大的精力和资金来研究和开发白光 LED 光源。

高亮度 LED（High Brightness LED, HB-LED）是未来照明的核心部分，面对巨大的市场挑战，各国政府和世界各大公司都加大了对 HB-LED 芯片及其封装技术的研发力度，以期解决如下两个技术关键：提高 HB-LED 的光视效能（lm/W）以及提高每一器件(组件)总的光通量。

1998 年日本政府制订了“21 世纪光计划”，旨在研究能制作大功率 LED 的高质量材料、高功率管芯以及高效率白光荧光粉。美国能源部设立了“固态照明国家研究项目”（National Research Program on Solid State Lighting），共有 12 个国家重点实验室、公司和大学参加，由国家能源部、国防先进研究计划总署和光电工业发展协会联合资助执行，主要投入研究开发的 LED 厂商有 Lumileds、Cree、Agilent、Gelcore 等国际大企业。2000 年欧共体设立了“彩虹计划”（Rainbow Project AlInGaN for Multicolor Sources），成立了执行研究总署，委托六个大公司和两个大学执行。

1.3.2　白光 LED 的合成技术

目前，LED 正在由指示、显示和背光领域向家用普通照明领域扩展，这一发展趋势使得人们把 LED 技术研发重点放在了白光 LED 上。白光 LED 的制造技术主要有以下三种：

1）用铟氮化镓（InGaN）蓝光 HB-LED 管芯上加少量以钇铝石榴石（YAG）为主要成分的荧光粉。

2）利用三基色原理将红、绿、蓝三种 HB-LED 混合成白光。

3）用紫外光 LED 激发三基色荧光粉或其他荧光粉，产生多色光混合成白光。

1．单晶蓝光 LED 与黄光荧光粉

单晶蓝光 LED 与黄光荧光粉结合，其典型的方法是将荧光粉涂敷于 LED 芯片附近。利用 460nm 的 InGaN 蓝光半导体激发 YAG 荧光粉，荧光粉被激发后生成的 555nm 的黄光与用于激发的蓝光互补而生成白光。图 1-2 给出了单晶蓝光 LED 与黄光荧光粉混光图以及该白光 LED 的发光光谱外形。

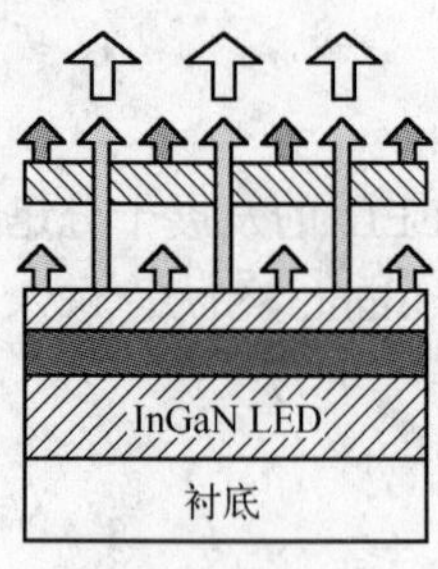

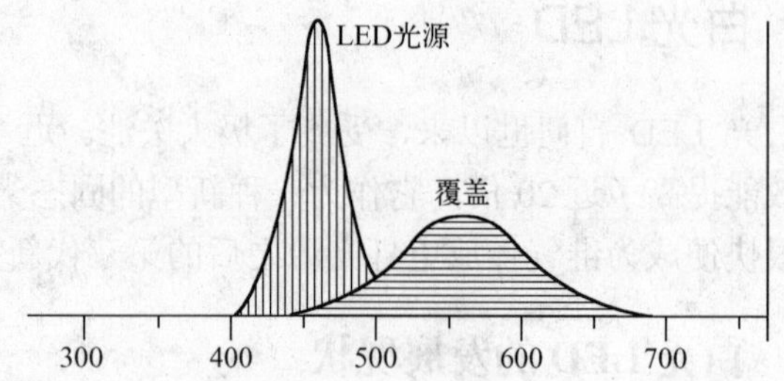

图 1-2　单晶蓝光 LED 芯片与黄光荧光粉混光图

该方法制备简单，效率高，具有实用性。随着蓝光芯片光视效能的不断提升，以及 YAG 荧光粉合成技术的逐渐成熟，单晶蓝光芯片与黄光荧光粉结合成为目前较为成熟的白光 LED 封装技术。

2．红 LED+绿 LED+蓝 LED

利用红（R）、绿（G）、蓝（B）三色芯片直接封装成白光二极管是最早用于制成白光的方式，红、绿、蓝三基色光的相互混合在理论上可以得到自然界中所有颜色的光线。如图 1-3 所示为红、绿、蓝三基色芯片配合图。

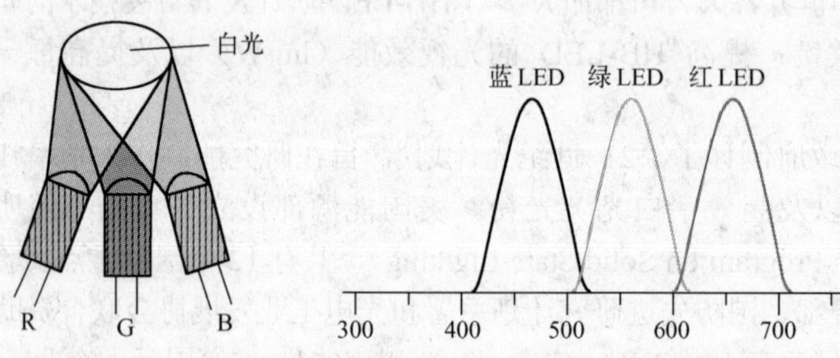

图 1-3　RGB 三基色芯片配合图

这种封装的优点是不需经过荧光粉的转换，由三色 LED 芯片直接将光混合而形成白光，除了可减小荧光粉转换的损失而得到较高的光视效能外，还可以分别控制三色发光二极管的发光强度，得到全彩的变色效果(可变色温)，并且通过芯片波长及发光强度的选择得到较好的显色性。

这种方式制备的 LED 光源，主要应用在散热条件较好的户外显示板、户外景观灯、LCD 背光源等场合。

3．紫外线 LED+发红/绿/蓝光的荧光粉

白光的另一种合成形式是紫外线 LED（Ultra Voilet LED，UV-LED）配上三色（R、G、B）

荧光粉。这种方法是利用紫外光来激发红、绿、蓝三色荧光粉，通过三色荧光粉激发出的光线形成白光的视觉效果。该方法因为紫外光不实际参与白光的配色，因此 UV-LED 波长与发光强度的波动对于配出的白光来说影响不大，并可通过各色荧光粉的选择及配比，调制出可接受的色温及显色性的白光。混光方式如图 1-4 所示。

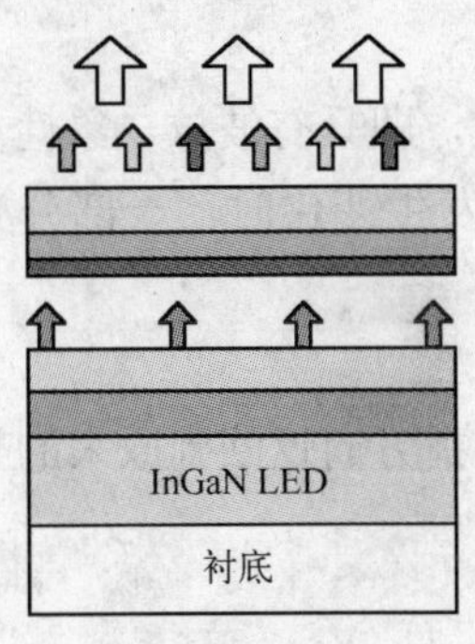

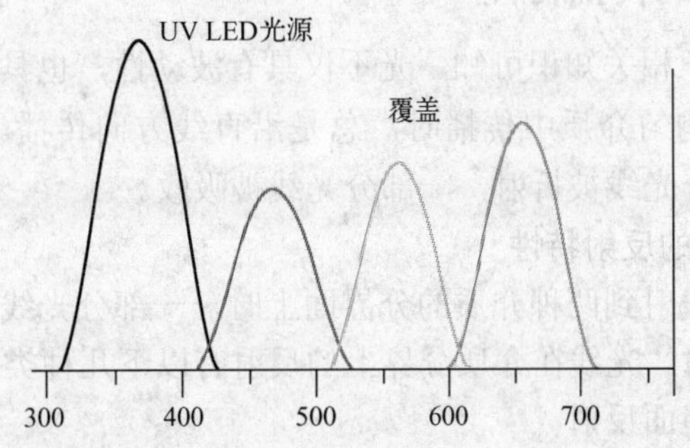

图 1-4　混光方式

1.4　光的特性及度量

LED 作为照明光源，是产生光的一种载体，在利用其进行照明灯具的设计时，首先要掌握光的特性和度量方法，以便设计出符合要求的照明灯具。

1.4.1　光的基本概念

光是一种电磁波，在整个电磁波的波谱中，可见光波只占很小的一部分。可见光的波长在 380～780nm 之间，波长小于 380nm 和大于 780nm 的波为不可见。用棱镜片可将光分成红、橙、黄、绿、青、蓝、紫 7 种颜色的光，红光波长最长，在 640~780nm 之间；紫光的波长最短，在 380～430nm 之间；橙光的波长约为 610～640nm；黄光的波长约为 530～610nm；绿光的波长约为 505～525nm；蓝光的波长约为 470～505nm。

可见光之外的光为不可见光。波长比紫光短的部分，也就是波长小于 380nm 的光，称为紫外线（UltraViolet，UV）。波长比红光长的部分，也就是波长大于 780nm 的光，称为红外线（InfraRed，IR）。图 1-5 给出了电磁波的波长范围。日光和灯光都是由不同波长的光混合而成的复合光，日光由于早晨、中午和下午天空云层或太阳离地球距离的不同而呈现出不同的颜色，灯光通过改变灯罩的颜色而呈现出多种颜色。

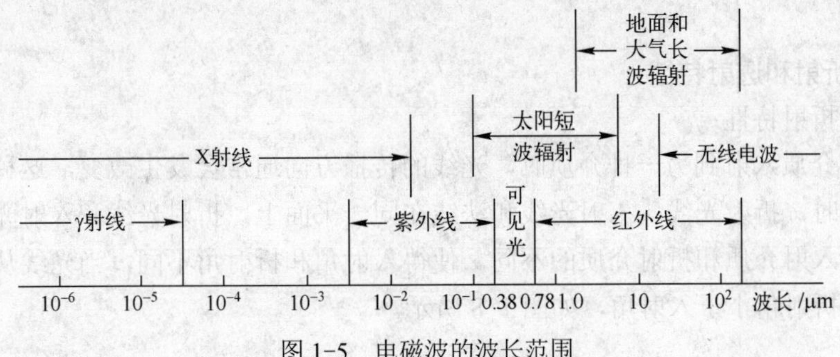

图 1-5　电磁波的波长范围

不同材料制作的 LED 光源，既可发出可见光，又可发出不可见光。可见光 LED 主要应用于指示灯、背光、普通照明和特殊照明；不可见光 LED 主要应用于遥控器、光电隔离器、影印机、光电鼠标、灭虫灯、验钞机、紫外光线传感器等。

1.4.2 光的传播特性

由光学相关知识可知，光不仅具有波动性，也具有粒子性，即具有波粒二象性。当光线在同一种均匀介质中传播时，总是沿直线方向传播。当介质发生变化时，一部分光线被反射，一部分光线被折射，一部分光线被吸收。

1. 光的反射特性

当光线射到两种介质的分界面上时，一部分光线会改变传播方向返回到原来的介质中，这就是反射。光线在介质分界上的反射有以下几种类型。

（1）镜面反射

平行光线射到光滑表面上时反射光线也是平行的，这种反射叫做镜面反射，如图 1-6 所示。反射光线与入射光线和法线在同一平面内，但分居法线两侧，并且反射角等于入射角，这就是光的反射定律。对于普通照明灯具的设计，像荧光灯的安装盒、探照灯的灯具、路灯的灯具等就是利用光的这一定律进行设计的。由于 LED 光源的光线射出的角一般是在 120° 范围内，所以在 LED 光源灯具的设计中，光的反射定律可以不考虑。

（2）漫反射

当一束平行的光线投射到粗糙的物体表面时，物体表面会把光线向四面八方反射，从而使得反射光线无规则地向各个方向传播，这种反射称为“漫反射”或“散射”，如图 1-7 所示。漫反射可使物体表面亮度均匀，从各方向观察无明显差别，不像镜面反射那样形成刺眼的光线。由于照明灯和指示灯需要形成均匀照明，以便给人舒服的感觉，因此 LED 景观照明灯具（如庭院灯、草坪灯）就是按照这一原理设计的。

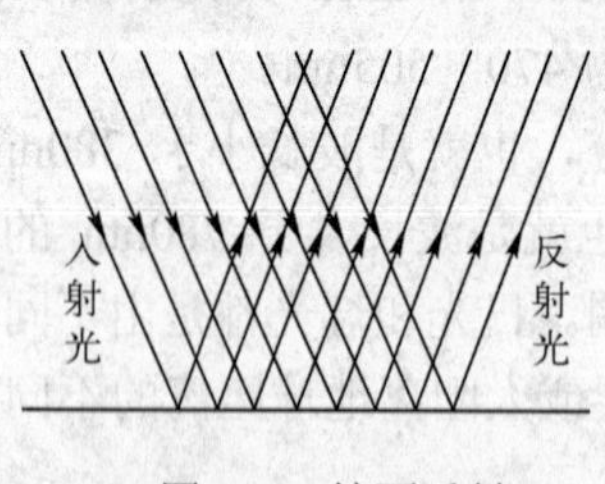

图 1-6 镜面反射

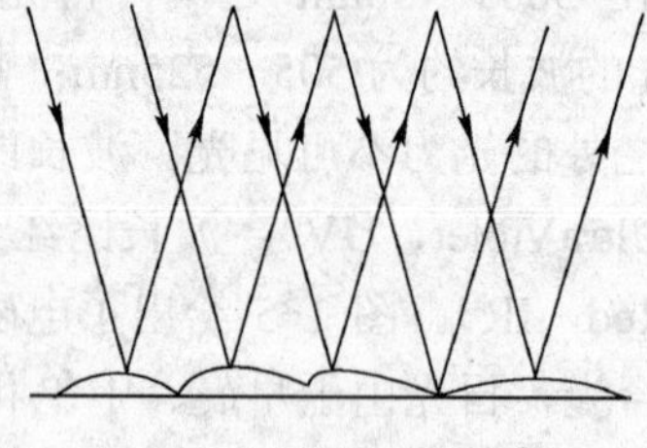
图 1-7 漫反射

2. 光的折射和透射特性

（1）光的折射特性

光从一种介质入射到另一种介质时，光线的传播方向通常会发生改变，这种现象称为折射。光线折射时，折射光线、入射光线和法线在同一平面上，折射光线和入射光线分居法线的两侧。由于入射介质和折射介质的不同，使得入射角和折射角不同，当光线从空气入射到其他介质时，折射角小于入射角，如图 1-8 所示。

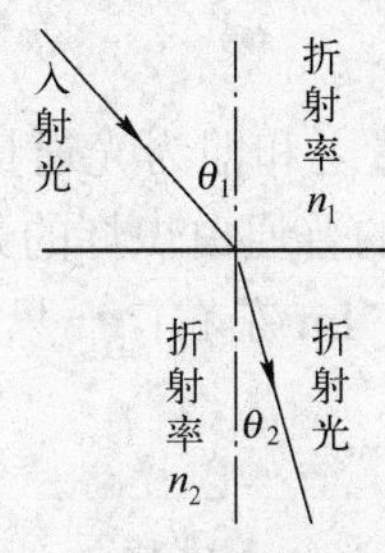

图 1-8　光的折射

（2）光的透射特性

当光线入射到透明或半透明介质表面时，一部分光线被反射，一部分光线被吸收，而大部分光线则经过介质后透射出去。透射又可分为如下几种：

1）规则透射。当光线入射到光滑透明介质上时，透射光是按照光学的定律进行透射的，这就是规则透射。

2）散透射。当光线入射到粗糙的透明介质（如磨砂玻璃）上时，在透射方向上的光强发生较大的变化，这种现象称为散透射。

3）漫透射。当光源的光线入射到散射性较好的透光介质上时，透射光会向所有的方向散开并均匀分布在整个空间内，这种现象称为漫透射。如乳白玻璃就具有均匀漫透射的特性，它可使整个透光面亮度均匀，完全看不见入射的光源。

4）混合透射。当光线入射到透射介质上时，其透射性介于规则透射与漫透射之间的情况称为混合透射。

在照明灯具设计中，特别是在普通照明和景观照明的灯具设计中，一般要利用光的透射现象对灯具的形状进行设计，以满足人们对光线的要求。

1.4.3　光的基本度量

可见光是指电磁波辐射到人的眼睛，经视觉神经转换为光线，即能被肉眼看见的那部分光谱。这类射线的波长在 380～780nm 之间，仅仅是电磁辐射光谱中非常小的一部分。如果要设计照明灯具，就需要了解光的基本度量，这就是光度学（Photometry）的研究范围。

在可见光波段内，考虑到人眼的主观因素的相应计量学科称为光度学。它是仅对可见光（电磁辐射中很窄的波段）进行计量的一门学科，与几何光学有密切的关系。

光度学是 1760 年由德国数学家、天文学家、物理学家朗伯创立的，它定义了光通量、发光强度、照度和亮度等主要的光度量参量，建立了这些参数之间的关系。

光度学通常用下列物理量来进行描述。

1．光通量

能够被人的视觉系统所感受到的那部分光辐射功率的大小的度量定义为光通量（Luminous Flux）。由于人的视觉对不同波长光的相对可见率不同，所以不同波长光的辐射功率相等时，其光通量并不相等。

光源在单位时间（1s）内通过某一面积时的光量，称为该面积上的光通量，用 φ 表示，单位为流明（lumen），简写为 lm。

国际单位制中流明的定义如下：当光源发出波长为 555nm 的单色光时，其辐射功率为

1/683W，称为1 lm。

光源发射并被人的眼睛接收的能量之和即为光通量。一般情况下，同类型灯的功率越大，光通量也越大。例如，一只40W的普通白炽灯的光通量为350～470 lm；而一只40W的普通直管形荧光灯的光通量为2 800 lm左右；一只40W的LED灯的光通量为2 400～4 800 lm。

2．发光强度

光源在给定方向的单位立体角内发出的光通量，定义为在该方向的发光强度（Luminous Intensity），简称光强。符号为 *I*，单位为坎德拉（candela），简写为cd，它是光度学的基本单位之一。

坎德拉是光源在给定方向上的发光强度，该光源发出波长为555 nm的单色辐射光，而且在此方向上的辐射强度为1 / 683W每球面度。

由于光源发出的光线是向空间各个方向辐射的，所以必须用立体角度作为空间光束的度量单位计算光通量的密度。通常用极坐标表示光源在各个方向上光通量的分布情况，称为该光源的光强分布曲线。一般情况下，光源在各个方向上的光强分布不同。

3．照度

单位面积上接收的光通量称为照度（Illuminance），用符号 *E* 表示，单位为勒克斯（lux），即距离该光源1 m处，在1 m^2面积上得到的光通量是1 lm时，它的照度是1 lux。

通常情况下，1 W的白炽灯，在1 m处的照度为15 lux左右，而1W的LED光源，在1 m处的照度在80～120 lux。

4．亮度

亮度（Brightness）是反映发光体（反光体）表面发光（反光）强弱的物理量。人眼从一个方向观察光源，在这个方向上的光强与人眼所“见到”的光源面积之比，定义为该光源的单位亮度，亮度的单位是坎德拉/平方米（cd/m^2）。

由于物体的反光系数不同，照度相同的物体表面，人眼感觉到的明亮程度也不相同。这是因为人眼的视觉感觉是由物体的发光或反光（透光）现象在眼睛上形成的照度而产生的。面积相同的黑白两物体，在接收相同的照度情况下，人眼会感觉白色物体亮得多，所以照度只能反映被照面上接受光照的强弱，并不能反映被照面的明暗程度，只有亮度能够表征被照面的明暗程度。表1-1给出了部分光源的亮度参考值。

表1-1　部分光源的亮度参考值

发　光　体	亮度/(cd/m^2)
太阳表面	2.25×10^9
晴朗的天空	8 000
从地球表面观察月亮	2 500
钨丝灯	$(2\sim20)\times10^6$
荧光灯	$(0.5\sim3.6)\times10^4$
电视屏幕	1 700～3 500
液晶显示器（LCD）	350～800

5．光视效能

光视效能（Luminous Efficiency）是描述某一波长的单色光辐射通量可以产生多少相应

的单色光通量的物理量。

光视效能定义为同一波长下测得的光通量与辐射通量的比值。单位为流明/瓦特（lm/W）。

1.5　光源的颜色与分类

光源的颜色体现在两个方面，一方面是人眼直接看到的颜色，称为光源的色表；另一方面是光源的光照射到物体上所产生的客观效果。如果各色物体受光照时的效果和标准光源（黑体或标准昼光）照射时一样，则认为该光源的显色性好（显色指数高）；反之，如果物体在受光照后颜色失真，则称该光源的显色性差（显色指数低）。光源的颜色是评价照明光源好坏的一个重要指标。本节将介绍物体的发光方式，并通过光源颜色的对比，讲解如何根据显色指数的要求利用 LED 设计光源。

1.5.1　物体的发光方式

1．热光现象

物体在高温下发光的现象称为热辐射。在热辐射的过程中，其内部的能量并不改变，通过加热使物体持续辐射，温度不同的物体辐射的光的波长不同，低温时辐射红外光，高温时辐射白光。众所周知，当钨丝在真空惰性气体中加热至一定温度时即会发出光，随着温度的变化，发出的光会从暖黄光变为耀眼的白光。由于这种发光过程伴随着物体的加热，所以将这种形式的发光现象称为热光现象。

白炽灯发光就属于典型的热光现象，即电能→热能→光能。

2．冷光现象

冷光是物体在较低温度时所发出的光。当原子的一个电子受外力作用从基态激发到较高能态，而这种较高的能态是不稳定的，那么该电子通常会以光的形式将能量释放出去而回到基态。物体发光时，它的温度并不比环境温度高，这种发光叫冷发光，把这类光源叫做冷光源。按物体的种类与激发的方式不同，冷光可分为生物发光（如细菌、真菌、蠕虫、软体动物、甲壳动物、昆虫和鱼类等）、化学发光、阴极射线发光、场致发光、电致发光等。萤火虫、荧光粉、荧光灯、LED 等均是一些典型的冷光源。

3．电致发光

电致发光（Electroluminescent）通常有如下两种现象：

1）通过加在两电极的电压产生电场，被电场激发的电子碰击发光中心，而使电子能级的跃进、变化、复合导致发光。

2）直接由晶体上的电极注入电子和空穴，当电子与空穴在晶体内复合时，以光子的形式释放出多余的能量，这种现象称为注入式场致发光，LED 就属于这种情况。

光子的波长取决于电子的能量差，即

$$\Delta E=\frac{hC}{\lambda}=\frac{1.24}{\lambda}\times10^{-6}$$

从而有

$$\lambda=\frac{hC}{\Delta E}$$

式中，$\Delta E = E_1 - E_2$，E_1 和 E_2 分别代表电子在两个能级上的能量，单位为电子伏特（eV）；λ 为光子波长，单位为 nm；h 为普朗克常数，h = 4.135×10^{-15}eV · s；C 为光速，C = 3×108m/s。

由此可知，激发电子的能量差ΔE 越高，所发出的光子的波长就越短，光子的颜色就会发生蓝移[㊀]现象。反之，激发电子的能量差变小，所发出的光子的波长就会发生红移。理论上，通过改变材料，就可以改变发射光子的能量，从而使 LED 发出各种颜色的光。

1.5.2 光源的颜色和色温

当太阳光照射到某一种颜色的物体（非透明的）上时，物体会将其他颜色的光吸收，而将物体本身颜色的光反射回来，于是人眼就看到了该物体的颜色。太阳光中包含了各种颜色，而物体对各色光的反射能力不同，因此大自然在阳光的照射下，显示出丰富多彩的颜色。太阳是一个色表和显色性都很好的光源，也就是说它有很好的颜色还原力。

白炽灯的光谱能量分布和黑体比较接近，颜色非常丰富，因此可将各种颜色都反映出来，有较好的显色性。但其辐射光谱偏重于长波，因此光色看起来偏红偏黄，色表不是很理想。

LED 可以发出各种颜色的光，因此当 LED 光源照射到物体上时，其全部颜色都能反映出来，所以它是一个色表和显色性都很好的光源。

1．光源的颜色

光源的颜色和环境的色彩影响着人们的视觉，照明设计中，光源的颜色是一个重要的因素。颜色可分为无彩色和彩色两大类。

无彩色是指白色、黑色及其中间色，也就是说，无彩色是只具有明度属性的颜色。将白色、浅灰、中灰、深灰直到黑色依次排列，组成一个逐渐变化的系列，称为黑白系列或无色系列。灰色是不饱和色，黑白系列的颜色的反射率代表了物体的明度，反射率越高，越接近白色，反射率越低，越接近黑色。

彩色是指除了黑白系列以外的各种颜色。要确切地说明某一种颜色，必须考虑到颜色的三个基本特征，即色调、饱和度和明度，这三个属性组合在一起决定了人眼的视觉效果。

2．光源的色温

色温（Color Temperature）是表示光源颜色的尺度，单位为开尔文（K），它是光波在不同的能量下，人眼所感受到的颜色变化。色温是按绝对黑体来定义的，假设光源的辐射在可见区和绝对黑体的辐射完全相同，此时的黑体温度就称为光源的色温。

光源的色温越低，红辐射越多，通常称为“暖光”；色温越高，蓝辐射越多，通常称为“冷光”。光源色温不同，给人的感觉也不同。低色温有温暖的感觉，高色温有冷的感觉。照明设计时，需要根据不同的用途来考虑选择不同色温的光源。

一些常用的光源色温，蓝天为 12 000～18 000K，荧光灯为 7 200～8 500K，阴天为 6 500～8 000K，平均中午日光为 5 400K，金属卤化物灯 4 000～4 600K，卤素灯 3 000K，白炽灯为 2 800K，高压钠灯为 1 950～2 250K，蜡烛光为 2 000K，LED 光源为 2 700～7 000K。

色温有以下几种特征：

1）在高纬度的地区，色温较高，所见到的颜色偏蓝。

2）在低纬度的地区，色温较低，所见到的颜色偏红。

㊀ 光的频率在光谱线上向蓝端方向上移动的现象称做蓝移。

3）在一天之中，色温亦有变化，当太阳光斜射时，能量被（云层、空气）吸收较多，所以色温较低；当太阳光直射时，能量被吸收较少，所以色温较高。

1.5.3　光源的显色性

显色性是指光源照射到物体上对物体真实颜色的呈现程度。显色性高的光源对颜色的再现性较好，人们看到的颜色也就较为接近自然原色；显色性低的光源对颜色的再现性较差，人们看到的颜色偏差也较大。一般显色指数用 R_a 表示，R_a 的范围为 0～100。R_a 值越高，光源的显色性就越好，通常大部分照明环境要求光源的显色指数在 70 以上。对于颜色辨别要求高的场合，如摄影棚、体育馆和印刷行业，则需要高显色指数的光源，如 LED 灯、白炽灯、卤钨灯等，它们的显色指数都在 85 以上。

光源的色温和显色性没有必然的联系，因为具有不同光谱分布的光源可能有相同的色温，但显色性可能差别很大。表 1-2 给出了几种典型电光源的色温与显色指数。

表 1-2　几种典型电光源的色温与显色指数

光 源 名 称	色温/K	R_a
白炽灯（500W）	2 800	95～100
荧光灯（40W）	6 600	70～80
荧光高压汞灯（400W）	5 500	30～40
镝灯（1000W）	4 300	85～95
高压钠灯（400W）	2 000	20～25
LED 灯(80W)	2 700～8 700	>85

1.5.4　光源的分类

《建筑照明设计标准》（GB50034—2004）中以强制性条文规定了照明节能的设计标准，而由于设计阶段照度计算和灯具选型具有一定的特殊性和不确定性，为此本节对常规照明设计中的光源、灯具作一简单的分析。

1．光源分类

如图 1-9 所示为常用灯具的光源分类图。

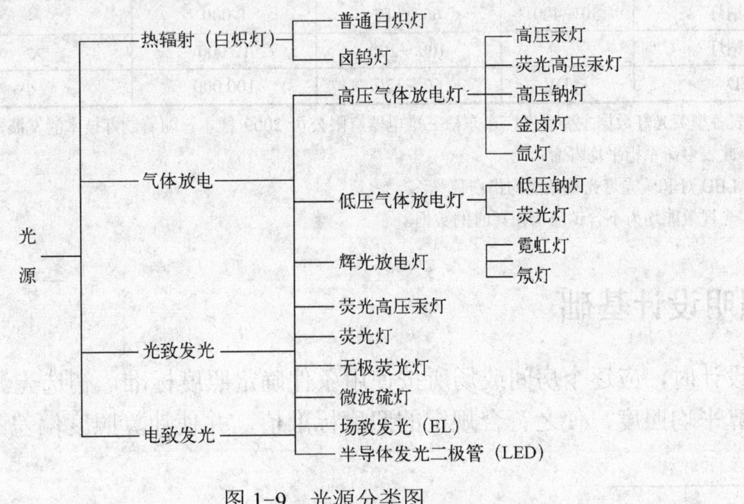

图 1-9　光源分类图

2．几种光源特性比较

表 1-3 给出了几种常用光源的基本特性。

表 1-3　常用的光源数据

光 源 类 型	功率范围/W	光视效能[②③]/(lm/W)	寿命/h[①]	电压影响光通量	环境影响光通量
白炽灯	10～1 000	8～22	1 000	大	小
卤钨灯	500～2 000	14～20	8 000	大	小
T5 灯-865	5	60	11 000	较大	大
T5 灯-865	24	85	11 000	较大	大
T5 灯-865	35	87	11 000	较大	大
T8 灯-765	18	55	9 500	较大	大
T8 灯-765	30	60	9 500	较大	大
T8 灯-765	36	66	9 500	较大	大
T8 灯-527	18	66	9 500	较大	大
T8 灯-527	30	68	9 500	较大	大
T8 灯-527	36	76	9 500	较大	大
T5 环灯-865	22	57	8 000～11 000	较大	大
T5 环灯-865	32	62	8 000～11 000	较大	大
T5 环灯-865	40	66	8 000～11 000	较大	大
T9 环灯-872	22	52	8 000～11 000	较大	大
T9 环灯-872	32	61	8 000～11 000	较大	大
T9 环灯-872	40	65	8 000～11 000	较大	大
节能灯					
2A	3,5,7,9	44～66	7 000		
2U	7,9,11,13	47～57	7 000		
3A	7,9,11,13	42～53	7 000		
3U	18,24	52～54	7 000		
S	7,9,13,18,24	44～57			
其他灯					
金卤灯	70～1 500	71～110	8 000	较大	较小
高压钠灯	50～400	66～117	8 000		较小
低压钠灯		100～200	12 000	大	较小
LED	≥1W	60～120	100 000	较小	较小

注：本表各型荧光灯数据主要参考广东东松三雄电器有限公司 2009 样本。随着制灯技术的发展，各参数均可能发生变化。

① 此表寿命系指平均寿命。

② LED 灯和荧光灯光视效能均指白色光。

③ 光视效能均为不含镇流器损耗时的数据。

1.6　照明设计基础

照明设计时，应逐个房间或场所按使用条件确定照度标准，初选光源、灯具[㊀]的类型、规格，计算平均照度，使之符合规定的照度标准值，并使计算照度偏差不超过±10%，再计

㊀ 光源和灯具是照明设备的重要组成部分，光源是照明设备中的发光部分，灯具是光源的载体即照明设备的外壳。

算照明功率密度（Light Power Density，LPD）值，将规定的 LPD 值与计算出的 LPD 值进行对比，接近规定值即符合要求。如果超过或低于规定值，应调整方案，直到接近规定为止。

1.6.1　照明设计原则

（1）光源的选择应尽可能使用高光效光源，如 LED 光源，尽量减少或不使用白炽灯，减少高压汞灯的使用，特别是不要随意使用自整流高压汞灯。

（2）灯具的选择优先选用高效率节能灯具，在满足眩光㊀限制要求下，应选择直接型灯具；室内照明和景观照明，应尽量选择漫散射型灯罩。灯具的光视效能取决于反射器的形状和材料、出光口大小、漫射罩或格栅的形状和材料。

（3）控制器的选择

采用效率高的照明控制技术和方法，可以使整个照明系统的光视效能得以提高。若以 LED 作为光源，可选择效率高的恒流源。表 1-4 给出各种场所对灯性能的要求及建议。

表 1-4　各种场所对灯性能的要求及建议

使用场所		要求性能		选用建议[1]												
				白炽灯[2]		荧光灯[3]				汞灯	金卤灯[4]		高压钠灯[5]			LED
		R_a	色温/K	I	H	S	HC	3	C		S	HC	S	IC	HC	
工业建筑	高顶棚	<60	<5 300	−	−	−				−	−		+	−		+
	低顶棚	<60	<5 300	−	−	+				−	−		+	+		
办公室、学校		60～90	<5 300	−	−	+		+	−		−	−	−	−		+
商店	一般照明	60～90	<5 300	−	−	−	+	+	−			+			+	+
	陈列照明	>80	<5 300	−	−		+	+					+		+	+
饭店与旅馆		>80	<5 300	+	+	+	−	+	+			−			+	+
博物馆		>80	<5 300		+	+	+	+								+
医院	诊断室	>80	<5 300	+	−		+									
	一般照明	60～90	<5 300	−	−	−		+	−		−	−				+
住宅		>80	<5 300	+		+		+	+							
体育馆		>80	<5 300		−	−					+	+	−	+		+
道路照明		>80			−								+		+	+
景观照明		60～90	<5 300	−	−	+			−		−					+
广告灯		>80	<5 300	−		+										+
隧道灯		>80			−	+	−				−					+
交通信号灯		>80	<5 300	+	+											+

注：① 表中“＋”号表示优先选用，“－”号表示可以选用。

② 白炽灯：I—钨丝白炽灯、H—卤钨灯。

③ 荧光灯：S—标准型、HC—高显色型、3—三基色、C—紧凑型。

④ 金卤灯：S—标准型、HC—高显色型。

⑤ 高压钠灯：S—标准型、IC—改显色型、HC—高显色性。

㊀ 当某光源物体的亮度比人眼已适应的亮度大得多时，人就会有眩目或耀眼的感觉，此种现象称为眩光。在各种环境照明中，必须考虑如何避免眩光的产生。

1.6.2 灯具的分类

灯具的分类方式有很多种，这里只介绍对设计有较大作用的几种。

（1）按配光[㊀]进行分类

1）直接照明：光源的 90%以上直接投射到被照物体上。特点是亮度大，给人以明亮、紧凑的感觉。如表 1-5 表示。

2）半直接照明：光源的 60%～90%直接投射到被照物体上，其中 10%～40%经反射后再投射到被照物体上。它的亮度仍然较大，但比直接照明柔和。

3）间接照明：光源的 90%以上经过反射后照到被照物体上。特点是光量弱，光线柔和，无眩光和明显阴影，具有安详、平和的气氛。

4）半间接照明：光源的 60%以上经过反射后照到被照物体上，只有少量光直接射向被照物体。

5）漫射照明：利用半透明磨砂玻璃罩、乳白罩或特制的格栅，使光线形成多方向的漫射，其光线柔和，有很好的艺术效果，适用于起居室、会议室和厅堂照明。

表 1-5 灯具配光分类和性能

分类 \ 性能	1/2 照度角 θ	理想配光时距高比 λ
特狭照型	θ<14°	0.4
狭照型	14° < θ<19°	07～1.2
中照型	19° < θ<27°	1.3～1.5
广照型	27° < θ<37°	2.0
特广照型	37° < θ	4.0

1/2 照度角定义如下：灯下方与灯轴垂直的水平面上某点，当其照度为灯轴直下方照度的 1/2 时，则此点和光中心的连线与灯轴线所形成的夹角即为 1/2 照度角。对一般照明来说最重要的要求是照度分布要均匀，如果使灯下方的 1/2 照度角与相邻灯的 1/2 照度角重合，即可满足照度均匀的要求。从节能的角度考虑，在保证光质的条件下应尽量选用开启式（敞开式）灯具。

（2）按光束角分类

发光强度等于 1/2 峰值光强方向所包容的角度定义为光束角（Beam Angle）。

灯杯[㊁]的角度一般常见的有 10°、24°、38° 三种。功率相同、光束角不同的三个灯杯照射在墙面的效果是 10° 的灯杯照射范围很小，而中心光强最大，能在照射面上形成强烈的对比；38° 的灯杯照射范围大，但其中心光强最小，在照射面上形成的光斑是较柔和的；24° 是介于 10° 和 38° 之间的效果。也就是说相同功率的灯杯，光束角越大，其中心光强越小，形成的光斑越柔和；相反，光束角越小，其中心光强越大，形成的光斑越刺眼。

㊀ 配光就是表示一个灯具或光源发出的光在空间的分布情况。

㊁ 连接并保护光源，起聚光作用的漏斗状的灯罩。

（3）按截光性能分类

这种分类方式主要是针对路灯而言，根据路灯灯具对水平光是否有限制分为截光型、半截光型和非截光型三种。

截光型灯具(Full Cut-Off Luminaire)：最大光强方向在 0°～65°，其 90° 和 80° 方向上的光强最大允许值分别为 10cd/1 000lm 和 30cd/1 000lm 的灯具。

半截光型灯具(Semi-Cut-Off Luminaire)：最大光强方向在 0～75°，其 90° 和 80° 方向上的光强最大允许值分别为 50cd/1 00lm 和 100cd/1 000lm 的灯具。

非截光型灯具(Non-Cut-Off Luminaire)：在 90° 角方向上的光强最大允许值为 1000cd/lm 的灯具。

1.6.3　照度计算

照度计算有很多种方法，为了既简化设计人员的工作量，又满足国家对功率密度值的要求，下面对照度的计算进行分析，并介绍两种常用的平均照度的简化计算方法。

1．利用系数法

利用系数是在工作面或其他参考平面上，直接或经相互反射接受的光通量与照明装置全部灯具发射的额定光通量总和之比。利用系数法用于计算平均照度，是最常用的一种计算方法，适用于灯具均匀布置、墙和顶棚反射系数较高、空间无大型设备遮挡的室内一般照明的情况。如果取有效顶棚反射比及墙面反射比均为零的利用系数，也适用于灯具均匀布置的室外照明的情况。此方法计算结果比较准确，计算的准确性取决于利用系数的准确性。

利用系数的选取除与照明的光强分布有关外，还与房间形状、室内装修标准等有关。一般情况下，影响利用系数的主要因素是照明的直射光通量。当房间高度变化时，反射的光通量变化并不大。矮而宽房间的室空间比㊀（RCR）值较低，多数直射光落在工作面上，利用系数较高。高而窄的 RCR 值较高，即宽而矮的房间应选用宽配光照明，高而窄的房间应选用窄配光照明。

室空间比的计算公式如下：

$$RCR=5h_{RC}(L+W)/(LW)$$

其中，L 为房间长度，单位为 m；W 为房间宽度，单位为 m；h_{RC} 为室空间的高度，即计算高度，单位为 m。

根据照明场合，大致选定灯具形式后，即可进行平均照度计算及灯具数量计算。

平均照度 E 的计算公式为

$$E=\phi N u M/A$$

灯具数量 N 的计算公式为

$$N=EA/(\phi u\times M)$$

式中，E 的单位为 lx；N 为所需灯具数，单位为个；u 为照明器的利用系数；A 为房间面积，单位为 m^2；ϕ 为光源的总光通量，单位为 lm；M 为维护系数。

维护系数综合考虑了光衰及环境污染的影响，可按表 1-6 选取。

㊀ 通过灯具所处的水平面和水平工作面，可将房间划分为三部分空间：顶棚空间、室空间和地板空间。它们的空间比分别为：顶棚空间比、室空间比、地板空间比。

表 1-6　维护系数 M

环境特征分类		维护系数 M	
		白炽灯、荧光灯、荧光高压汞灯	卤钨灯
清洁	很少有尘埃、烟雾及蒸汽	0.75（0.8）	0.8（0.85）
一般	有少量尘埃、烟雾及蒸汽	0.70（0.76）	0.75（0.81）
污染严重	有大量尘埃、烟雾及蒸汽	0.65（0.69）	0.70（0.76）
室外	露天广场	0.7	0.75

注：括号内数值用于反射光很少的场所。

2．单位容量法

单位容量法也是利用系数法，只是进一步被简化了。单位容量法多用达到设计照度时 $1m^2$ 的面积上需要安装的电功率或光通量来表示。通常将其编制成计算表供使用。单位容量法的基本公式如下：

$$P = P_0AEP = P_0AEC_1C_2C_3 \text{或} \phi = \phi_0AE\phi = \phi_0AEC_1C_2C_3 \qquad \text{式（2-9）}$$

式中，P、ϕ 分别为在设计照度下房间需要的最低电功率和光源总光通量；P_0、ϕ_0 表示照度为 1lx 时的单位容量和单位光通量；A 为房间面积；E 表示平均照度；C_1 表示当房间各部分的光反射比不同时的修正系数；C_2 表示当光源不是 100W 的（白炽灯）或 40W（的荧光灯）时的调整系数；C_3 表示当灯具效率不是 0.7 时的修正系数。

第 2 章　LED 的结构、特性和封装技术

LED 是一种 PN 结电子器件，具有电学、光学和热学特性。早期的 LED 工作电流很低，散热要求不高，普遍采用直插式结构。随着 LED 发光效率的提高和工作电流的增大，LED 逐渐采用表面贴装结构、铝基板结构和集成化结构。现在散热问题成为 LED 应用的一个很棘手的问题。要解决此问题，必须优化 LED 的芯片结构，并选择散热更好的封装结构和封装材料。

2.1　LED 的结构

常规 LED 的结构形式主要有直插式 LED（DIP LED）、表面贴装式 LED（SMD LED）、食人鱼 LED（Piranha LED）、铝基板式 LED 和集成化 LED（Integrated LED）。

1．直插式 LED

典型的直插式 LED 的结构如图 2-1 所示，它是由 LED 芯片、反射碗、透明环氧树脂、阴极引脚、阳极引脚、楔型支架、引脚架等几个部分组成。LED 芯片被固定在导电、导热的带两根引脚的金属支架上，反射碗的引脚为阴极，另一根引脚为阳极。芯片外围封以环氧树脂，一方面可以保护芯片，另一方面起（透镜）聚光作用。如果 LED 的两根引脚不一样长，则较长的一根为阳极，如果 LED 的两根引脚一样长，则通常在管壳上有凸起的小舌，靠近小舌的引脚是阳极。

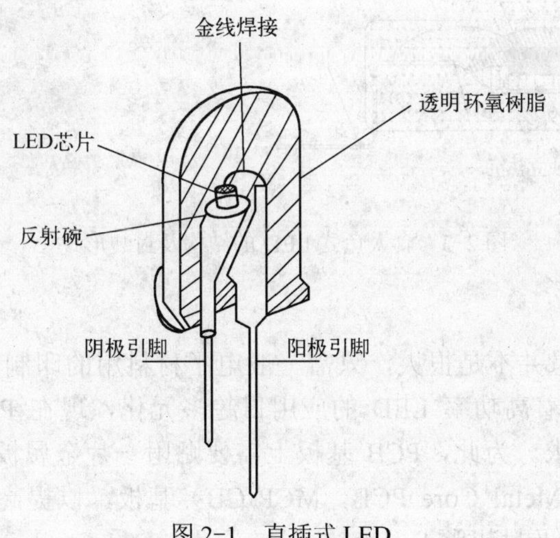

图 2-1　直插式 LED

2．表面贴装式 LED

从引脚式封装转向表面贴装式 LED（SMD LED）是电子行业发展的趋势，SMD LED 封装是顺应市场的需要而发展起来的。早期的 SMD LED 型号为 SOT-23，其采用

的是改进型的、带透明塑料体的封装形式，之后研发出了带有透镜的高亮度的 SLM-125 系列。SMD LED 封装解决了亮度、视角、平整度、可靠性、一致性等问题，其采用轻的 PCB 板和反射层材料，在显示反射层填充的环氧树脂少，且去除了较重的碳钢材料引脚，通过缩小尺寸，降低重量，使应用更趋完美，近年来成为一个发展热点。如图 2-2 所示是其中的一种封装形式。

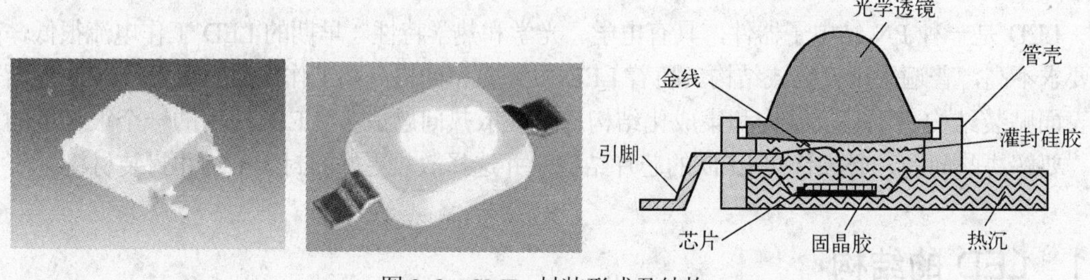

图 2-2　SMD 封装形式及结构

3．食人鱼 LED

食人鱼 LED 采用一种正方形透明树脂封装。它有 4 个引脚，比一般的直插式ϕ5mm LED 多了两个引脚。食人鱼 LED 的散热性能比一般的 LED 好，工作电流可达 40mA，所以这种封装的 LED 比一般的 LED 亮度高。食人鱼 LED 的结构及封装形式如图 2-3 所示。

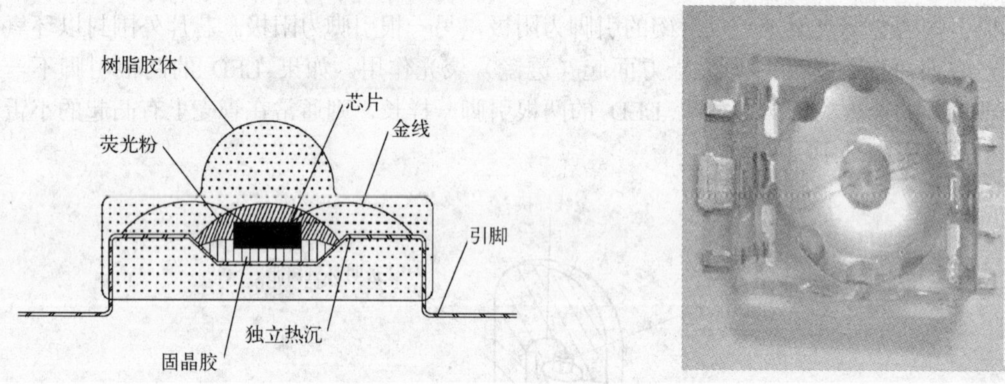

图 2-3　食人鱼式 LED 的结构及封装形式

4．铝基板式 LED

传统的 LED 发热量并不是很大，只需一般电子材料用的印制电路板（PCB）基板即可满足其散热要求。随着高功率 LED 的应用日趋多元化，现在 PCB 基板早已无法满足高功率 LED 的散热要求。为此，PCB 基板上需要贴附一片金属板（如铝基板），即所谓的金属芯印制电路板（Metal Core PCB，MCP CB）基板，以提高其散热效率。如图 2-4 所示为 MCP 基板的结构及封装形式。

2.2　LED 的特性

LED 是利用半导体材料制成的 PN 结光电器件，它不仅具有 PN 结的一切电学特性，还具有光学和热学特性。下面就其电学、光学和热学特性进行介绍。

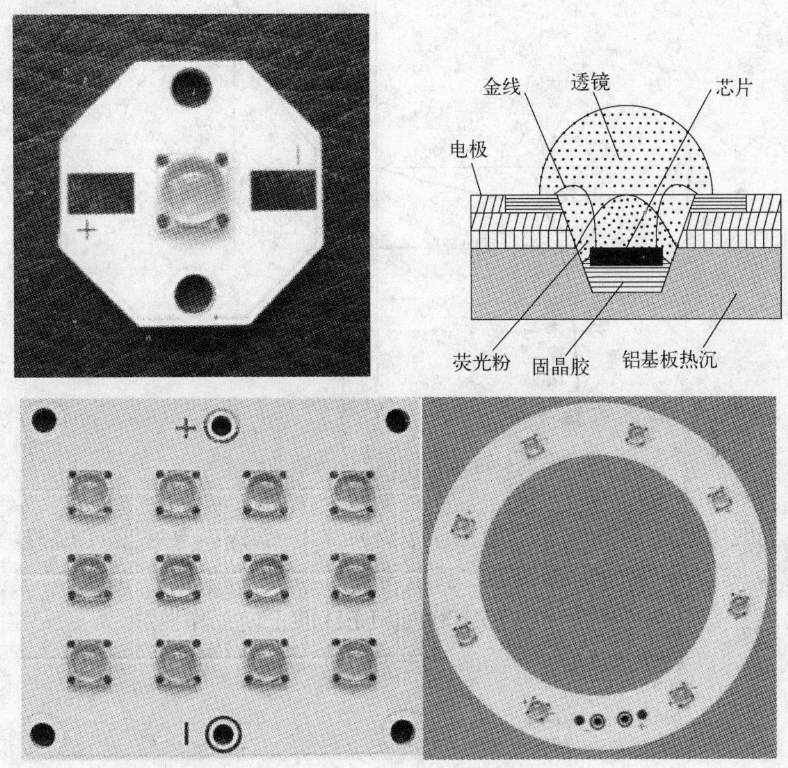

图 2-4　MCP 基板结构及封装形式

2.2.1　电学特性

1. LED 的伏安特性曲线

LED 的伏安特性（V-I Curve）是指在 LED 两端加一正向电压或反向电压时，通过 LED 的电压与电流的关系曲线。LED 的伏安特性与普通二极管类似，在正向电压小于 LED 的阈值时，正向电流极小，LED 不发光；当正向电压超过 LED 的阈值时，正向电流就会迅速增加，相比于普通二极管，LED 的伏安特性曲线要陡一些，如图 2-5 所示，其中，V_A 为开启电压，V_F 为正向电压降。

（1）正向死区

给 LED 加正向偏压 V，当 V 小于开启电压 V_A 时，外加电场尚未克服少数载流子扩散而形成的势垒电场，此时 LED 的等效电阻 R 很大，因此 LED 处于不导通状态。不同材料类型的 LED，其导通电压不同，GaAs LED 的导通电压为 1V，红色 AlGaInP LED 的导通电压为 1.7V，GaN LED 的导通电压为 2.5V。

（2）正向工作区

当 LED 两端的电压 $V > V_A$ 时，内部电场被大大削弱，LED 的电阻变得很小，随着电压的增大，工作电流增大得很快。

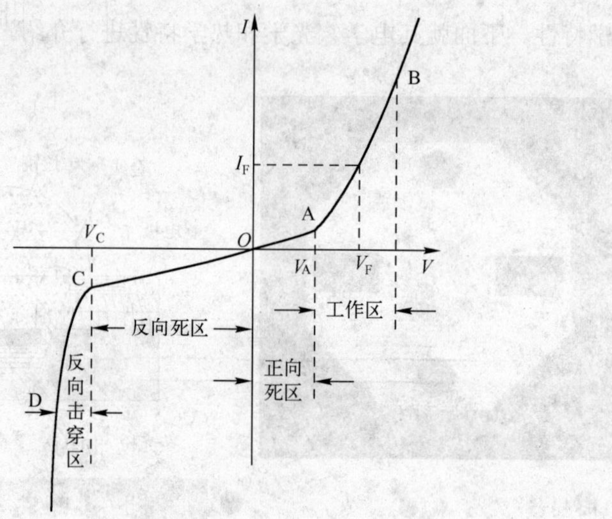

图 2-5　LED 结的伏安关系曲线

一般发红光的 LED，其正向工作电压 V_F 约为 1.8～2.2V；发绿光的 LED，其正向工作电压 V_F 约为 2.8～3.2V；发白光的 LED，其正向工作电压 V_F 约为 3～3.6V。

图 2-6 给出了美国 CREE 公司的 EZ1000 型 LED 的正向工作曲线。

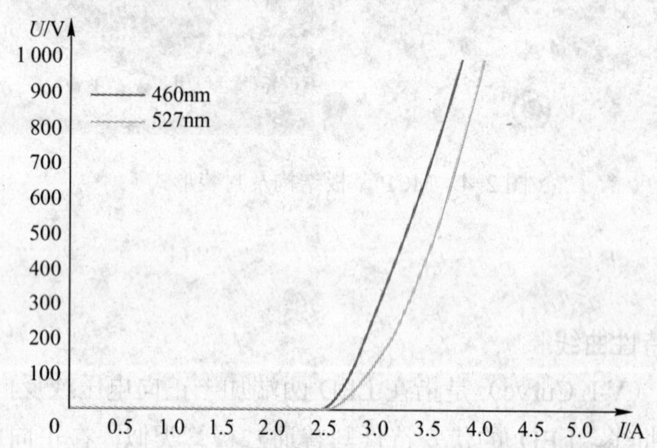

图 2-6　美国 CREE 公司的 EZ1000 型 LED 的正向工作曲线

（3）反向死区

当 LED 外加反向电压 $V<V_c$ 时，PN 结反向截止，由于少数载流子的漂移运动，形成反向电流。反向电流是 LED 的一个比较重要的参数，反向电流越小，说明 LED 的单向导通性越好。

（4）反向击穿区

当 LED 两端的反向电压增加到某一数值，即大于反向击穿电压 V_c 时，反向电流急剧增大，PN 结被反向击穿。不同材料的 LED，其反向击穿电压也不相同。

2．LED 的主要电学参数

（1）正向工作电流

① 额定工作电流 I_F（Forward Current）（mA）：LED 在理想的线性工作区域时，在此电流下可安全地维持正常的工作状态。通常小功率 LED 的正向工作电流为 20mA，1W 大功率

LED 的正向工作电流为 350mA 左右。

② 最小工作电流 I_{FL}（mA）：LED 在小于此电流工作时，由于超出理想的线性工作区域，将无法保证 LED 的正常工作状态，尤其是在一致性方面。

③ 最大容许正向电流 I_{FM}（mA）：LED 最大可承受的正向工作电流，在此电流下，LED 仍可正常工作，发热量剧增，LED 的使用寿命将大大缩短。

④ 最大容许正向脉冲电流 I_{FP}（Peak Forward Current）：LED 最大可承受的一定占空比的正向脉冲电流。为保证 LED 的寿命，通常会采用脉冲形式来驱动 LED。通常 LED 规格书中给中的 I_{FP} 是以 0.1ms 为脉冲宽度，占空比为 1/10 的脉冲电流来计算的。

I_F 是指 LED 正常发光时所流过的正向电流值。不同的 LED，其允许流过的最大电流是不一样的，在实际应用中，正向工作电流须留有一定的余量，通常选择 I_F=0.6I_{FM}。

LED 的发光强度仅在一定范围内与 I_F 成正比，当 I_F>20mA 时，亮度的增强已经无法用肉眼分辨出来。因此，LED 的工作电流在 17～19mA 比较合理。前面的数值是针对普通小功率(0.05～0.08W)的 LED 而言，但有些食人鱼 LED 的工作电流为 40mA 左右，其相应的工作值也就不同了。

随着技术的不断发展，大功率 LED 的技术不断成熟，应用范围也在不断扩大。对于 0.5W 的 LED，其正向工作电流 I_F=150mA；对于 1W 的 LED，其正向工作电流 I_F=350mA；对于 3W 的 LED，其正向工作电流 I_F=750mA。

（2）正向电压降 V_F

V_F 是指在给定的正向工作电流 I_F 下，LED 的正向电压降（Forward Voltage）。常见的小功率 LED 通常以 I_F = 20mA 来测试正向电压降 V_F。当然，不同的 LED，其测试条件和测试结果也会不一样。

通常所说的是 LED 的正向电压 V_F，就是说 LED 的正极接电源正极，LED 的负极接电源负极。电压与颜色有关，红、黄、黄绿的电压在 1.8～2.5V 之间；白、蓝、翠绿的电压在 3.0～3.6V 之间。同一批 LED 的电压也会有一些差异，当外界温度升高时，V_F 将下降。

（3）耗散功率 P_D

耗散功（Power Dissipation）的计算公式为：$P_D = I_F V_F$

（4）允许功耗 P_{DM}

允许功耗（Maximum Power Dissipation）是指 LED 所能承受的最大功耗值，超过此功耗，可能会损坏 LED 或使性能下降。

$$P_{DM} = I_{FM} \times V_{FM}$$

（5）反向电压 V_R

反向电压（Reverse Voltage）是指 LED 所能承受的最大反向电压，若超过此反向电压，可能会损坏 LED。在使用交流脉冲驱动 LED 时，要特别注意不要超过反向电压。

（6）反向电流 I_R

反向电流（Reverse Current）通常指在最大反向电压情况下，流过 LED 的电流。

（7）工作温度 T_{opr}

工作温度是指（Operating Temperature）LED 能正常工作的温度范围，要注意根据使用环境的不同来选用不同工作温度的 LED。

（8）发光强度 I_V

LED 的发光强度（Luminous Intensity）通常是指法线方向（对柱形 LED 是指其轴线方向）的发光强度。若光源发出波长为 555 nm 的单色辐射光，在该方向上的发光强度为(1/683)W/sr（每球面度），则发光强度为 1 cd。由于 LED 的发光强度一般较小，故常用的单位为毫坎德拉(mcd)。

（9）中心波长 λ_p

中心波长（Peak Wave Length）是指 LED 所发出光的中心波长值。波长直接决定光的颜色，对于双色或多色 LED，会有几个不同的中心波长值。

（10）半值波长 $\Delta\lambda$

因为 LED 所发出的光并非单一波长，而是一个波段。当特定波长的发光强度为中心波长发光强度的一半时，其相差的波长区间即为半值波长（Spectral Line Half-width）。

（11）电容

LED 的电容一般指包括 PN 结结电容和内引线分布电容等在内的总电容，其中，PN 结结电容占主要地位。LED 的芯片尺寸和封装结构不同，其电容量也就各不相同，有的远远小于 1pF，有的则高达 100pF 以上。由于 LED 的 PN 结结面积大小不一，因此在零偏压下的结电容 C_0 也大不相同。

2.2.2 光学特性

根据 LED 的发光强度或光功率输出随着波长变化而不同，可绘成一条光谱分布曲线。当此曲线确定后，器件的有关主波长、纯度等相关色度学参数也随之确定。LED 的光谱分布与制备所用化合物的半导体种类、性质和 PN 结结构（外延层厚度、掺杂的杂质）等有关，而与器件的几何形状、封装方式无关。

LED 发出的光并不是单一波长，其功率与波长的关系曲线如图 2-7 所示。LED 的波长分布有的不对称，有的则具有良好的对称性，具体取决于 LED 所使用的材料及其结构等因素。无论用什么材料制成的 LED，其光谱分布曲线都有一个相对发光强度最强处，与之相对应有一个波长，此波长叫做峰值波长，用 λ_0 表示，只有单色光才有峰值波长。

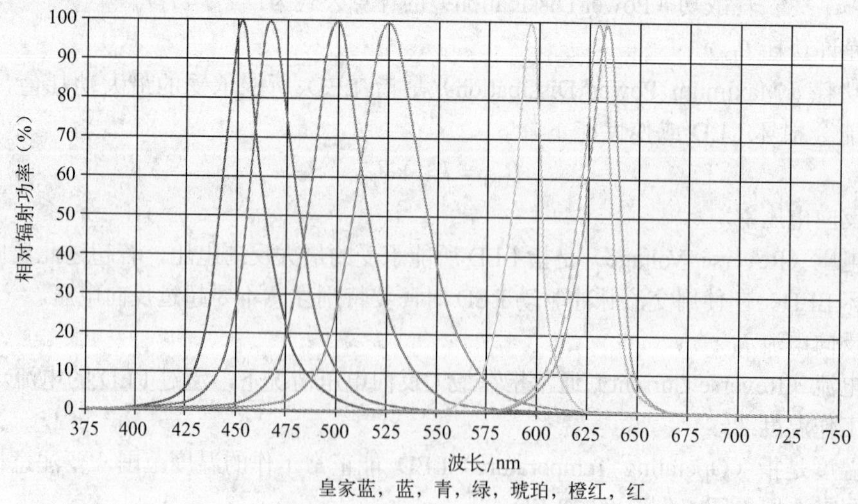

图 2-7　功率与波长关系曲线

白光 LED 的光谱分布如图 2-8 所示。可以看出，白光 LED 不只有一个峰值波长，具体数目与合成工艺有关。

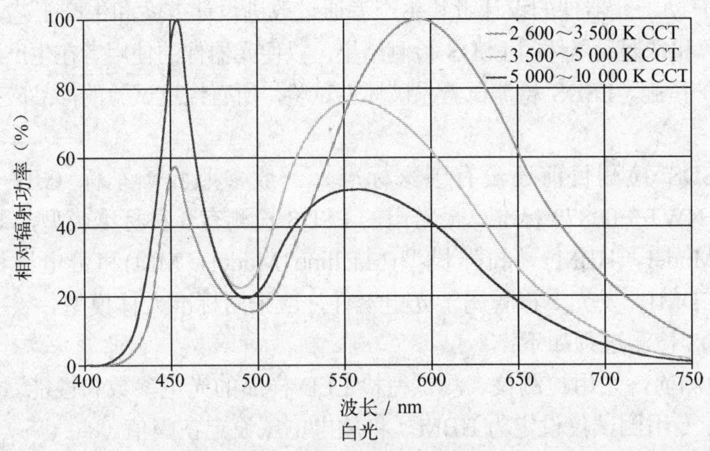

图 2-8　白光 LED 的光谱分布

2.2.3　热学特性

LED 的发光机理是电子在能带间跃迁产生光。当外加电压达到 LED 芯片的阈值时，电子与空穴的辐射复合将一部分电能转化为光能，而无辐射复合产生的晶格振荡会将其余的能量转化为热能。目前 LED 只有 20%～30%能量转化为光能，而剩余 70%～80%的能量会转化为热能。随着 LED 功率的提高，器件工作时的热流密度会相应增加，将直接导致芯片温升和热应力加大，严重影响 LED 的光通量、寿命以及可靠性，并会导致 LED 发出的光红移。

LED 的光通量输出与结温度之间的关系可以表示为

$$\Phi_{V}(t_{J2}) - \Phi_{V}(t_{J1})e^{-K(t_{J2}-t_{J1})} \tag{2-1}$$

式中，$\Phi_{V}(t_{J1})$ 是结温为 t_{J1} 时的光通量输出；$\Phi_{V}(t_{J2})$ 是结温为 t_{J2} 时的光通量输出；K 为温度系数，其值与发光材料有关。由式（2-1）可以看出，当温度升高时，光通量下降。

LED 的主波长与温度的关系可表示为

$$\lambda_{p}(T) = \lambda_{0} + 0.1\Delta T$$

由此可知，结温每升高 10℃，波长向长波漂移 1nm，且发光的均匀性、一致性变差。所以，在 LED 的照明设计时，一定要做好散热处理。

2.2.4　可靠性指标

LED 是一种发光电子器件，在使用时必须要了解其可靠性指标，以正确选择 LED 器件和合理设计电路。可靠性指标主要包括 ESD 水平、失效率、寿命等。

1．ESD 水平

ESD 是“静电放电”的意思，它是英文 Electro-Static Discharge 的缩写。

静电对电子器件的损害可能发生在电子器件从制造到使用过程中的任何阶段，因此必须妥善地控制处理 ESD 问题。

静电放电敏感度（ESD Sensitivity，ESDS）是电子元器件的重要可靠性指标之一，它反映了电子元器件抵抗静电放电的能力。进行静电放电敏感度检测的目的是了解和分析元器件抗 ESDS 的能力，有助于元器件的设计者和生产者通过改进设计方案和生产工艺，提高元器件抗 ESDS 水平；了解和掌握元器件的 ESDS 检测结果，以便元器件的使用者在生产组装过程中，采取必要的静电防护措施。ESDS 检测试验系破坏性试验，所有经过试验的样品应报废，不得进入生产流通出厂。

LED 的 ESDS 检测目前还没有国家标准，一般参照我国军标 GJB—548A—96 和 Bellcore 的 TR—NWT—00870 标准。最常用的 ESDS 检测有 3 种标准模型，即标准人体模型（Human Body Model，HBM）、机器模型(Machine Model，MM)和带电器件模型(Charged Device Model，CDM)。发光二极管属于光电器件，应采用标准人体模型。

LED 的 ESDS 检测过程如下：

1）ESDS 检测前，采用检测仪表测试待检 LED 样品的光电参数和性能。

2）将 ESDS 专用测试仪设定为 HBM，将放电电压设定在阈值。

3）采用三正、三负脉冲进行放电试验，脉冲之间至少有 1s 的延迟。

4）ESDS 放电冲击后，再测试样品的光电参数和性能，以判定样品是否失效或参数劣化。

我国军标 GJB－548A－96 对器件抗 ESD 分为三个等级：① Ⅰ 级抗静电电压为 0～1999V；② II 级抗静电电压为 2000～3999V；③ III 级抗静电电压为 4000V 以上。

2. 失效率

失效率（Mean Time to Failure，MTTF）有时称为平均失效前时间，也称为平均无故障时间。

失效率与芯片质量、封装辅助材料、生产工艺、设计水平和管理水平相关。LED 失效主要表现为不发光、光衰过大、波长或色温漂移过大等。根据 LED 器件的不同用途要求，其失效率也有不同的要求。例如，指示灯用途 LED 的失效率可以为 1 000 ppm㊀(3000h)；照明用途 LED 的失效率为 500ppm(3000 h)；彩色显示屏用途 LED 的失效率为 50 ppm(3000h)。

3. 寿命

LED 的寿命指的是 LED 正常工作情况下，发光强度衰减至初始值的 50%所经历的时间。如图 2-9 所示为美国 Lumileds 公司 LED 寿命实验结果。

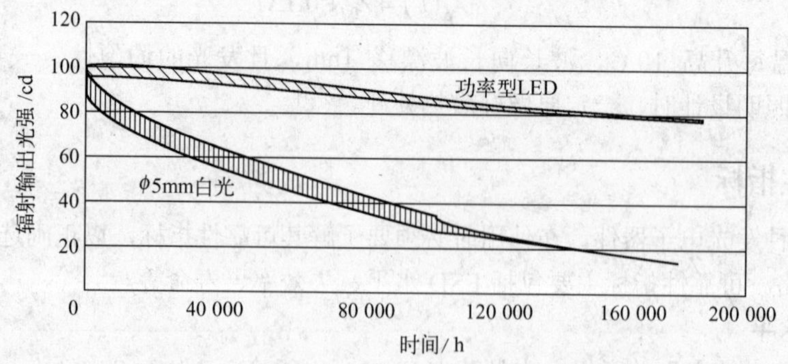

图 2-9　美国 Lumileds 公司 LED 寿命实验结果

㊀ ppm: Parts Per Million 的简写，是百万分之一的意思。

ϕ5 白光 LED 寿命约 100000 h。Power LED 在 120000 h 内很稳定，而在相同时间内，ϕ5 LED 衰减度>70%，而白炽灯已经完全不亮了。Power LED 可预期经过 120000 h 后仍能保持 80%的流明数。

2.3 LED 的芯片结构

芯片是 LED 器件的核心。随着 LED 技术的发展，LED 的光效、工作电流都有很大的提高，散热问题也越来越棘手。为了解决这些问题，LED 芯片的结构经历了由横向结构到垂直结构的变化。

1. 正装结构

传统的 LED 芯片采用正装结构，上面通常涂敷一层环氧树脂，下面以蓝宝石作为衬底，如图 2-10 所示。一方面，由于蓝宝石的导热性较差，有源层产生的热量不能及时地释放，而且蓝宝石衬底会吸收有源区的光线，即使增加金属反射层也无法完全解决吸收的问题;另一方面，由于环氧树脂的导热能力很差，热量只能靠芯片下面的引脚散出。上述两方面都造成散热的难题，影响了器件的性能和可靠性。由此，LED 的倒装结构应运而生。

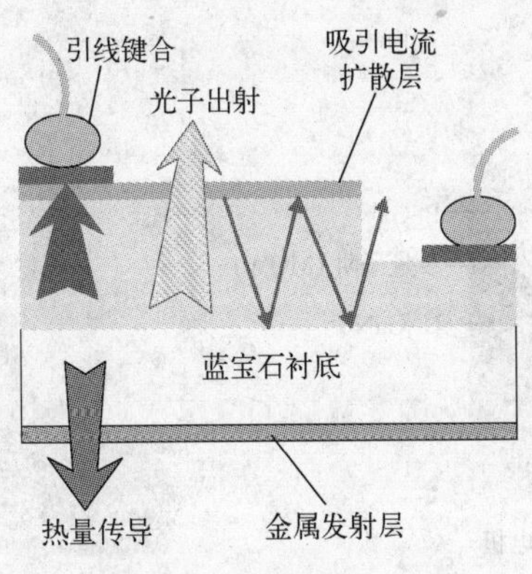

图 2-10　正装 LED 结构

2. 倒装结构

为了提高 LED 芯片的功率，Lumileds 公司于 2001 年研制出了一种新的结构——氮化铝镓铟（AlGalnN）功率型倒装芯片结构，如图 2-11 所示，LED 芯片通过凸点倒装连接到硅基上。这样大功率 LED 产生的热量不必经由芯片的蓝宝石衬底，而是直接传到热导率更高的硅或陶瓷衬底，再传到金属底座，由于其有源发热区更接近于散热体，可降低内部热沉热阻。这种结构的热阻理论计算最低可达到 1.34K/W，实际可达到 6～8K/W，出光率也提高了 60%左右。但是，热阻是与热沉的厚度成正比的，由于受硅片机械强度与导热性能所限，很难通过减薄硅片来进一步降低内部热沉的热阻，这就制约了其传热性能的进一步提高。

3. 垂直结构

LED 芯片有横向和垂直两种基本结构。横向结构的芯片，正负电极在芯片的同侧，电流横向流动，如图 2-12 所示。垂直结构的芯片，正负电极在芯片的两侧，电流垂直流过整个 LED，如图 2-13 所示。垂直结构的 LED 芯片投入市场已有数年，优势也越来越明显。一是由于 N 极电极处于 LED 芯片发光面的背面不影响发光，同样尺寸的芯片，垂直结构的发光面积更大；二是垂直结构的芯片采用金属基作为 N 极电极，导热率高；三是由于电流垂直通过晶元从而使电流分布更均匀，降低了电流聚集的几率，保证芯片出光更均匀、光通量更高。因此，垂直结构的 LED 芯片更具市场竞争力。

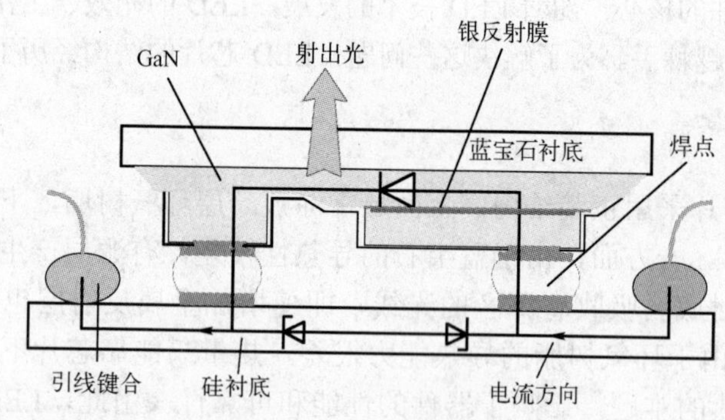

图 2-11　倒装 LED 结构

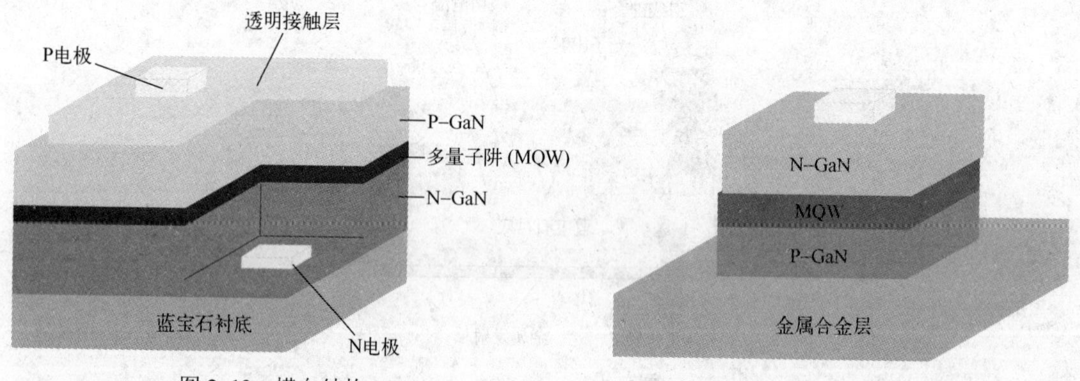

图 2-12　横向结构 LED　　图 2-13　垂直结构 LED

以蓝宝石为衬底的垂直结构 GaN（氮化镓）基 LED 芯片从 2005 年开始进入市场，制造垂直结构 LED 芯片有两种基本方法，即剥离生长衬底和不剥离生长衬底。与横向结构的 LED 芯片相比，垂直结构的 LED 芯片具有以下明显的优势：

1）所有的制造工艺都是在晶片水平进行的。

2）抗静电能力高。

3）无需打金线，由于垂直结构 LED 芯片的封装厚度薄，因此可用于制造超薄型的器件，如背光源，大屏幕显示等。此外，垂直结构 LED 的良品率和可靠性均得以提高。

4）对老化后合格的芯片进行封装，降低了生产成本。

5）可以采用较大直径的通孔/金属填充塞和多个通孔/金属填充塞，进一步提高了衬底的散热效率。这一特点对大功率 LED 尤其重要，如图 2-14 所示。

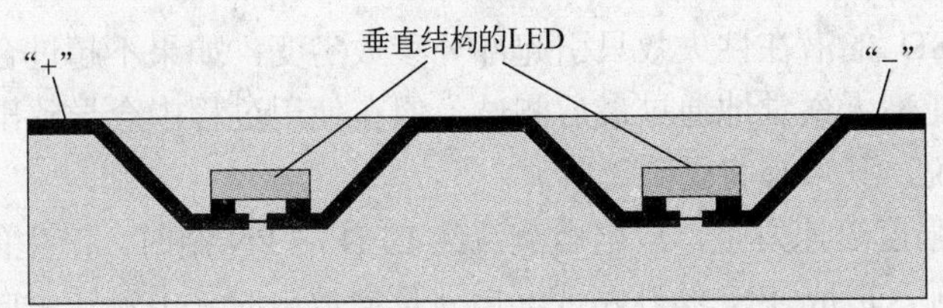

图 2-14　垂直结构的 LED 封装采用金属填充塞

2.4　LED 的静电防护

LED 属于静电敏感器件，在生产、运输和使用过程中，如果没有良好的静电防护措施或者防护措施不当，就可能造成器件失效或者光电参数老化。LED 的静电防护技术正逐步受到产品设计者、生产者、销售者和使用者的重视。

2.4.1　静电的产生

静电是由于物体接触、分离后出现电荷不平衡而产生的，它存在于物体表面，是正负电荷在局部失衡时产生的一种现象，只要有接触、分离就有可能产生静电，静电可以说无所不在。产生静电的途径有以下几种：

1）摩擦。任何两个不同材质的物体接触后再分离，就可能产生静电，材料的绝缘性能越好，越容易通过摩擦产生静电。

2）感应。对导电材料来说，电子能在其表面自由流动，如将其置于电场中，由于同性相斥，异性相吸，正负电子就会发生转移从而产生静电。电场的存在和导电材料是通过感应产生静电的必要条件。

3）传导。导电材料中的电子能在其表面自由流动，若与带电物体接触，将发生电荷转移而产生静电。

2.4.2　LED 静电放电

静电放电（Electro-Static Discharge，ESD）将引起 LED 的 PN 结击穿，因此在 LED 器件的封装流程和应用中要特别注意避免静电放电带来的损伤。静电损伤具有如下特点：

1）隐蔽性。人体不能直接感知 LED 器件上的静电，即使 LED 器件发生静电放电，人体也不一定能有电击的感觉，这是因为人体感知的静电放电电压为 2～3kV。一般是通过仪器的测试或者实际使用，才能发现 LED 器件已受静电损伤。

2）潜伏性。静电放电可能造成 LED 突发性失效或潜在性失效。突发性失效将造成 LED 的永久性失效——LED 器件被击穿；潜在性失效则是使 LED 的性能下降，如漏电流加大，一般 Gan 基 LED 受到静电损伤后所形成的隐患无任何方法可消除。

3）随机性。从 LED 芯片生产直到它损坏以前的所有过程都将受到静电的威胁，而静电的产生也是随机的。由于 LED 芯片的尺寸极小（约为 0.2mm×0.2mm），电极之间的距离更短，如果处在静电场中，虽然两电极之间的电势差不大，但极细的电极和极短的距离，可产生很大的电流，从而使电极烧断。

4）严重性。ESD 的潜在性失效只引起部分参数劣变，如果不超过合格范围，就意味着被损伤的 LED 可能毫无察觉地通过最后测试。但在使用过程中会导致出现过早失效，这对各层次的制造商来说，其声誉将受到影响。

ESD 以极高的强度迅速发生，放电电流流经 LED 的 PN 结时，产生的热量使芯片 PN 两极之间局部介质熔融，造成 PN 结开路或漏电。反向放电时，电流较正向放电集中，功率密度大，因此，LED 反向放电 ESD 失效阈值较正向低得多。

2.4.3 LED 静电防护技术

1．静电防护的基本思路

从元器件设计方面，把静电保护设计到 LED 器件内，例如，大功率 LED，在承载 LED 芯片倒装的硅片上，设计静电保护二极管，这时硅片不但作为 LED 的承载基体，还起到 ESD 的保护作用，使 LED 器件的 ESD 达到几千伏。它的优点是直接提高了器件抗 ESD 的能力，简化了封装生产、器件运输、器件安装等过程中的静电防护措施；缺点是增加了成本，增大了产品体积，芯片生产工艺复杂并且需要专业生产设备，它适用于高价值的 LED 器件。

从生产工艺方面，有两种静电防护途径。首先是消除产生静电的材料与过程，通过材料的选用，从源头消除静电放电的产生与积累，是静电防护的有效方法之一。其次是通过泄放或中和静电，因为产生静电的所有途径是不可能完全消除的，所以需要安全地泄放或中和静电，以减少静电的残留。

2．人体防静电系统

人体防静电系统主要由防静电手腕带、防静电工作服、鞋袜等组成，必要时还需要辅以防静电工作帽、手套、脚套等物品。防静电手腕带由静电导电材料制成，通过与皮肤直接接触，把人体静电导出，使用时必须与皮肤接触良好，使皮肤上的瞬时静电电压小于 100V。

另外，为了更好地防止静电，可配合防静电工作椅、桌垫、地垫等，它们通常使用静电导电织物为面料，在与人的接触中不产生静电，并能将人体本身所带静电导入大地，起到静电防护作用。

3．防静电垫

工作台上应铺设由具有静电导电和静电耗散功能的材料制成的防静电台垫，使所有与器件接触的端子、工具、仪器仪表、人体达到一致的电位，并通过接地使静电能迅速泄放。

4．静电接地技术

接地就是直接将静电通过一条导线的连接泄放到大地，这是防静电措施中最直接、最有效的方法。大部分静电防护技术，其防护效果主要取决于接地线的质量。接地线必须能够接受或提供大量电荷，理想的接地线应该是一个优良的导体，即电流流过接地线时不产生电压降或只产生极小的电压降。工作区的接地线应为静电专用地线，不得与其他地线共用。

5．生产过程的静电防护

LED 从芯片到封装的生产过程较复杂，其静电防护是一个综合治理的过程，应渗透到生产的各个环节，并根据各生产环节的工艺要求，建立相应的对策，以达到静电防护的目的。对单个设备来说，设备应良好接地，主要的设备周围要铺设防静电垫，操作者要穿戴防静电衣、帽、腕带等。

6. 其他注意事项

1）进行 LED 测试时，除了测试仪接地外，还要使测试仪的输出不超过 LED 的额定值。

2）包装应采用防静电屏蔽袋，用于器件的包装、运输和储存，而且应具有一定的防潮功能。

2.5　LED 的封装技术

LED 的产业链一般分为三级，LED 衬底晶片和衬底是 LED 产业链的上游产业；LED 芯片设计和制造是 LED 产业链的中游产业；LED 封装与应用是 LED 产业链的下游产业。我国在上游和中游产业掌握的技术较少，主要的技术位于下游产业中。在下游产业中，需要研究的技术有低热阻、优异光学特性、高可靠性的封装技术。

LED 优异光学特性非常适合于在指示、显示和照明等领域应用；高可靠性、高稳定性和高效率是 LED 照明替代传统照明光源必须具备的条件。封装工艺是影响 LED 性能的主要因素之一，它是有装架、压焊、封装工序组成。封装工艺技术的不成熟，导致 LED 封装过程中存在诸多缺陷，如重复焊接、芯片电极氧化等，统计数据显示，焊接工序的失效占整个半导体失效模式的比例高达 25%～30%。在国内，由于受到设备和产量的双重限制，有些生产厂家采用人工焊接的方法，这种方法的不合格率在 40%以上。从使用角度分析，在 LED 封装过程中产生的缺陷，虽然使用初期并不影响其光电性能，但在以后的使用过程中会逐渐暴露出来，并可能导致器件的彻底失效。在某些特殊的应用场合，其潜在的缺陷比那些立即出现的失效，危害更大。因此，如何在封装过程中实现对 LED 芯片的检测，使存在缺陷的 LED 不能进入后序封装工序，从而降低生产成本、提高产品的质量，避免使用存在缺陷的 LED 造成重大损失，成为 LED 封装行业急需解决的难题。

目前，LED 生产过程中的检测技术主要集中于封装前晶片级的检测和封装完成后的成品级检测，而国内针对封装过程中 LED 的检测技术尚不成熟。

2.5.1　LED 封装的必要性与特殊性

封装是 LED 器件生产过程中不可缺少的一个环节，它的重要性毫不亚于 LED 芯片的制造。采用同样的发光芯片，不同的封装工艺，得到的产品性能会有非常大的差别，如发光强度、发光角度、散热能力等。同时，LED 封装的优良性不仅仅体现在 LED 器件初期的发光性能方面，对产品的稳定性和使用寿命也有着极其重要的影响。

为什么要对 LED 进行封装呢？ LED 封装的主要功能如下：

1）保护芯片不受振动、外力、潮湿、灰尘、腐蚀和其他外部因素的影响。

2）增大散热面积，降低芯片结温。

3）增加聚光功能，提高出光效率，优化光束分布。

4）连接 LED 工作电流回路。

LED 的封装技术是在分立元器件的封装技术基础上演变而来的，但两者之间有很大的不同。一般情况下，分立元器件的管芯被密封在封装体内，封装的作用主要是保护管芯和完成电气互连。而 LED 封装除了完成电气信号的连接，保护管芯正常工作外，另一个极其重要的作用是提高出光效率，实现特定的光学分布，既有电气参数的设计，又有光学参数的设计。对 LED 芯片光学参数的改进，是 LED 封装区别于其他半导体元器件封装的一个主要特点，因此无法简单地将分立元器件的封装用于 LED 的封装。

LED 的核心发光部分是由 P 型和 N 型半导体构成的 PN 结芯片，当注入 PN 结的少数载流子与多数载流子复合时，就会发出可见光、紫外光或近红外光。但 PN 结发出的光子是非定向的，即光子是向各个方向发射的，因此并不是芯片产生的所有光都可以释放出来，它与半导体材料质量、芯片结构和几何形状、封装的内部结构和封装材料有关，LED 芯片发出的光需要透过封装材料发射到周围空间中。选择不同透射率的封装材料，采用不同的封装形状，其折射率就不同，光子的逸出效率也就不同。发光强度的角分布与芯片结构、光输出方式、封装透镜有关。用做构成管壳的环氧树脂须具有耐湿性、绝缘性、机械强度，要求对芯片发出光的折射率和透射率高。若采用尖形树脂透镜，可使光集中到 LED 的轴线方向，相应的视角较小；如果顶部的树脂透镜为圆形或平面型，其相应视角将增大。

常规ϕ5mm 型 LED 封装是将边长为 0.25mm 的正方形芯片粘结或烧结在引线架上，芯片的正极通过球形接触点与金丝合为内引线与一条引脚相连，负极通过反射碗与引脚架的另一引脚相连，然后其顶部用环氧树脂包封。反射碗的作用是收集芯片侧面、界面发出的光，向所期望的方向角内发射光。顶部包封的环氧树脂碗，有如下几种作用：

1）保护芯片等不受外界侵蚀。

2）采用不同的形状和材料性质(掺或不掺散色剂)，起透镜或漫射透镜的作用，控制光的发散角。

3）芯片折射率与空气折射率有关，芯片内部的全反射临界角很小，其有源层产生的光只有小部分被取出，大部分在芯片内部经多次反射被吸收，易发生全反射，从而导致过多光损失，应选用相应折射率的环氧树脂作过渡，以提高芯片的光出射效率。

2.5.2 LED 封装结构的演变

LED 的封装经过了引脚式 LED（Lead LED)、表面贴装 LED（SMD LED)、功率 LED（Power LED)、大功率 LED(High Power LED)等发展历程，封装的热阻越来越小。

LED 引脚式封装采用引脚架作各种封装外形的引脚，是最先研发成功投放市场的封装结构，其品种数量繁多，技术成熟度较高，封装内结构与反射层仍在不断改进。标准 LED 被大多数客户认为是目前显示行业中最方便、最经济的解决方案，典型的传统 LED 安置在能承受 0.1W 输入功率的包封内，其 90%的热量是由负极的引脚架散发至 PCB，再散发到空气中。

2002 年出现了表面贴装 LED，并逐渐被市场所接受，符合从引脚式封装转向 SMD 发展的趋势。

LED 芯片及封装向大功率方向发展，在大电流下产生比ϕ5mm LED 大 10～20 倍的光通量，必须设计有效的散热结构和选用优质的封装材料来解决光衰减问题，管壳设计及其封装是其关键，必须能承受功率为数瓦的 LED 封装。

2.5.3　引脚式 LED 封装技术

引脚式 LED 封装结构有多种不同的形式。

1）陶瓷底座环氧树脂封装具有较好的工作温度性能，引脚可弯曲成所需形状，体积小。

2）金属底座塑料反射罩式封装是一种节能指示灯，适合作电源指示。

3）闪烁式是将 CMOS 振荡电路芯片与 LED 芯片组合封装，可自行产生较强视觉冲击的闪烁光。

4）双色型由两种发不同颜色光的芯片组成，封装在同一环氧树脂透镜中，除双色外还可获得第三种的混合色，在大屏幕显示系统中的应用极为广泛，并可封装组成双色显示器件。

5）电压型将恒流源芯片与 LED 芯片组合封装，可直接替代 5～24V 的各种电压指示灯。

6）面光源是多个 LED 芯片黏结在微型 PCB 板的规定位置上，采用塑料反射框罩并灌封环氧树脂而形成的，通过 PCB 板的不同设计确定外引脚排列和连接方式，有双列直插与单列直插等结构。面光源现已开发出数百种封装外形及尺寸，供用户选用。

引脚式 LED 封装技术已经成熟，价格便宜，其缺点在于封装热阻较大(一般高于 100K/W)，寿命较短，如图 2-15 所示。

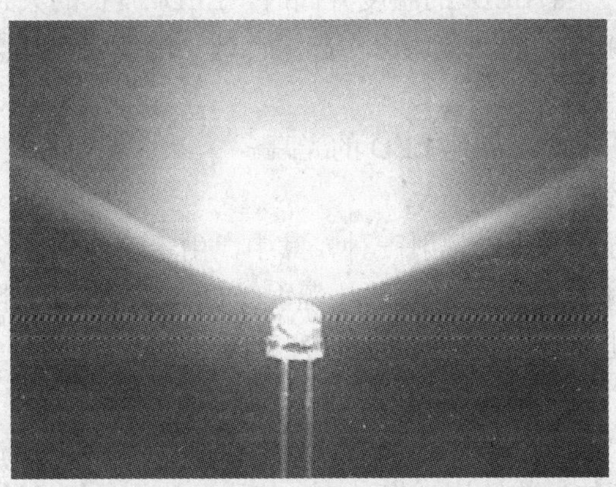

图 2-15　引脚式 LED

2.5.4　表面贴装 LED 封装技术

早期的表面贴装（SMD）LED 大多采用带透明塑料体的 SOT-23 改进型，外形尺寸为 3.04mm×1.11mm，卷盘式容器编带包装。在 SOT-23 型的基础上，研发出带透镜的高亮度 SMD 的 SLM-125 系列 LED。前者发单色发光，后者发双色或 3 色光。

2.5.5　大功率 LED 封装技术

大功率 LED 封装的结构和工艺复杂，且其功率大，释放出的热量多，这些热量直接影响到 LED 的使用性能和寿命，因此近年来一直是研究的热点，特别是大功率白光 LED 封装更是研究热点中的热点。大功率 LED 的封装如图 2-16 所示。

图 2-16　大功率 LED 的封装

1．大功率 LED 的散热问题

传统小功率、低亮度的 LED，因为发光功率小，产生的热量不大，故没有散热问题。而大功率 LED 用在照明上需要将多个 LED 组成光源模块以达到所需的光通量，因此必须在较小的 LED 封装中，将释放的热量散发出去。目前 LED 的出光效率仅能达到 10%～20%，也就是说 80%～90%的能量转换成了热能。如果 LED 芯片的热量不能及时散出去，会加速芯片的老化，还可能导致焊锡的融化和加快环氧树脂的老化，使芯片失效，具体表现如下：

1）发光强度降低。随着芯片结温的升高，芯片的光视效能也会随之降低，芯片结温越高，发光强度下降越快，如果芯片结温升到一定程度，芯片就完全失效。

2）发光主波长偏移。当 LED 的温度升高时，LED 波长的大致变化规律是结温每升高 10℃，波长红移 1nm，主波长的变化将会引起混色效果的变化，还会偏移黄色荧光粉的激发峰值，致使光转换效率下降。

3）严重降低 LED 的寿命，加速 LED 的光衰。

2．大功率 LED 的散热方式

散热方式主要有传导、对流、辐射三种，其中，由于芯片的安全工作温度为 110℃，因此 LED 的散热以传导和对流为主，器件热辐射效应可以忽略不计。无论是热传导还是对流，芯片的散热需要经过三个环节，即芯片 PN 结到外延层、外延层再到封装基板、封装基板再到冷却装置。这三个环节构成 LED 固态照明光源散热的通道，其中任何一个环节出现问题都会使 LED 光源失效。在设计 LED 发光器件时，需要有良好的散热设计，主要体现如下：一是要改善器件内部的封装结构，将 LED 芯片发的热量迅速传导给外壳;二是要提高外壳向外界散热的能力。

大功率 LED 发热问题已经成为制约 LED 照明发展的瓶颈之一。LED 光源的长寿命是基于其温度控制基础上的，PN 结温度升高会造成器件性能变化和衰减，这也是单个 LED 的功率不能很大的原因之一，这样也就限制了单个 LED 的亮度。针对 LED 光源在照明中的散热方法，有人建议采用仪表风扇及散热器进行散热，虽然简单易行，但该方法由于增加了散热附件，将给 LED 灯具 IP（防护等级）的设计带来麻烦，而且由于风扇、散热器等的使用寿命不及 LED 光源使用寿命，必定增加不少维护量，同时风扇、散热器的重量，为 LED 光源的安装带来了不便。

炮弹形与平板形如 SMD LED 封装结构与散热途径的关系如图 2-17 所示，由此可见，早期的炮弹形 LED 的一部分热源除了向大气散热外，其余热量仅能透过导线向基板散热，其封装热阻较高，散热效率较差；平板型 LED 则由于与基板贴合在一起，增加了散热面积，且大幅降低了热阻抗，因此除了向大气散热外，还向基板方向散热，进一步加快了散热

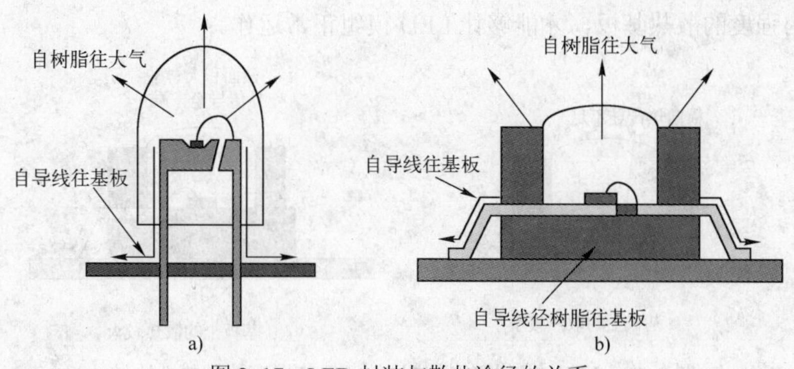

图 2-17　LED 封装与散热途径的关系

a) 炮弹形　b) 平板形

速度。然而，随着 LED 材料不断进步，亮度、功耗量及热量亦随之提高，尤其是大幅增加的热量需要快速地释放掉，否则将会降低其光视效能及加速 LED 元件的劣化，因此，LED 热管理变得相当重要。

3. 大功率 LED 散热基板技术

过去 LED 厂商欲取得充分的高功率白光 LED 光束，加大 LED 芯片的尺寸以达到预期目标，实际上当高功率白光 LED 的功耗瓦数持续超过 1W 时，其发光功率反而会下降，光视效能则相对降低 20%~30%。此时，高功率白光 LED 就必须先克服以下四大问题，包括抑制温升、维持 LED 的使用寿命、改善 LED 的光视效能以及发光特性均匀化。

以一般高功率 LED 单芯片的封装模组中散热片的使用为例，整体封装模组包括光学透镜、LED 芯片、透明封装树脂、荧光粉、电极导线及散热片等，如图 2-18 所示，其通常做法是以焊料或散热膏将 LED 芯片连贴在散热片上，经由散热片来降低封装模组的热阻抗，这已是市场上广为采用的 LED 封装模组，几个 LED 大公司如 Lumileds、Osran、CREE 及日亚化学等均采用此封装方式。

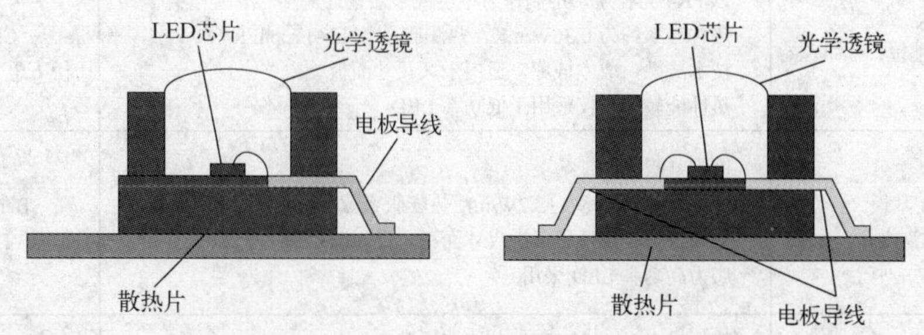

图 2-18　高功率 LED 散热片的使用

由于 LED 厂商在产品应用上通常将 LED 模组焊在一散热基板上，呈一背光条与阵列形或圆形排列成一照明光源。不过，对于便携型投影机、车用头灯及照明灯源，在特定的面积下所需的流明量超过 1000 lm，因此需要多芯片 LED 封装模组与板上芯片（Chip On Board COB）封装方式才能满足要求，同时其散热基板是整体 LED 模组散热中最关键的角色。

LED 封装模组散热片的薄板与厚板的散热性比较，如图 2-19 所示，由此可见，厚的散热片较能有效且大量地散热。但是，若其散热基板无法实时地把来自散热片的大量热量传导出去，那么将会影响 LED 模组的光视效能甚至造成器件的损坏。所以，需要搭配能兼顾迅速散热及结构强度的散热基板，才能够让 LED 模组正常运作。

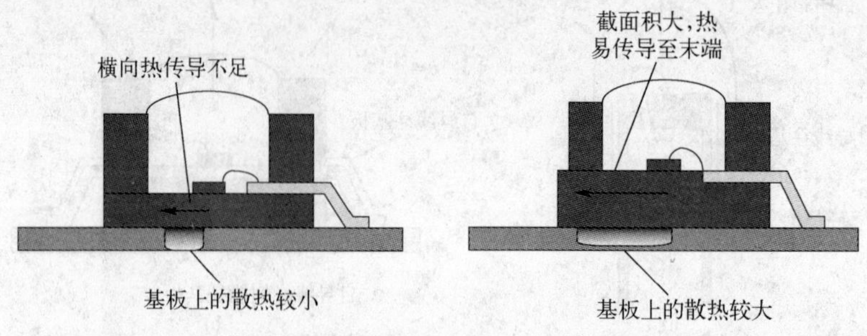

图 2-19　LED 封装模组散热片的薄板与厚度的散热性比较

若要提高 LED 的输入效率，则需减少 LED 模组的热阻抗，改善散热效率，其具体做法为降低 LED 芯片到封装模组的热阻抗，降低封装模组至散热基板如 PCB 基板的热阻抗，提高芯片的散热性。

4．散热基板技术的发展现状

传统 LED 发热量并不大，只需一般电子材料用的印制电路板（PCB）基板即可满足其散热需求。随着高功率 LED 的应用日益多元化，PCB 基板早已无法满足其散热需求，为此 PCB 基板上需贴附一片金属板（如铝基板），即所谓的金属芯印制电路板（Metal Core PCB，MCPCB）基板，以提高散热效率。除此之外，还有陶瓷基板、直接铜接合（Direct Bonded Copper，DBC）基板及具有高导热、低热膨胀特性的金属复合材料基板等散热基板技术被开发出来。表 2-1 给出了各种 LED 散热基板材料的热性对照。

表 2-1　各种 LED 散热基板材料的热性对照

散热基板	基板特性	代表厂商
PCB 基板	以 FR4 为材质，可制作为单层或多层设计 热传导率约为 0.36W/mK，热膨胀系数 13~17ppm/K 技术成熟，成本低廉，适用于大尺寸面板 热性能较差，仅适用于低功率 LED	Citizen、 松下电工、Lumileds
MCPCB 基板 (铝基板为主)	以铝基板为主 介电质热传导率 1~2.2W/mK,热膨胀系数（17~23）$\times10^{-6}$/K 中高价位，仅适用于大尺寸面积，操作温度须低于 140℃ 广为高功率 LED 采用	Bergquist、 TT 电子
陶瓷基板 (Al_2O_3/AIN)	热传导率 24~230W/mk,热膨胀系数 3.5~8 ppm/K 中高价位，适用于小尺寸面积（限于 4.5in^2 以下） 适用于高温环境及高功率 LED 使用	禾伸堂
DBC 基板	热传导率 24~170W/mK,热膨胀系数（5.3~7.5）$\times10^{-6}$/K 中高价位，操作/制程温度可高达 800℃ 适用于高功率/高电流 LED 使用	Curamik
金属基复合材料	热传导率 200~800W/mk,热膨胀系数（3~11）$\times10^{-6}$/K 中高价位 适用于高功率高密度阵列 LED 使用	DS&ALLC

2.5.6　LED 封装技术的发展趋势

目前，很多功率型 LED 的驱动电流可以达到 70mA、350mA，甚至 1A。随着工作电流的加大，解决散热问题已成为大功率 LED 实现产业化的先决条件。根据上述 LED 器件的散热环节，可从以下几个方面来提高功率 LED 的散热性能：

1）LED 产生热量的多少取决于内量子效应。在氮化镓材料的生产过程中，可通过改进材料结构，优化生长参数，获得高质量的外延片，提高器件内量子效率，从根本上减少热量的产生，加快芯片结到外延层的热传导。

2）选择例如以铝基为主的金属芯印制电路板(MCPCB)基板、陶瓷基板、DBC 基板、金属复合材料基板等导热性能好的衬底，以加快热量从外延层向散热基板散发的速度。通过优化 MCPCB 基板的热设计，或将陶瓷直接绑定在金属基板上形成金属基低温烧结陶瓷(LTCC-M)基板，以获得热导性能好、热膨胀系数小的衬底。

3）为了使衬底上的热量迅速地扩散到周围的环境中去，目前通常选用铝、铜等导热性能好的金属材料作为散热器，再加装风扇和回路热管等强制制冷。无论从成本还是外观的角度来看，LED 照明都不宜采用外部冷却装置。因此，根据能量守恒定律，利用压电陶瓷作为散热器，把热量转化成振动方式直接消耗热能将成为未来研究的重点之一。

4）对于大功率 LED 器件而言，通过减少内部热沉数量和厚度，如采用薄膜工艺将必不可少的电极层、绝缘层直接制作在金属散热器上，能够大幅度降低总热阻，这种技术有可能成为今后大功率 LED 封装的主流发展方向。

第 3 章 LED 的应用领域

LED 光源在体积、颜色、寿命等方面具有的优势，决定了它的应用领域非常广。除了大量用于电子设备的指示和测试数据的显示、大屏幕显示和显示屏的背光外，LED 还可用于普通照明和特殊照明领域。在照明领域的应用，是最能体现其节能环保的特色之处。现阶段，LED 照明主要应用于道路照明、庭院照明、隧道照明、汽车车灯、信号灯等方面，随着技术的发展和价格的降低，家庭照明将成为 LED 应用的一个重要领域。

3.1 道路照明

1. LED 路灯简介

LED 路灯作为一种更加环保、可靠、健康的节能照明方式，被业内一致公认为是下一代道路照明领域的主导。中国是世界能源消耗大国，同时也是最具节能需求的市场。目前，中国拥有超过 1700 万盏路灯，未来 LED 道路照明的市场潜力十分巨大。LED 路灯实物如图 3-1 所示

目前，世界各国都在极力推广使用 LED 路灯照明。美国密歇根州阿思阿波尔市有 12.5 万人，该市安装 1000 多个 LED 路灯，用每个耗电 56W 可以连续使用 10 年的 LED 路灯，来代替耗电 120W 且使用寿命只有两年的白炽灯灯泡，这使阿恩阿波尔市的公共照明节能 50%，每年的温室效应气体排放减少 2425 吨，相当于 400 辆汽车行驶一年排放的尾气数量。

又如，山东潍坊共有路灯近 4.5 万盏。早在 2006 年年底，就开始在道路照明中使用 LED 光源，到 2009 年年底已在中心城区范围内安装 LED 路灯近 3 万盏，占路灯总数的 60%。LED 路灯和传统路灯相比较，按每天工作 11 小时计算，3 万盏不同型号的 LED 路灯，每天节电量就超过 7.3 万度，一年节电超过 2600 万度，每年节约电费超过 1800 万元。这不仅能节省大量的电费开支，也能改善城市环境和夜间照明质量。

LED 路灯一般采用大功率 LED 灯珠，通常选用 1W/颗、350mA 的 SMD 封装结构。

图 3-1　LED 路灯

2．优点

LED 路灯能够引起研究者和制造商的兴趣，并能在全世界迅速推广应用，必定有其明显的优势。具体体现在如下几个方面：

1）LED 路灯的光线具有光的单向特性，不需要加漫射灯罩进行散光处理，从而保证了光照效率。

2）LED 路灯采用二次光学设计，可将路灯的光照射到有效区域，进一步提高了光照效率。

3）从 LED 的光视效能来看，目前商业化的 LED 已经达到 90~120 lm/W，实验室 LED 达到了 160 lm/W，而且还有很大的提高空间，理论值可达到 250 lm/W。而高压钠灯的光视效能只能通过增加功率来提高，因此从总体光效方面来看，LED 路灯比高压钠灯有优势（这个总体光效是理论上的，实际上功率在 250W 以上的高压钠灯的光效高于 LED）。

4）LED 路灯的显色性比高压钠灯高许多，高压钠灯显色指数只有 23 左右，而 LED 路灯显色指数在 85 以上，从视觉心理角度考虑，要达到同等亮度，LED 路灯的光照度平均可以比高压钠灯降低 20%以上。

5）LED 路灯的光衰小，一年的光衰不到 3%，使用 10 年光衰还不到 30%，仍满足道路照度的要求；而高压钠灯光衰大，平均每年下降 30%以上，因此，LED 路灯在使用功率的设计上可以比高压钠灯低。

6）LED 路灯的光源是半导体器件，可控能力强，可通过加装自动控制器，根据不同时段的照明要求，控制 LED 路灯的亮度，从而最大限度地降低功率，节省电能。

7）LED 是低压器件，驱动单颗 LED 的电压为安全电压（3.3V 左右），产品中单颗 LED 功率为 1W 或几瓦，所以它的工作电压为 3.3V 或二十几伏，是一个安全的电源，特别适合于公共场所（例如，广场路灯照明、特殊区域照明等）。

8）LED 路灯的寿命长，能使用 10 万小时，降低了维修、维护的费用。

9）LED 路灯的光色均匀，与传统光源相比，后者需要加散光灯罩才能达到均匀光色。

综上所述，大功率 LED 路灯的节能效果显著，代替高压钠灯可节电 50%以上。且相对于传统路灯，LED 路灯维护成本极低。

3．技术指标

当 LED 路灯的功率大于 30W 时，路面的照度均匀度（Uniformity of Road Surface Illuminance）的平均照度可达到 0.48[㊀]，光斑比值可达到 1:2[㊁]，符合道路照度的要求。目前路灯透镜材料一般采用改良光学材料，它具有透过率≥93%，耐温−38~90℃，抗 UV（紫外线）黄化率 30000h 无变化等特点。它在城市照明中有非常好的应用前景，即使深度的调光，颜色和其他特性也不会因调光而变化。

从全球市场来看，LED 路灯标准还在制定当中，我国台湾地区进度最快，推出 CNS 15233 的 LED 路灯标准，我国内地对于道路照明要求还是适用于 CJJ45 的传统路灯标准，美国、欧洲等的 LED 路灯规范也在制定中。从目前对于 LED 灯具的使用来看，将来的标准还将会针对出光角度、品质与光衰等做出严格的要求。

㊀ 国家标准为 0.42

㊁ 实际 1/2 中心光斑达到 25lux，1/4 中心光强达到 15lux，16 米远的最低光强 4lux，重叠光强 6lux。

4．散热设计

传统 LED 路灯设计的重点主要放在 LED 的亮度上，而对LED 灯具的散热性关注则较少。目前，传热学理论体系已经成熟，可以使用的传热手段基本明确，即传导、对流、辐射和相变传热。因此，在传热或者散热问题上，可以采取的措施是可见的、有限的。

LED 路灯的散热技术之一是采用导热板，就是用一片均温板（如厚度为 5mm 的铜板）对热源进行均温处理；另一项技术是加装散热片，但是散热片重量太大当遇到台风、地震时都可能发生意外；还有一项技术是针状散热技术，针状散热器的散热效率要比传统片状散热器高得多，能使 LED 结温比普通散热器低 15℃以上，并且防水性能比普通铝型材散热器要好，同时在重量和体积上也有所改进。

LED 路灯的散热方式主要有自然对流散热、加装风扇强制散热、热管和回路热管散热等。加装风扇强制散热方式系统复杂、可靠性低；热管和回路热管散热方式成本高。而路灯受户外夜间使用、散热片位于侧上方、体型较小等限制，还具有空气自然对流利于散热的优点，所以 LED 路灯以自然对流散热方式为主。

LED 路灯散热设计还存在着各种各样的问题，具体表现为：散热翅片的面积随意设定、散热翅片的布置方式不合理、灯具散热翅片的布置没有考虑灯具的使用方式，影响到散热翅片效果的发挥；过于强调热传导环节、忽视对流散热环节，尽管散热中考虑了各种各样的措施，如热管、回路热管和加导热硅脂等，却没有意识到热量最终还是要依靠灯具的外表面积散去这一事实；忽视传热的均衡性，如果散热翅片的温度分布严重不均匀，将会导致其中一部分散热翅片没有发挥作用或作用有限。

尽管 LED 路灯的设计标准尚未完备，产品规格仍需依各地不同的需求而制定，但 LED 路灯依旧会将向模组化、智能化方向发展。

3.2 LED 指示灯

1．直流电源指示灯

直流电源指示灯电路如图 3-2 所示。该电路只要连接直流电源，LED 就会被点亮，指示电源接通，限流电阻 R 的阻值为 V_{CC}/I_F。

用于电源指示的 LED 光源，一般是工作电压在 2.5V 左右、工作电流为 20mA 的红灯或绿灯。若图 3-2 中的电源电压为 5V，用红灯来做指示灯，其工作电压为 2.5V，工作电流为 20mA，那么选择的电阻 R 为

$$R=(5-2.5)/20\Omega=125\Omega。$$

2．交流开关指示灯

用 LED 作为白炽灯开关指示灯的电路如图 3-3 所示。当开关 S 接通支路 1 时，电流经 R、VL 和白炽灯形成回路，此时 VL 发光，方便人们在黑暗中找到开关。此时，由于回路中的电流很小，白炽灯是不会亮的。当开关 S 接通支路 2 时，白炽灯被点亮，VL 中没有电流流过而不亮。

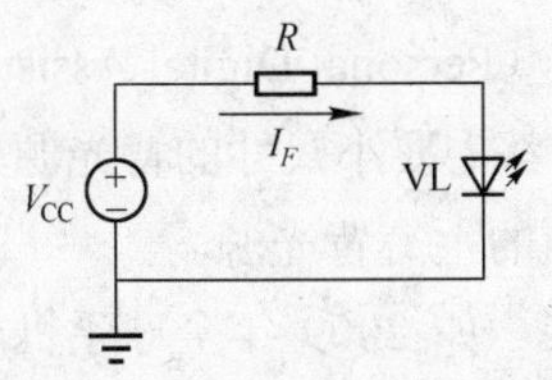

图 3-2　直流电源指示灯电路

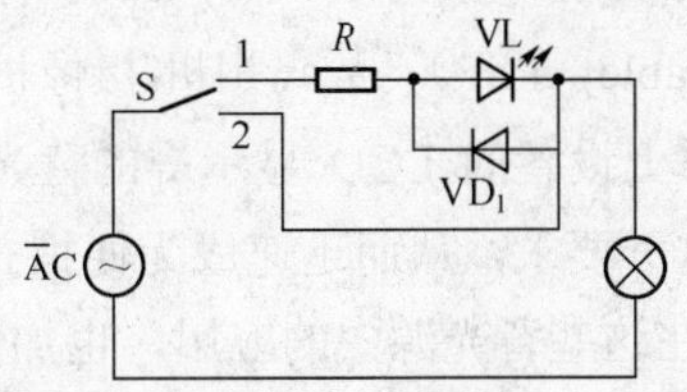

图 3-3　白炽灯开关指示灯电路

如图 3-3 所示的电路，由于电源是交流信号，为了不使 VL 损坏，R 的取值应保证在交流电源的最大值时，使 VL 正常工作。若 VL 由市电交流 220V 供电，其电压最大时可达到 265V，那么此时交流峰值电压为

$$V_{FF}=265\times1.414V=374.7V$$

由于白炽灯的阻值很小，可以忽略不计，此时 R 的取值应为

$$R=(V_{FF}-2.5)/20\Omega=18.6k\Omega$$

3．用于交流市电的 LED 指示电路

LED 用于交流市电指示，如图 3-4 所示。电路中的二极管 VD_1 有两个作用，一是给电容 C 提供一个半周期的充放电回路；二是为了防止 LED 不被反向击穿。电阻 R_1 是在插头拔出时为电容 C 提供的一个放电回路，不可省略，否则容易被电击。

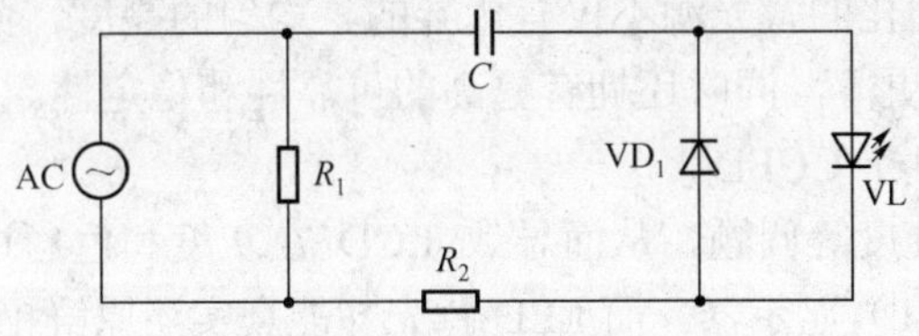

图 3-4　交流市电指示电路

若如图 3-4 所示电路中的电源电压为恒定的 220V/50Hz 交流电源，选取 350nF 的电容，电阻 R_1 的阻值为 1 ~2MΩ，那么电阻 R_2 的取值为

$$R_2\approx220\times1.414/0.02\Omega\approx16k\Omega\text{。}$$

另外，LED 还可以用做电池充电状态指示、家用电器工作状态指示和仪器仪表指示灯等。

3.3　LED 在 LCD 背光照明中的应用

3.3.1　LED 在小尺寸 LCD 背光照明中的应用

便携式消费类电子产品需要体积小、轻薄的液晶显示器（Liquid Crystal Display，LCD），这就要求 LCD 的背光源体积小、结构简单。

目前市场上最常见的背光源就是冷阴极荧光灯管（Cold Cathode Fluorescent Lamp，CCFL），虽然 CCFL 具有灯管细小、结构简单等诸多优点，但需配置反光板、导光板、扩散板和棱镜板等部件，才可以使光均匀地照射出来。这样一来 CCFL 背光源的体积就很难做得很小，因此 CCFL 不适合在小尺寸 LCD 上应用。LED 因其体积小、功耗低、寿命长和色彩表现力强等优势，成为小尺寸 LCD 背光源的首选方案。如手机、MP3/MP4、PSP（Play Station Portable，PSP）、数码相机/摄像机、个人数字助理（Personal Digital Assistant，PDA）等，这些掌上设备的 LCD 显示屏的背光照明和按键指示都需要小尺寸的背光源，LED 的特点正符合这一要求，从而迅速成为便携式消费类电子产品的主流背光源。

LED 在这些背光源中的应用，也加快了 LED 的发展。如 2009 年全球手机产量超过 12 亿部，按 80%的手机采用彩屏计算，2009 年手机产品需要的 LED 达 77 亿个。

3.3.2 LED 在中、大尺寸 LCD 背光照明中的应用

欧盟自 2006 年 7 月 1 日起实行的《关于限制在电子电器设备中使用某些有害成分的指令》（Restriction of Hazardous Substances，RoHS）规定，对在欧盟成员国销售的电子电器设备中的铅、汞等有害物质的含量进行限制，而汞正是 CCFL 的主要成分，违反了 RoHS 的规定。尽管供应商已经降低了 CCFL 中的汞含量，并且不含汞的型号正在研发之中，但 LED 的优势使得 CCFL 注定要被淘汰。

不仅如此，全球市场越来越追求绿色环保，需要尽可能地实现节能和无污染，而 LED 正好可以顺应这种趋势。LED 在背光源中的技术优势体现在如下几个方面。

（1）体积小、高可靠性和高稳定性

LED 背光源由众多栅格状的半导体组成，每个栅格都有一颗 LED，这样就实现了平面化的 LED 背光源。平面化的背光源不仅有优异的、均匀的亮度，而且不需要复杂的光路设计，因此 LCD 可以做得更薄，同时还拥有更高的可靠性和稳定性。

（2）色彩表现力远胜于 CCFL

CCFL 背光存在色纯度等问题，从而导致 LCD 在灰度和色彩过渡方面不如阴极射线管（Catuode Ray Tube，CRT）显示器。而 LED 背光却能真实还原鲜艳色彩。另外，RGB-LED 背光可以有效提升对比度，展现出更加精确的、具有层次感的画面。

LED 背光源由多颗 LED 组成，利用 LED 亮度可控的特性，可以根据画面要求对每颗 LED 的亮度进行精确地控制，在暗区域的 LED 可以减小亮度或关闭，而明亮区域则增加亮度，由此带来的对比度提升是 CCFL 所不能比拟的。传统 CCFL 的发光频率较低，表现快速的动态场景时会产生跳动，而 LED 背光可以灵活调整发光频率，利用 LED 响应速度快的特点，完美地呈现运动画面。

（3）绿色环保安全

绿色环保是推动 LCD 的背光源由 CCFL 背光转向 LED 背光的最重要因素之一，另一项重要因素是低电压。CCFL 的交流电压要求相对较高，启动时达到 1 500~1 600 V，然后稳定至 700V 或 800V。为此需要逆变电源才能完成，这就增加了额外的成本，且占用了更大的面积，同时增加了不安全和电磁干扰（EMI）因素。相比之下，典型的 LED 背光源在 12～24 V 或更低的电压下工作，不需要逆变电源，因此会消除电磁干扰。

（4）寿命长，抗震性好

普通 CCFL 的寿命在 2.5 万小时左右，最新的顶级 CCFL 也不过 6 万小时。而 LED 的使用寿命长达 10 万小时，与 LCD 的使用寿命基本一致，而且还有再次提升的潜力。

此外，平面状结构让 LED 拥有稳固的内部结构，抗震性能也很出色。

3.3.3 LED 在大屏幕 LCD 背光照明中的应用前景

近年来，作为液晶产品中重要配件之一的背光源，不断有新技术、新产品推出，LED 背光逐步进入产业化，且有了一定的规模。在笔记本、显示器及电视机等产品中，原来一直使用 CCFL 背光源，从 2008 年开始，笔记本和显示器产品中 LED 背光源的使用数量不断增加。有关统计显示，2009 年第一季度，LED 背光源的出货量是 2008 年同期的 8 倍。同时，在 CCFL 一统天下的液晶电视领域，国内市场上 LED 背光源电视也如雨后春笋般出现在市场中。随着成本的降低、市场的扩大，LED 背光源产业的发展对 CCFL 背光源的影响很大，CCFL 有可能最终被 LED 取代而退出市场。

LED 和 CCFL 相比，优势是多方面的。首先是节能方面，CCFL 灯管的光视效能在 60 lm/W 左右，而当前商业化 LED 的光视效能已经达到 120 lm/W，在实验室样品中 LED 的光视效能已经达到 160 lm/W。其次，LED 将会带来背光源机械结构设计上的巨大变化，因 LED 体积小且出光方向性好，可以大幅度减小传统背光源中导光板的厚度，甚至可以不用导光板。另外，CCFL 中的汞是成本高且对环境危害很大的一种物质，从环保的角度看，LED 将会逐渐替代 CCFL，成为背光源的主流。

虽然 LED 背光源优势明显，但依然存在需要改进之处。由于 LED 的制造工艺和封装技术的限制，大尺寸 LED 背光源相对 CCFL 还不够成熟。从封装方面看，目前的 LED 封装更适合用于照明，而不太满足背光源对混光距离的要求。

背光源潜在的市场以及 LED 技术良好的发展潜力，促使 LED 的研究和生产技术不断更新。随着 LED 光源技术的完善，将会有越来越多的液晶显示产品采用 LED 技术。

3.4 LED 显示屏的应用现状及发展趋势

3.4.1 LED 显示屏的应用

LED 显示屏分为数码显示屏、图文显示屏和视频显示屏，均由 LED 矩阵块组成。LED 数码显示屏的显示器件为 7 段或 8 段数码管，适于制作时钟屏、利率屏、仪器仪表数字屏、数字显示屏等；图文显示屏可与计算机同步显示汉字、英文文本和图形；视频显示屏以实时、同步、清晰的信息传播方式播放各种信息，还可显示二维动画、三维动画、录像、电视、VCD节目以及现场实况等。

LED 显示屏的应用涉及社会经济的许多领域，主要包括如下几个方面：

1）机场、港口、车站等的旅客引导信息显示。以 LED 显示屏为主体的信息系统、票务信息系统、列车信息显示系统等共同构成了客运枢纽的自动化系统。

2）证券交易、金融等行业的实时信息显示。证券公司的股票/基金的行情屏、银行的汇率屏/利率屏等，这是 LED 显示屏的主要需求行业。

3）邮政、电信、商场、购物中心等服务领域的业务宣传及信息显示。这些场合大多使用 LED 显示屏。

4）道路交通信息显示。随着车辆的增多和交通指挥系统的发展，在城市交通、高速公路等领域，LED 显示屏可作为可变情报板、限速标志等使用。

5）高校教学管理信息发布显示。利用 LED 显示屏可实时发布学校的教学、讲座、校情等信息，为学生和教师及时获取学校的信息提供了方便快捷的手段。

6）文艺演出的票务信息、体育比赛的票务信息和比赛状况。越来越多的文艺演出采用 LED 显示屏作为同步显示平台，体育场馆也可采用 LED 显示屏来进行相关比赛信息的发布和赛况转播。

7）室外产品广告及信息发布。除单一大型户内、户外使用显示屏作为广告媒体外，国内一些城市还出现了集群式 LED 显示屏、滚动式 LED 广告屏等。

LED 显示屏可以显示变化的数字、文字、图形图像，不仅可以用于室内环境，还可以用于室外环境，具有投影仪、电视墙、液晶显示屏等无法比拟的优点。

LED 显示屏的发展应用前景极为广阔，目前正朝着更高的亮度、更适应气候性、更高的发光密度、更高的发光均匀性、更高的可靠性、全色彩化方向发展。

3.4.2 LED 显示屏的现状和发展趋势

LED 显示屏是 20 世纪 90 年代出现的新型平板显示器件，因其亮度高、画面清晰、色彩鲜艳，使它在公众多媒体显示领域一枝独秀，市场空间巨大。LED 显示屏的主要制造厂商集中在日本、北美、欧洲和中国。LED 显示屏所用的驱动集成电路（IC）主要由美国的 Maxim、TI 和日本的 Toshiba 等公司生产。

目前，LED 显示屏正向全色化、多媒体化的方向发展，系统的制造也向着集成化、网络化、智能化方向发展。21 世纪的显示技术将是平板显示的时代，LED 显示屏作为平板显示的主导产品之一将有更大的发展空间。

1．高亮度、全彩化

自蓝色及绿色超高亮度 LED 产品问世以来，LED 全彩色显示屏产品成本迅速下降。同时，随着控制技术的发展和 LED 显示屏稳定性的提高，全彩色 LED 显示屏的亮度、色彩均达到比较理想的效果，完全可以满足户外全天候环境条件的要求，而且图像更清晰、更细腻、更亮丽。

2．标准化、规范化

材料、制造技术的成熟及市场需求的增加，使 LED 显示屏的标准化和规范化成为 LED 显示屏需要解决的问题。近几年来的发展过程中，产品的质量、系统的可靠性等成为主要的竞争因素，这就对 LED 显示屏的标准化和规范化有了较高的要求。随着未来行业规范和标准体系的形成，以及 ISO 9000 标准的应用，LED 显示屏行业将进入快速有序的发展轨道。

3．产品结构多样化

随着社会信息化步伐的加快，要求显示信息的领域愈加广泛，使 LED 显示屏的应用前景更为广阔。大型或超大型 LED 显示屏将持续增加，适合服务行业和专业性要求的小型 LED 显示屏也将会大量增加。部分潜在市场需求和应用领域将会有所扩大，如公共交通、运动场、停车场、餐饮、医院等综合服务方面的信息显示屏需求量将会增大。

3.5 LED 交通信号灯

3.5.1 传统交通信号灯的结构及其特点

交通信号灯是加强交通管理、减少交通事故发生、提高交通效率、改善交通状况的一种重要工具。传统交通信号灯一般用白炽灯或低压卤钨灯作为光源，一组交通信号灯通常由红、黄、绿三个灯组成，而人行横道信号灯则由红、绿两个灯组成。传统交通信号灯的基本光学系统结构如图 3-5 所示，灯泡安装在抛物面反射器的焦点上，反射器将一部分光线变成平行光反射出去，反射器出射口罩着一个由玻璃或抗紫外塑料制成的透镜，主要用于滤去不需要的光谱，发出期望颜色的光线，外面的黑色挡板称为遮沿，用来减小外来光源（如日光）对信号灯光学效果的干扰，增加信号的明暗对比度和色彩饱和度。

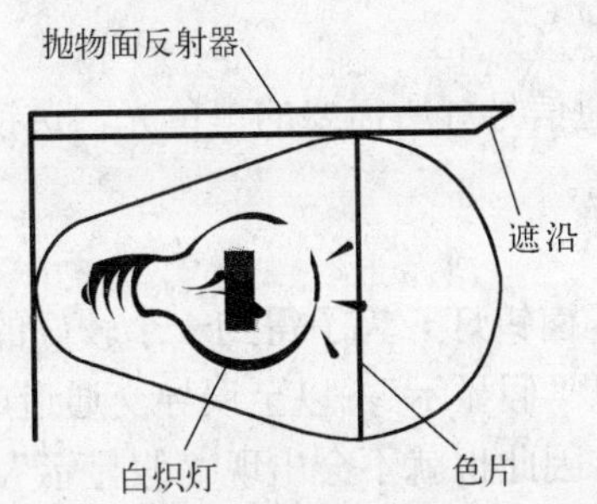

图 3-5 传统交通信号灯的光学系统结构

白炽灯光源可以直接在 AC 220V 电压下工作，无须设计额外的电路，光输出受环境温度的影响不大，且更换灯泡很容易。但白炽灯耗电量大，且只能辐射出白光，而交通信号灯使用的是红、黄和绿色光源，因此需要用滤色片滤去不需要的成分，这样就使射出的光的光视效能降低。虽然白炽灯的价格低，但其寿命短，因此后期维护成本较高。另外，用色片和反光杯作为光学系统的传统光源信号灯，对外界干扰光线（如太阳光照射或车灯照射）的反射会让人产生错觉，将本没工作的信号灯误认为处于工作状态，即“假显示”，从而有可能酿成事故。

3.5.2 LED 交通信号灯的基本光学结构

为了克服传统交通信号灯的缺陷，人们设计了基于 LED 的交通信号灯。LED 交通信号灯的光源由多个小功率彩色 LED 组成，如图 3-6 所示，而传统光源如白炽灯、低压卤钨灯都是由一个灯泡组成的，因此传统光源在设计上只要考虑一个焦点，对光的分布情况比较容易掌握。由于灯泡发光，其光效是均匀性的，所以传统光源设计时，很容易达到发光面的均匀性。而 LED 光源由多个 LED 组成，在光学设计时就要考虑多个焦点，并且对 LED 的分布也有一定的要求，如果分布不一致就会影响发光面的光线均匀性，因此在设计中就要考虑如何避免这种现象出现。由于信号灯的光分布主要是靠 LED 本身的视角来保证，如果光学设计得过于简单，就对 LED 本身光分布的要求以及安装分布的要求格外严格，否则光效均匀性就很差。目前对 LED 信号灯的配光技术主要采取了先汇聚再配光的双重透镜方式，其原理是首先把多个 LED 发出的光汇聚成一束平行光，然后再通过配光来满足各个方向的需要，这样的设计方式不仅缓解了 LED 本身光分布的不均情况还减小了安装产生的偏差。

图 3-6 LED 交通信号灯

3.5.3 LED 交通信号灯的优势及应用

1．LED 交通信号灯的优势

LED 技术的日趋成熟和价格的逐渐降低，使得 LED 交通信号灯的制造成本大幅下降，因此，LED 交通信号灯将逐步取代传统光源交通信号灯。LED 交通信号灯除了具有 LED 的优点外，还具有以下优势。

（1）信号颜色稳定

LED 光源本身就能发出交通信号灯所需要的单色光，透镜无需添加颜色，因此不会出现由于透镜颜色褪色而引起的缺陷。

（2）避免“假显示”

传统光源（如白炽灯、低压卤钨灯）为了得到一个较好的配光，需要配置反光杯，加上透镜也带有颜色，所以容易出现“假显示”，以至误导交通造成事故。而 LED 光源不需要反光杯，也不需要带颜色的透镜，因此也就不会出现“假显示”。

（3）指示更加方便

采用传统光源的交通信号灯，因为只有一个光源，所以一个灯头只能设计成一种形状。而 LED 交通指示灯由多个 LED 光源组成，可以很容易地将指示灯设计成箭头形、掉头形、时间计时形等多种形状。

（4）更加可靠

采用传统光源的交通信号灯，一旦灯泡坏了，那么整个信号灯就损坏了，另外，传统光源的寿命短，所以信号灯的损坏率很高。而 LED 交通信号灯由多个 LED 光源组成，一颗 LED 损坏时，整个信号灯还能够正常工作，而且 LED 光源的寿命长，信号灯的损坏率很低。

2．LED 交通信号灯的应用

（1）城市交通信号灯

LED 交通信号灯具有灯光穿透力强、指示方便、故障率低、节能省电等突出优点，在国内外的发展速度很快。目前国内许多大城市的交通部门都开始将传统交通信号灯换成新型 LED 信号灯，使行车指示更加清晰。北京早在 2004 年就已经完成了对传统信号灯的更换，新建路口的交通指示灯全部采用 LED 信号灯。

（2）LED 铁路信号机

多年来，我国铁路一直采用传统的白炽灯泡为光源的信号机，其主要缺点是可靠性低、寿命短、易断丝、光效低。由于铁路信号机 24 小时，全年 365 天工作，因此光源的寿命极其重要。为了提高信号显示的可靠性以及延长灯泡的使用寿命，人们采用 LED 光源研制了 LED 铁路信号机，使信号机的寿命得到了显著延长。LED 具有无电流冲击、颜色纯正的特点，并可以有效解决灯丝断丝问题，给 LED 铁路信号机带来了发展机遇。

3.6 LED 在景观装饰照明中的应用

城市景观照明对城市绿化、公园、桥梁及其他建筑物起到渲染气氛、增加视觉效果的作用。由于 LED 光源可以做成点光源，所以安装便捷，可以表贴或在垂直方向安装，可与建筑物表面完美地结合。还可以将 LED 灯设计成艺术造型灯，将其安装在城市的休闲空间，如公园的步行路、沿水地带、园艺花卉等区域，也可安装在街道边的花卉或低矮的灌木丛中。

一个很典型的建筑照明就是北京水立方的景观照明，如图 3-7 所示。它秉承了“绿色奥运”的理念，全部采用 LED 光源，在两万多平方米的外立面安装了 11 万只 LED 灯。有人将 LED 灯和 T5 荧光灯进行比较后发现，使用 LED 灯之后，光源中的汞含量减少了 442.991 克，每年可减少汞排放量 113.322 克，每年减少二氧化碳排放量 969.179 吨，全年减少电能消耗 745 701.88 千瓦时，全年节省电费 84.95 万元，节能率达到 73.34%。

图 3-7　水立方景观照明

LED 照明符合现代社会对城市景观照明提出的新要求——低碳、环保、节能、经济及光色多变，因此，作为新型半导体光源，LED 正逐渐成为景观装饰照明中最佳选择的光源之一。

3.6.1　LED 在景观照明中的优势

生活水平的提高，城市建设理念的改进，极大地促进了 LED 照明技术的发展。为了达到低碳、环保的要求，在城市的景观照明中采用高效节能、长寿命、低维护、多色彩的新型光源来取代传统的、以白炽灯为主的光源，成为城市景观照明发展的趋势。LED 的优势符合城市景观照明的要求，这给 LED 光源带来了机遇和挑战。

1．安全可靠

单个 LED 的工作电压在 2～4V 之间，工作电流在 20～350 mA（小于等于 1W 的 LED）之间，电压和电流都在安全范围内，人体接触无危险，符合灯具安全的要求。LED 采用环氧树脂封装，抗机械冲击、震动能力强。

2．可控性好

通过控制器的控制，LED 光源可以呈现出渐变、跳变、色彩闪烁、随机闪烁、渐变交替、追逐、扫描等效果。LED 响应时间短，因此可频繁亮灭，无惰性。

3．色彩丰富，柔性好

由于半导体 PN 结自身产生色彩，色彩纯正、浓厚。按照基色原理，使用数字灰度控制技术，可演变出任意色彩。LED 光源的精巧，使 LED 能适应各种几何尺寸和不同空间大小的装饰照明要求，如点、线、面、球等，乃至任意艺术造型的雕塑。

3.6.2 LED 光源景观灯分类

目前，常规的景观灯有庭院灯、步道灯、草坪灯、壁灯、建筑物轮廓灯、小型射灯、道路分道灯、地埋灯、水下灯等，这些景观灯均可采用 LED 光源。LED 主流景观灯的分类情况如表 3-1 所示。

表 3-1 LED 主流景观灯的分类

基本类型	种类	应用领域	作用
LED 轮廓灯	O 形、D 形、U 形、方形、三角形	建筑轮廓、立交桥、河道、花园、灯柱	勾勒各种建筑物、栏杆等的外观
LED 彩虹管	圆二线、扁三线、扁四线、变七色线	建筑轮廓、KTV、酒吧、家装暗槽、小区亮化、商业中心装饰照明	勾勒各种建筑物轮廓、烘托气氛
LED 投光灯	1 W、3 W、8 W、12 W、18 W、36 W	主体建筑、历史建筑群外墙、楼内照明、室内局部照明、绿化景观、广告牌、酒吧、舞厅	室内外景观气氛烘托、建筑物亮化
LED 墙壁灯	8W、12W、24W、27W、36W	各种建筑群外墙、楼内照明、大型建筑物、室内局部照明、绿化景观照明、广告牌照明	勾勒大型建筑物的轮廓
LED 埋地灯	24 粒、36 粒、48 粒	商场、停车带、绿化带、公园旅游景点、步行街、庭院、歌舞厅	装饰照明或者指示照明
LED 水下灯	地埋式、壁挂式、立式	喷泉、水景雕塑、瀑布、泳池、河道	烘托气氛、装饰环境

3.6.3 LED 景观装饰照明设计

1. 合理选用 LED 灯具

在景观装饰照明设计中，必须充分考虑 LED 照明的特点和建筑物原有的风格形态，根据实际情况合理选择和使用 LED 灯具。

现代建筑立面设计通常强调大块面的组合，通过大块面形成立体效果匀质肌理的面来形成体量。在现代建筑上使用 LED 能起到丰富立面的表现效果，对于那些不宜使用投光照明的玻璃幕墙建筑来说，就更不失为一种夜景照明的好方法。

古典建筑的形体设计手法恰恰相反。它们的立面由丰富的、立体的细部构成，具有强烈的立体感和层次感，并形成体块间的对比关系，景观照明需要强调建筑的体量感和稳重感。如果在这样的建筑立面上安装 LED 线状装饰带或 LED 发光点，虽然 LED 本身色彩变化很绚烂和动感，但却破坏了原有建筑的体量感和立体感，影响了建筑的细节表现，失去其原有的魅力。

然而 LED 是新型光源，但并不是万能的光源，和其他光源相比虽有很大的优势，同时也存在着劣势。例如，LED 的芯片技术决定了每颗 LED 的光色或多或少都有所差别，以目前的技术在一些对光色统一性要求很高的场合，如美术馆的展示照明就不宜采用 LED 光源。彩色 LED 的形成多通过红、绿、蓝三种 LED 混光来实现，因而在不需要全彩变色的场合，反而不如传统灯具加滤镜的色彩效果好。再就是其发光强度有限，很难照亮较远的目标，因而在更多的场合投光灯的光源还是采用高强气体灯更为合适。价格昂贵易受到经济预算的限制，也是 LED 使用受限的原因之一。

2. 艺术化彩色

LED 照明色彩可变、易于控制是其优于其他光源的特性。因此，实际工程中采用 LED 进行照明设计时应考虑这一特性，设计变色的照明效果。然而，目前 LED 照明工程实例中，大多数的项目将 LED 进行全光谱变化却完全没有进行色彩的变化，或是简单地形成所谓的彩虹追逐效果，或是形成一些简单的超大尺寸的图。这样既没创意又缺乏艺术的色彩，“吸引眼球”的能力也就有限了。

此外，LED 色彩变化的频率也是应该在设计中可以充分利用的，变化过快的色彩方案容易造成视觉疲劳；缺乏设计的图形色彩更会导致观察者出现烦躁情绪。尤其在一些重要的交通结点，频繁闪烁的 LED 照明，甚至会影响交通安全。

还要考虑到有些建筑并不适合色彩变化，如政务大楼、文化教育场所；某些建筑也不适合色彩变化的照明，如一些文字信息的部分就会因为光色的变化使得信息的传达产生障碍，照明工具也由此失去了它的最基本的功能。

3. 选择合适的亮度水平

LED 技术在近两年发展得非常快，LED 的光视效能也大幅度提高，高亮度 LED 已应用到实际工程中。研究者发现，人的眼睛对光线明暗的感知程度是与环境对比度有关的，同样的亮度在较暗的背景中比在较亮的背景中显得更亮，因此应根据 LED 照明所在环境来选择合适的亮度水平。因此，即使处在亮度较高的商业娱乐环境，装饰类 LED 照明也不一定要选用超高亮度 LED，除非是安装在高层建筑的立面，考虑到其视看距离较远，可以适当提高亮度。否则，一味追求高亮度，不但容易造成眩光，也会产生视觉不适，不利于建筑的夜间表现。

3.6.4 LED 景观照明典型案例

1. 西安古建筑照明设计

西安古城墙保存完整，旅游行业蓬勃发展，形成了以人文古迹为特色的东、西、南、北四条辐射线。南门古城墙上的建筑物包括城楼、闸楼及两侧敌台，该部分建筑物是中国古代建筑文化的表现，又是南门古城墙标志性的建筑，均为多层面秦汉风格楼台建筑，青砖灰瓦、雕梁画栋，屋面飞檐轩昂大气。

西安城墙夜景照明充分体现了其作为中国重要古建筑的历史厚重感和古城墙雄伟、壮观、亮丽的夜间形象。做到了既重点突出、层次分明、错落有致，又多变有别、统一协调，构成了一幅完美和谐，富有韵律和节奏的画面。西安古城墙照明效果如图 3-8 所示。

图 3-8 西安古城墙照明效果

2. 北京通州玉带河大桥照明设计

位于北京通州新城东区的玉带河建成后成为通州东区重要的交通结点和北运河沿线景观带上的重要景观载体。

设计者以桥塔为设计核心，使桥体、尤其是主塔部分产生一种“破浪而出，冲天而起”的视觉效果，并以此来弱化原桥体设计的矮塔斜拉结构在视觉上形成的下坠感，加强了桥体整体向上的气势，给桥体赋予了一种“锐意进取，挺拔向上”的精神内涵，将历史与现代、美学与结构有机地融为一体。通州玉带河大桥夜景照明效果如图 3-9 所示。

图 3-9　通州玉带河大桥夜景照明效果

3．青岛五四广场照明设计

青岛五四广场占地面积 10 万平方米，纪念雕塑“五月的风”及海上百米喷泉，富于节奏地展现出庄重、坚实、蓬勃向上的壮丽景象，在大面积草坪和风景林的衬托下，广场显得更加生机勃勃，充满现代气息。

设计者本着“节能、环保、安全、人文”的原则，大量采用了 LED 等高科技光源，不仅节能、使用寿命长，而且能起到很好的亮化、美化效果。设计者还在广场上增设了部分新型的灯具，高层建筑的亮化则强调了内光外透的效果。广场上采用的数百盏吊篮灯、锥形庭院灯、折射埋地灯、草坪灯、效果射灯等新型灯具，将这座广场装扮得流光溢彩。青岛五四广场夜景照明效果如图 3-10 所示。

图 3-10　青岛五四广场夜景照明效果

3.7 LED 在汽车产业中的应用

随着汽车工业的发展，现代化的技术手段在汽车产业体现得淋漓尽致，LED 照明技术在汽车产业的应用就是其中之一。目前，LED 已被广泛应用于汽车工业中，如汽车的仪表板、阅读灯等汽车内部照明设备。由于 LED 的响应时间是普通灯泡的 1%，因此非常适合用于制作汽车的制动灯、状态灯等，如图 3-11 所示是一种汽车制动灯。

图 3-11　汽车制动灯

3.7.1　汽车光源的发展

汽车照明光源种类繁多，汽车外装照明灯有前部的前照灯、雾灯、方向指示灯，后部的制动灯、方向指示灯、尾灯、倒车灯等。采用 LED 作为汽车照明光源需要满足以下几个要求。

1．节电的需要

随着汽车电子化程度的提高，汽车中用电部件越来越多，这就要求在不增加电池容量的情况下，必须降低单个装置的耗电量，而汽车照明是特别耗电的装置之一。

2．安全、经济和长寿命

高速道路网的建设，使夜间长距离行驶的几率增加，照明灯的使用频率提高，因此对光源使用寿命的要求也随之提高。很显然，光源的寿命越长，车辆的安全性越高。另外，如果光源的寿命长到可以与整车的寿命相比拟，也就是说在汽车的寿命期内无需更换光源，既可免去这方面的维修费用，又更加经济。

3．车灯更高的亮度要求

随着人们健康水平的提高，驾驶人员有老龄化的趋向，最近我国已将驾驶员的年龄限制从 60 岁放宽到 70 岁。与年轻人相比，老年人视力下降很多。为了弥补老年人视力下降以及反应迟缓的缺陷，需要提高车灯的照明亮度以及缩短车灯的响应时间。另外，在高速公路上行驶速度的提高也要求车灯能够提供更好的照明，以提高行车的安全性。

4．适应流线型车身的需要

为了改善汽车空气动力特性，降低风阻，将车身设计成流线型，这使得前照灯尺寸缩小、前照灯透镜面倾斜度增加。为了弥补由于这些原因引起的亮度降低现象，有必要采用更亮的光源。

目前的车灯以白炽灯和氙灯为主，但由于 LED 具有诸多优点，也已经进入了汽车市场。目前，LED 灯完全可以代替传统车用普通照明，但是 LED 代替汽车前照灯还需要一个过程，主要原因是 LED 光强度还不够高，随着 LED 的光强度的不断增高，LED 也必将取代其他光源在车用前照灯中使用。

3.7.2 LED 在汽车产业中应用

目前，在汽车光源方面，白炽灯“一统江湖”的局面已被打破，各种新型光源已得到越来越多的应用，汽车照明向美观时尚、环保节能、价廉耐用、高智能化的方向发展。汽车照明与车身统一设计，与车身的风格协调一致。随着汽车造型的逐步改进和装饰的日趋多样化，照明装置的制造材料和形状也发生了日新月异的变化。

LED 优良的性能使得汽车 LED 光源具有很大的市场潜力，用 LED 设计和制造车用信息光源有很好的发展前景。

用 LED 制造车用光源，有其自身的优势。由于 LED 的冷光特性，使得灯罩不会因长时间工作而发热变形，因此使用 LED 作为车用光源可降低维修成本。另外，由于 LED 具有响应时间短、可控性好的特点，利用这一特性在新型车用光源设计中加入控制信号，可制造出信息化、智能化光源。一旦这种新型光源研制成功，必将占有广泛的市场。

汽车已经逐步成为现代家庭的普通消费产品。中国是全球潜力最大的汽车市场，必将给相关的汽车产业提供相应的发展平台。车用光源的革新，必定是大势所趋。从发展的角度来看，消费者对产品的性能要求会越来越高，产品的价格不再是消费者考虑的唯一因素，而产品的质量和性能已经成为消费者关心的问题，LED 这种性能更优的车用光源也必将越来越受到消费者的欢迎。

我国在 LED 领域已经具备了一定的技术和产业基础，这给 LED 车用光源的研制和开发提供了相应的技术基础。目前，我国的 LED 产业技术与发达国家差距较小，对新型照明系统的开发和研制必将提供强大的技术支持，其研制成本和费用也将相应地降低。

LED 照明产业是一个技术密集型与劳动密集型相结合的产业，比较适合我国的国情，其风险和难度都低于其他微电子产品。

今后的车用照明系统将会出现多种发光强度、光柱长度以及照明区宽度等的车灯，因此采用 LED 光源制造车灯，能够利用控制电路来调整这些参数，以满足各种不同要求。

3.7.3 LED 车用光源的现状和前景

LED 车灯在国内汽车上的使用率还不足 1%，这与 LED 车灯使用率达 30%的新西兰等国家相比有较大差距。LED 照明在我国市场发展的主要阻力如下：

一是成本问题。LED 芯片生产技术难度大，门槛高。目前，LED 芯片的主要产地为欧美和我国台湾地区，而在我国内地的 LED 厂商多为树脂封装加工厂，芯片需要大量进口。

二是国内汽车行业的制造商及消费者对 LED 车灯的认识仍然不够。将 LED 车灯与传统车灯进行成本比较的习惯性思维减缓了 LED 车灯产业发展的步伐，同时也助长了一些非正规加工企业的价低质劣的产品流入 LED 车灯市场。

从目前的国内、国际市场情况来看，汽车光源仍以白炽灯为主，用 LED 制造的车用光源还为数不多，而且大多数还处于起步阶段，制造低成本、质量好的 LED 车灯还需要一段时间。与传统的白炽灯相比，LED 具有免维护、防爆、易控制和节能环保等优点，因此，用 LED 制造车用照明系统，能够体现当今环保、节能的要求。

广泛研制车用 LED 光源技术，已成为世界研制车用光源的一个新方向。目前，全球 LED 的年销量已超过 69 亿美元。从全球来看，真正利用 LED 制造的车灯还不多。因此，研制一种可靠的新型车用 LED 光源，对汽车工业的发展将有推动作用。

3.8　隧道照明和矿工灯

3.8.1　隧道灯

LED 接近于点光源的特点决定了其特别适合用做定向照明，例如隧道照明，即期望光线照射在道路及周边一定的范围内。现有的隧道照明主要采用高压钠灯或直管型荧光灯，前者光视效能较高、亮度也较高，但光源显色性不好；后者显色性良好，但光效略低且定向性不好。这两种光源都有一个特点，即光源发光体较大，且光源是空间 360° 发光，因而灯具的光视效能较低，用于隧道照明等定向照明时的光视效能更低，仅为 40%～50%。目前，LED 的光视效能已经接近高压钠灯，超过了荧光灯。在做隧道定向照明时，通过对灯具进行合理的光学设计，LED 隧道灯的光视效能和使用寿命都远远超过传统的隧道灯。另外，LED 隧道灯的显色指数可以达到 80 左右，接近自然光，车辆进入隧道后，司机可以很快适应光线的颜色变化，使得行车更加安全。如图 3-12 所示是一种 LED 隧道灯的效果图。

图 3-12　LED 隧道灯的效果图

3.8.2　矿工灯

矿工灯是矿工随身携带的一种矿用防爆灯具，这种灯具对灯泡的光通量、照度、放电时间、使用寿命都有较高的要求，而这些指标之间往往又相互矛盾，如要求灯泡的光通量大、照度高，则需要提高灯泡的色温或增大灯泡的功率，但提高灯泡色温又会降低其使用寿命。

传统矿工灯采用的是白炽灯，其工作温度高达 2500℃，选用 LED 光源和锂离子电池制造的绿色环保矿工灯，LED 光源工作温度不到 60℃，耗电量仅为白炽灯矿灯的 1/5，矿工灯加电池的总重量仅为传统电池矿工灯的 1/10。即使灯头被砸碎也不会引爆瓦斯，从而彻底解决了传统矿工灯电池短路、爆炸等方面的安全隐患，降低了矿工的负荷，节约了能源。

3.9 LED 在室内照明中的应用

白光 LED 制造技术的不断成熟，推动了 LED 室内照明的发展。LED 在道路照明、景观照明和隧道照明方面的应用，已经显示出很大的优越性。但是 LED 在室内照明中的应用，无论在产品或技术上，都还没有达到成熟和广泛应用的阶段，存在着不少有待进一步解决的问题。如果要全面取代目前普遍使用的白炽灯或荧光灯，还主要存在几方面的问题。

1. 价格较高

价格是影响 LED 照明普及化的主要原因。目前，市场上我国台湾地区生产的功率为 1W 的 LED 产品，价格为 1.5 美元以上，而 Lumileds 公司生产的 120 lm/W 的 LED 产品接近 4 美元。LED 要取代传统光源，需要多个 LED，再加上驱动电路、灯壳和灯头等，如此高的价格是 LED 照明光源普及化的最大障碍。

2. 散热问题

LED 在恒定直流电源的驱动下工作时，相当一部分能量转变为热能，热能如果不能以辐射形式散发出去，那么热量就集中在芯片内部，使芯片内部温度越来越高。温度升高时，LED 的光视效能就会下降，当温度高于 50℃时，色温将会升高，更加速了 LED 的光衰，缩短了使用寿命，甚至失效。更重要的是，在温度升高到一定程度时，LED 的封装——环氧树脂就已经变质了，其透光性变得很差，所以即使 LED 的 PN 结性能没有变，整个 LED 也已经几乎不能使用。随着大功率 LED 的广泛使用，散热成为了一个很棘手的问题。

为了解决这一问题，在 LED 的封装结构方面，可以采用大面积芯片倒装结构、金属线路板结构、导热槽结构、微流阵列结构等；在材料的选取方面，选择合适的基板材料和粘贴材料，用硅树脂代替环氧树脂等，可解决部分散热问题。

3. 显色性差

目前 LED 白光的获取都是通过混色的方法，这种方法存在着色温偏高和显色指数偏低等问题，使被照物体颜色失真，从而限制了白光 LED 的应用场合。另外，过多的蓝色光会使人感觉不舒服，不利于保护眼睛。

4. LED 照明的二次光学设计

现行的照明标准主要是针对白炽灯和荧光灯等传统光源制定的，这些标准大多不适用于 LED 光源。LED 光源不仅具有一般光源的共同特性，而且还具有其自身的特殊性。LED 是一种方向性很强的发光器件，发光体积很小，非常近似于一个点光源，必须对 LED 灯具进行良好的二次光学设计，才能发挥其优势。

5. 缺乏统一的标准

LED 光源缺乏统一的标准，包括 LED 灯具、驱动电路、散热技术在内，各家产品规模各异，交互性差，维护困难。LED 照明灯的测试也没有统一的方法，有些参数的测试还有待研究，如显色性的测量方法和气体放电灯的参数测量方法也不一定相同。

尽管 LED 照明目前尚存在一系列关键的技术问题需要解决，但随着 LED 芯片制造技术、封装技术与灯具制造工艺的进一步改进，一些技术上的障碍将逐步消除。相信在不久的将来，LED 光源将成为普通照明的主流选择。

3.9.1 LED 应用的原则

室内照明不同于道路和景观照明，更强调照明的功能和照明灯的价格。对于室内照明来说，不同的使用场所，不同的功能，不同的面积，不同的装饰美观要求，使得室内照明产品品种繁多，配光类型各异。

室内照明可采用以下原则：

1）首先应符合《建筑照明设计标准》的规定，包括照度、均匀度、眩光、显色指数和色温等，以达到良好的视觉效果和照明功率密度（Light Power Density，LPD）限值规定。

2）突出节能。当前 LED 的首要目标是取代低效的白炽灯，第二个目标是取代卤素灯，第三个目标是力求逐步代替紧凑型荧光灯。要说明的是并非所有的 LED 都节能，应该在达到相同照度水平下进行比较。

3）发挥 LED 彩色光的优势，对于要求具有装饰效果或作为景观、标志灯等时，可以采用 LED 照明。

4）发挥 LED 快速启动、方便调光的优势，优先用在要求声、光自控和需要调光或频繁启动等的场所。

5）利用 LED 定向发光的特点，应用于需要定向照明的部位，如射灯、探照灯、筒灯等。

3.9.2 适宜应用 LED 的场所

1．适宜的场所

根据 LED 应用的原则，可归纳出以下场所适宜应用 LED：

1）住宅或类似场所的楼梯间、走廊安装的节能自熄开关灯。这些场所目前几乎都用白炽灯照明，但使用白炽灯存在着易损坏、耗电量高等缺点，而 LED 光源性能稳定、功率小、亮度大、寿命长，因此特别适合代替白炽灯作为节能自熄开关灯的光源。

2）宾馆、商场、影院等公共场所用于紧急疏散人员的标志作用的疏散照明灯、疏散标志灯，以及其他标志灯，还有部分备用照明灯，采用 LED 作为光源具有寿命长、性能稳定、发光清晰、穿透烟雾能力强等特点。

3）商场陈列、酒店旅馆、公园、博物馆、展示会、舞台等场合常用的反射型白炽灯（例如 PAR38）以及卤素射灯（例如 MR16、MR25）也十分适合用 LED 代替，这些应用场合要求 LED 有更高的显色指数和暖色性（色温大于 3300K）。

4）应用于商场作重点照明的射灯，博物馆、展览馆类建筑的射灯，以及公共建筑的筒灯、射灯等。

5）宾馆、酒店等场合也是应用 LED 灯的适宜场所，可以用来取代白炽灯、卤素灯做光源的床头灯、阅读灯、夜灯、衣柜灯、吧台灯、开门灯、过道灯，以及卫生间的洗浴灯等。

6）局部照明灯，采用安全特低电压（Safety Extra-Low Voltage，SELV）的检修灯。

7）视觉条件要求不太高的一般建筑的辅助场所，如走道、卫生间，一般用途的库房、风机、水泵房等。

2．具有应用潜力的场所

1）装饰要求较高的场所（如宾馆、饭店、会议厅等）的水晶玻璃吊灯，现在主要使用烛形白炽灯，可以用LED灯取代。

2）需要调光的厅堂、多功能厅、大型舞台及其他类似场所，也可以采用LED光源取代目前常用的白炽灯。

3.9.3 不适宜应用LED的场所

不具备条件应用LED的场所主要有办公室、教室、商场的一般照明，以及控制室、各类工业场所的照明，如纺织、成衣、卷烟等。

在需要功能性照明的场所，也不适合用LED。由于要求显色性较高，色温相宜、眩光控制较好，均匀性好，保证良好的视觉环境，同时要求有很高的光视效能，使用三基色直管荧光灯（不小于4ft[㊀]长）可以达到这个目的，目前的LED还难以达到这些要求，所以不宜使用。

3.9.4 LED的发展前景

LED的制造技术和应用技术在不断发展之中，在室内照明领域发展空间广阔，未来应用前景巨大。但是要在价格、驱动等方面有实质性的突破，为应用创造条件，仍然需要在以下几方面做出努力。

1）进一步提高光视效能和显色性，研究多种更适应色温的LED。

2）把半导体学科和照明学科有机结合，深入研究适合LED特点的灯具形式和灯具配光系统。

3）进一步降低成本。

目前另一种固体光源——有机半导体发光二极管（Organic Light-Emitting Diode，OLED）也在悄然崛起，已开始显现出更多的优势，成为现有光源以及LED光源强有力的竞争者。

3.10 LED在其他方面的应用

1．农业

太阳光的光辐射包括从紫外线到红外线所有的连续波，而有些植物并不需要所有波长的光能量。用LED产生利于植物生长的特定波长的光，如有助于光合作用的红光和增强趋光性、塑形用的蓝光，在适当的时间照射植物，可提高植物的培育效率，且LED与白炽灯不同，它没有热辐射，不会灼伤嫩叶，因此LED在植物培育中的应用正在逐渐扩大。

㊀ 1ft=0.3048m

利用飞虫的趋光性和 LED 宽光谱的特点，可以制成宽光谱 LED 杀虫灯，用于农业生产中。

2．渔业

在渔业领域，可以利用 LED 灯进行鱼类诱捕。蓝光 LED 的波长为 450～500nm，在海水中的光强衰减很小，同时也非常接近乌贼类鱼的视觉灵敏波长范围 470～490nm，因而这种 LED 很适合用做诱鱼灯光源。另一方面，LED 也可以用于鱼贝类等水产养殖业中。

3．医疗

最近，研究人员研究出一种使用 LED 照明的胶囊状医疗检测设备——胶囊探测器。该“胶囊探测器”一端装有白光 LED 和 CMOS 或 CCD 摄像器件。当病人将此“胶囊”吞下后，它会自动在人体内对消化器官拍照，并将图像以电信号的形式传至体外。因此，可以预计在不远的将来，LED 可帮助患者摆脱内窥镜的痛苦。

此外，LED 已开始用于外科手术照明。通常手术室内的照明灯都被称做“无影灯”，但有时光线会被挡住，使手术室变暗。由于 LED 具有体积小，耗电少的特点，已经开发出一种可戴在医生头部的类似风镜的 LED 灯具。

4．通信

LED 在光通信领域的发展也备受关注。若配以恰当的驱动电路，则其能够用于 100Mbit/s 的高速数字通信，可组建家庭信息网络等。在欧洲使用 LED 的光通信车载局域网已应用于奔驰等多款汽车中，与目前使用“光束”将各种设备逐个连接起来的车载网络相比，光电技术可以减轻电线总重量，而且不受外界的干扰。

另外，为手机、汽车导航仪等提供信息的 LED 可见光无线通信技术的基础性研究也在积极进行中。

5．自动售货机

现在，日本自动售饮料机的照明光源正在被 LED 取代。LED 已能达到与低亮度模式下的荧光灯相同的亮度，使用 LED 作为照明光源可节能约 10%～15%，且 1～2 年内不用更换灯泡。

第 4 章　LED 驱动电路及电源变换

LED 是低压、直流供电的固态发光二极管。LED 的工作电压可以在一定范围内波动，但是工作电流必须是恒定的。同时，无论是市电交流供电还是蓄电池直流供电，其供电电压都是变动的，输出电流也是变动的。因此，为保证 LED 可靠、亮度均匀地工作，就需要设计恒流驱动电源。

4.1　LED 驱动电路

LED 的驱动电路就是为了保证 LED 正常工作，而设计的一种满足 LED 工作需要的直流电压和直流电流的电路。

4.1.1　LED 驱动的必要性

LED 是一种电光转换半导体器件，它本身并不发光，是靠电子的跃迁才能发光，因此，必须外加适当电压和通以适当电流。能量跃迁级的不同，发出光的颜色也不同。

在设计 LED 驱动电路之前，首先要了解 LED 的基本特性。LED 首先是一个二极管，所以它具有二极管的所有特性，但也具有多方面独特的特性，其中最主要的有以下几点：

1）LED 是一个能发光的半导体 PN 结，因此具有单向导电特性，通以直流或者单向脉冲电流时，LED 就能发光。

2）LED 有一个导通门限电压，只有加在 LED 两端的电压高于门限电压时，LED 才会充分导通。LED 的门限电压和正常工作时的正向电压降与 LED 的材料和发出光的颜色有关，红光、黄光 LED 的正向电压降为 1.8～2.4V，绿光 LED 的正向电压降为 2.8～3.2V，而白光 LED 的正向电压降通常为 3.0～3.6V。

3）LED 的伏安特性曲线是非线性的，流过 LED 的电流与加在 LED 两端的电压不成线性关系，但成正比例关系。

4）LED 的光通量输出与流过的电流成非线性关系。LED 的光通量随着流过 LED 电流的增加而增加，但不成线性关系。当电流增加到一定大小时，LED 光通量的增量减小。因此，应使 LED 在一个光视效能比较高的电流值下工作。

5）LED PN 结的温度系数为负温度系数，当 PN 结温度升高时，光输出将减少，正向电压降也降低。

6）由于生产工艺和材料特性方面的差异，LED 参数的离散性较大，特别是电压参数，不同的 LED 流过同样的电流，其正向电压降不同。

7）LED 的光通量与电流有关，而与工作电压无关。每个 LED 都有一个最佳工作电流值，但每个 LED 都有一个额定的电压和额定的电流，超过任何一个值都将使 LED 损坏。

LED 的额定电流随温度的升高而减小，如图 4-1 所示是一个小功率 LED 的工作电流与温度的关系。当环境温度升至 50℃时，额定电流下降到 20mA。因此，若使 LED 在环境温度 50℃范围内工作，为防止 LED 过电流，驱动电流必须限制在 20mA 以内。由于制造工艺的差异，每一个 LED 的额定电压 V_{Fmax} 都不一样。为达到预期的亮度要求，避免驱动电流超出最大额定值，并保证各个 LED 亮度、色度的一致性，应采用恒定电流驱动方式，而不是恒压驱动方式。

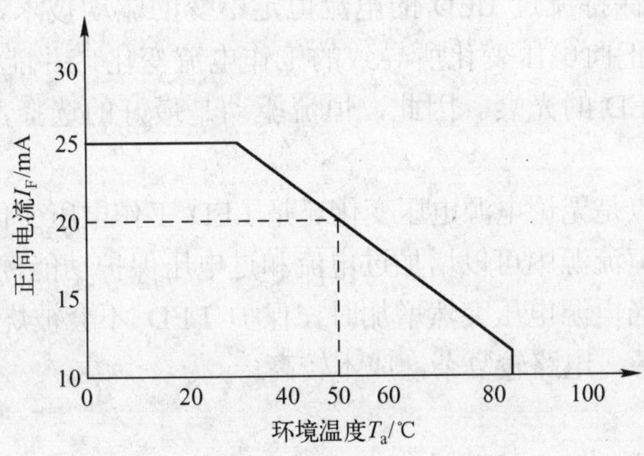

图 4-1　LED 的工作电流与温度的关系

4.1.2　LED 驱动技术的分类

LED 驱动技术简单来讲就是通过一定的电路给 LED 提供正常的工作条件（电压和电流）的一种技术。驱动电路的另一个作用是保护 LED 不受外界干扰，因此还需具有抗电磁干扰、抗浪涌电压、过电流保护和过电压保护的能力。

LED 的驱动方式有多种，有只具备基本功能的驱动电路，也有具备多种保护功能的驱动电路，通常情况下可分为三种。

1．电阻限流驱动

这是一种最简单的 LED 驱动电路，就是简单地在直流供电的 LED 回路中串接一个电阻，LED 亮度的调节是通过调节电阻的阻值来实现的，如图 4-2 所示。

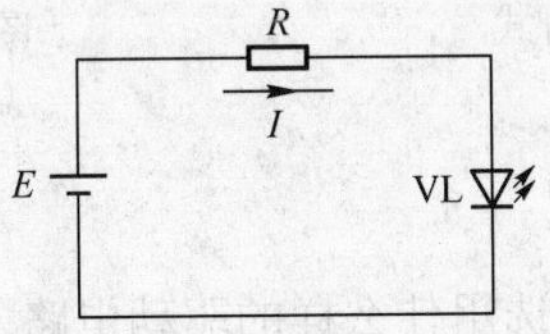

图 4-2　电阻限流驱动方式

串接电阻阻值的计算方式如下：

$$R = \frac{E - V}{I} \tag{4-1}$$

式中，E 为电源的电压；V 为 LED 工作时的电压降；I 为设定的 LED 工作电流。对于白光小功率 LED，V 通常为 3.3V，I 通常为 20mA；对于白光大功率（1W）的 LED，V 通常为 3.3V，I 通常为 350mA。

由于 LED 工作电压的离散性，要想使电源电压与设定的电流值都相同，则串接的电阻就会不同，这将给使用带来麻烦。在实际应用时，一般是使 LED 工作于欠电流状态，此时 LED 没有达到最佳亮度状态，因此这种驱动电路的效率不高，且对 LED 没有任何保护作用。

这种驱动方式的优点是电路简单，成本低。但其缺点也很明显，当电源电压变化时，为保持 LED 的恒定工作电流，必须改变限流电阻，这在实际系统中是不可能实现的。

2．恒流驱动技术

恒流驱动技术就是保持流过 LED 的电流恒定不变的驱动技术，如图 4-3 所示。恒流驱动可以避免由 LED 正向电压变化所导致的工作电流变化，并能提高 LED 发光的光视效能和稳定度，延缓 LED 的光衰。因此，恒流驱动是最好的选择，LED 都应采用恒流驱动方式。

这种驱动方式的优点是无论电源电压变化还是 LED 工作电压变化，都能保证 LED 发光亮度均匀不变。同时，恒流源中可以增加过电流和过电压保护功能，当 LED 发生短路时，保护电源不会被烧坏；当电源电压突然增加时，保护 LED 不会被烧坏。这种驱动电路的缺点是需要一个恒流控制源，电路较复杂，成本较高。

3．恒压驱动技术

恒压驱动技术就是保持 LED 两端的电压恒定不变的驱动技术，如图 4-4 所示。LED 是一个二极管，它的伏安特性具有负温度系数的特点，通常是-2mV/℃。如果 LED 的散热不好的话，LED PN 结的温度升高的速度很快。假定采用恒压源常温 25℃下工作电流为 20mA，而温度升高到 85℃时，电流就可能增加到 35～37mA，而此时其亮度并不增加，电流增加只会使它的 PN 结的温度升高，这样就会加速 LED 的光衰，缩短使用寿命，所以实际使用时，很少采用恒压的方式来驱动 LED。

这种恒压驱动技术的优点是电压源设计简单，电路成熟。缺点是 LED 的亮度不均匀，严重时会造成 LED 损坏。

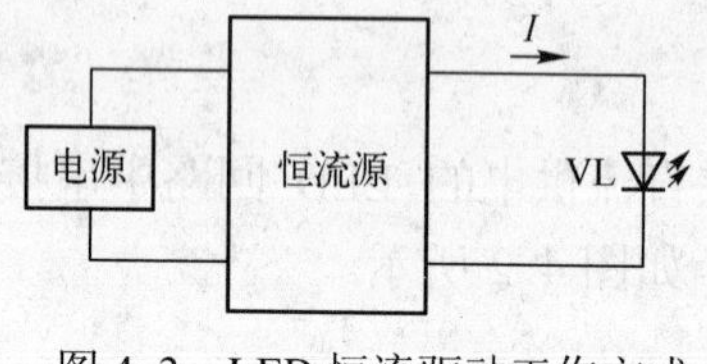

图 4-3　LED 恒流驱动工作方式

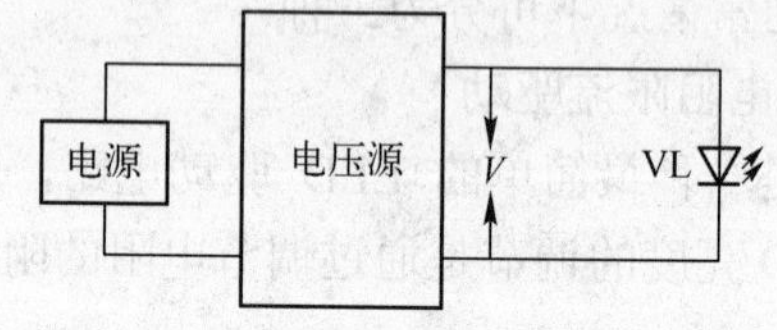

图 4-4　恒压驱动工作方式

4.1.3　LED 与驱动电路的匹配

采用 LED 照明时，需要考虑选用什么样的驱动电路才能保证 LED 的正常工作，以及 LED 作为负载时，采用什么样的连接方式才能达到亮度的要求。合理设计驱动电路才能保证 LED 照明的亮度和 LED 正常工作。

值得注意的是，LED 故障时，一般不会发生短路情况，大部分情况是断路。

LED 的连接方式通常有串联方式、并联方式和混联方式。下面分别介绍这三种连接方式。

1．LED 串联方式

LED 串联工作方式如图 4-5 所示。当 LED 的一致性差别较大时，使用这种连接方式可以保证虽然分配在不同 LED 两端的电压不同，但通过每颗 LED 的电流相同，因此 LED 的亮度一致。

如图 4-5 所示的连接方式中，当某一颗品质不良的 LED 发生短路时，如果采用稳压驱动电源，由于驱动源输出电压不变，那么分配在剩余的 LED 两端的电压将升高，LED 的工作电流随之增加，驱动电源输出电流将增大，很容易损坏其他 LED。同时，由于驱动电源电流的增大，会使输出超过其额定输出电流而烧坏。如果采用恒流驱动电源，当某一颗品质不良的 LED 发生短路时，由于驱动器输出电流保持不变，不影响余下 LED 的正常工作。当然，由于 LED 发生短路的情况极小，所以发生上述情况的概率很低。

在这种连接方式中，当某一颗 LED 断开后，串联在一起的 LED 将全部不亮。如果要想余下的 LED 继续工作，解决的办法就是在每个 LED 两端并联一个单向击穿二极管（俗称齐纳二极管），如图 4-6 所示。当然单向击穿二极管的导通电压需要比 LED 的导通电压高，否则 LED 不亮。

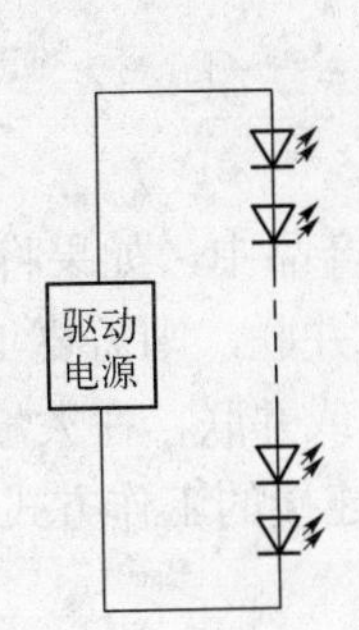

图 4-5 LED 串联工作方式

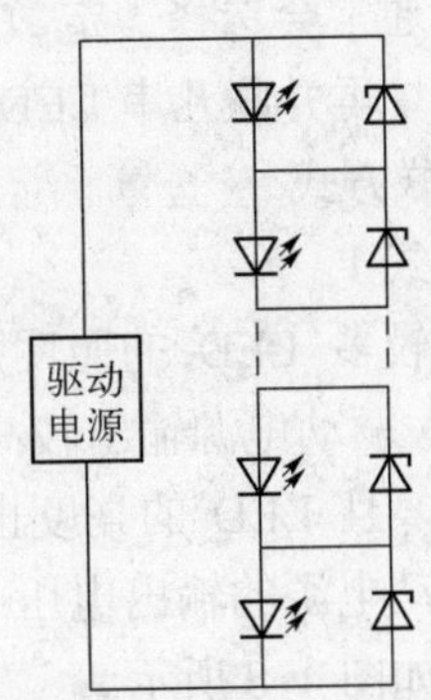

图 4-6 带单向击穿二极管的串联工作方式

LED 串联方式的优点是驱动电路简单，连接方便。缺点是要求驱动电源输出的电压高。在亮度要求较高时，需要多颗 LED 进行串联，此时驱动电源的输出电压很高，电源设计困难，也不安全。因此，在高亮度的 LED 照明设计中，一般不会采用串联的连接方式。

2．LED 并联方式

LED 并联工作方式如图 4-7 所示。在这种连接方式中，分配在所有 LED 两端的电压相同。由于 LED 的一致性差，工作电压差别较大，这样通过每颗 LED 的电流就不一致，有时会差别很大，LED 的亮度也就不相同。如果设计中需要采用这种并联的连接方式，可挑选一致性较好的 LED。这种连接方式适用于电源电压较低的产品，如太阳能路灯、太阳能景观灯或电池供电的灯具。

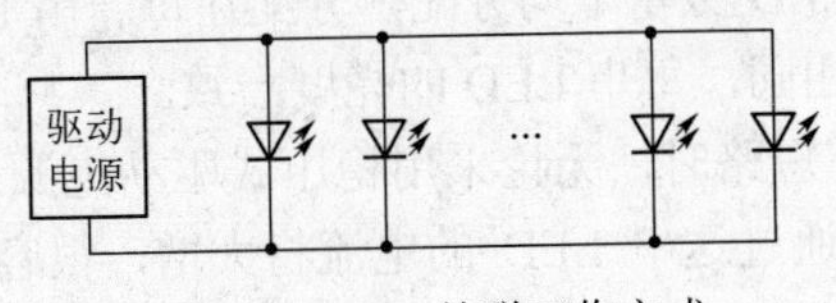

图 4-7 LED 并联工作方式

如图 4-7 所示的这种连接方式中，当某一颗 LED 断开时，如果采用稳压驱动电源，驱动源输出电流将减小，而不会影响余下 LED 的正常工作。如果是采用恒流方式驱动，由于驱动源输出电流保持不变，流过余下 LED 的电流将增大，一旦流过某颗 LED 的电流超过了额定工作电流，将导致这颗 LED 损坏，从而会引起连锁反应，最终导致全部 LED 损坏。解决这一问题的办法是尽量多并联 LED，当某一颗 LED 断开时，分配给余下的 LED 电流增量不多，不至于影响余下 LED 的正常工作。因此，采用这种并联工作方式，初始设计时应使 LED 处于欠电流工作状态。

这种连接方式中，当某一颗 LED 发生短路时，那么所有的 LED 将不亮，如果驱动源没有过电流保护的话，就会烧坏驱动电源。所以在这种连接方式下，无论是恒压驱动电源还是恒流驱动电源，都应在驱动电源中加入短路保护电路或过电流保护电路。

LED 并联工作方式的优点是电路简单，缺点是要求驱动电源输出的电流大。在亮度要求较高时，需要多颗 LED 进行并联，此时驱动电源的输出电流很大，驱动电源的指标要求很高。所以无论是恒压源还是恒流源，在这种连接方式下驱动电源都是不安全的。

由于串联和并联方式都存在一些实际的问题，在使用中都有不安全因素。因此，在实际的照明设计中，通常会选择一定数量的 LED 串联，采用一个恒流源或恒压源，然后将这种工作方式的照明灯再并联几串 LED，就可以满足实际需要。

3. LED 混联方式

（1）混联方式 1

在需要使用较多 LED 的照明产品或亮度要求较高的照明产品中，如果将所有 LED 串联，将需要 LED 驱动电源输出较高的电压；如果将所有 LED 并联，则需要 LED 驱动电源输出较大的电流，且 LED 的亮度也不均匀。将所有 LED 串联或并联，在大量使用 LED 的照明产品中，驱动电源的输出电压或输出电流限制了这种单一连接的工作方式，解决办法是采用混联方式，如图 4-8 所示。

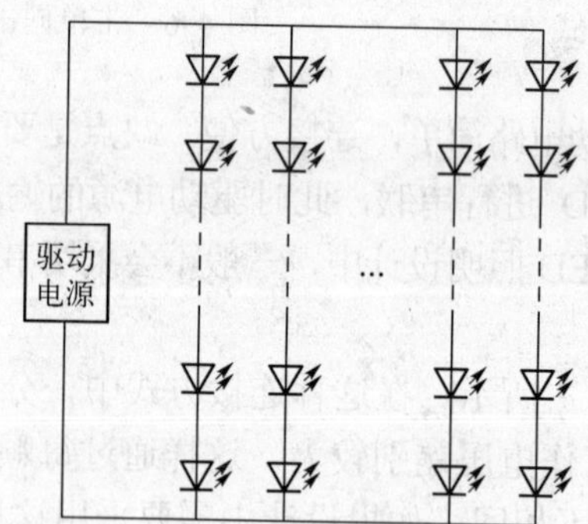

图 4-8 LED 混联工作方式 1

图 4-8 中，串、并联的 LED 数量平均分配，分配在每一串 LED 上的电压相同，通过同一串中每颗 LED 上的电流也相同，每串 LED 的亮度一致。

当某一串上有一颗 LED 短路时，无论采用稳压式驱动电源还是恒流式驱动电源，这串 LED 相当于少了一颗 LED，通过这串 LED 的电流将大增，很容易造成这串 LED 烧坏，从而使这串 LED 从电路中断开。断开一串 LED 后，如果采用稳压式驱动电源，驱动电源输出电流将减小，而不影响余下的 LED 正常工作。如果采用恒流式驱动电源，由于驱动电源输出电流保持不变，分配在余下的 LED 上的电流将增大，容易导致损坏所有余下的 LED。解决的办法是尽量多并联 LED，当断开某一串 LED 时，分配在余下的 LED 上的电流增量不大，不至于影响其他 LED 的正常工作。另一个解决办法是设计的驱动电流留有一定余量，当断开某一串 LED 时，分配在余下的 LED 串上的电流也在其额定的工作电流范围内。

（2）混联方式 2

为了解决混联方式 1 存在的问题，可采用混联方式的另一种接法，如图 4-9 所示，即将 LED 平均分配后，分组并联，再将每组串联在一起。当有一颗 LED 发生短路时，无论采用稳压式驱动电源还是恒流式驱动电源，并联在这一路的 LED 将全部不亮。如果采用恒流式驱动电源，由于驱动电源输出电流保持不变，除了不亮的 LED 外，其余的 LED 正常工作。假设并联的 LED 数量较多，驱动源的驱动电流较大，通过这颗短路 LED 的电流将增大，大电流通过这颗短路的 LED 后，很容易就变成断路。由于并联的 LED 较多，断开一颗 LED 的这一并联支路，平均分配电流不大，依然可以正常工作，那么整个电路中仅有一颗 LED 不亮。

如果采用稳压式驱动电源，LED 发生短路的瞬间，负载相当于少串联一路 LED，加在其余 LED 上的电压增大，驱动电源输出电流将大增，极有可能立刻损坏所有 LED，幸运的话，只将这颗短路的 LED 烧成断路，驱动电源输出的电流就恢复正常。由于并联的 LED 较多，断开一颗 LED 的这一并联支路，平均分配电流不大，依然可以正常工作，那么整个电路中，也仅有一颗 LED 不亮。

通过以上分析可知，驱动电源与负载 LED 混联方式搭配的选择是非常重要的，恒流式驱动电源是比较适合选用串联负载的方式，同样，稳压式驱动电源则不太适合选用串联负载。

（3）混联方式 3

对于混联方式 1 和混联方式 2，无论采用电压源还是电流源，都存在着一定的缺陷，因为电路中某一颗 LED 发生短路或开路，都有可能造成电源或全部 LED 光源的损坏。为了提高照明灯具的可靠性及工作的稳定性，在实际的照明灯具中，一般可以采取如图 4-10 所示的混联方式。

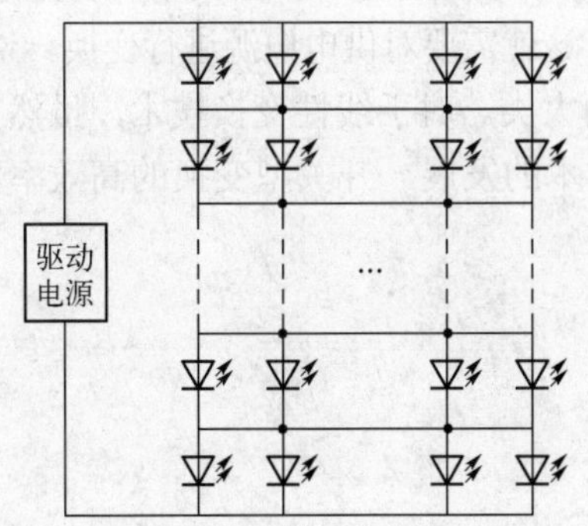

图 4-9　LED 混联工作方式 2

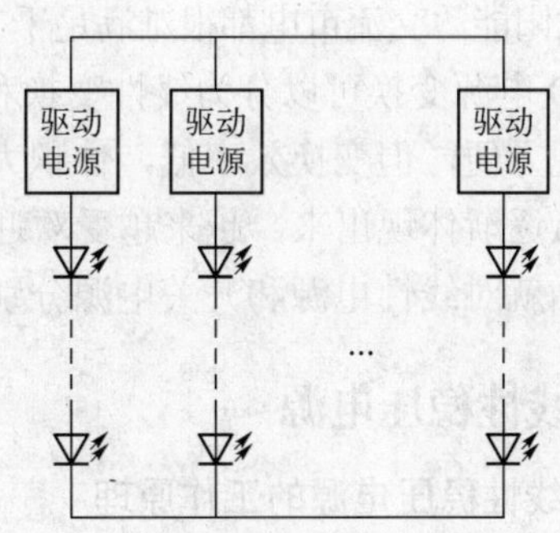

图 4-10　混联工作方式 3

采用这种连接方式，无论是恒定电压源或恒定电流源驱动，都只损坏一串 LED 或一个驱动源。如果采用电压源供电，可在每个电压源的输出端串联一个小的电阻，用于限压。由于 LED 额定电压的离散性，使得流过 LED 的电流不同，也就使 LED 的亮度不一致。如果采用恒流源供电，由于恒流源输出的电流一致，所以每串 LED 的亮度一致，但这种连接方式的缺点是电路复杂，成本高。

4.1.4 LED 驱动电源的设计要点

为了使 LED 在交流动力电源或直流蓄电池等供电方式下都能正常工作，就需要设计供电电源和 LED 之间的接口电路，即驱动电源。下面就对驱动电源设计中的注意事项进行说明。

1）驱动电源是一种专为 LED 供电的特种电源，需要电路结构简单、占用体积小和可靠性高等。

2）驱动电源输出的电参数（电流和电压）要与被驱动 LED 的电参数相匹配，满足 LED 工作电压和工作电流的要求，并具有较高精度的恒流控制以及适当的限压功能，多路输出时，每一路的输出都要能够进行单独设置。

3）具有线性度较好的调光功能，以满足不同应用场合对 LED 发光亮度的要求。调节 LED 亮度变化时，不应改变驱动电源的转换效率。

4）在处于异常状态（LED 开路、短路、驱动电源故障）时，电源对于电路本身、LED 和使用者都应具有相应的保护作用。

5）驱动电路工作时，对其他电路的正常工作干扰少，满足相关的电磁兼容性要求。

6）驱动电源的转换效率要高，体现以 LED 照明的节能特性。

7）由于 LED 的长寿命特性，要求驱动电源也要长寿命。

8）对于交流供电的驱动电源，通常在驱动电源的输入级要加入功率因数补偿电路（PFC），以提高电源的利用率。

9）为了具有较强的保护功能，需要在驱动电源的输入级加入抗浪涌保护电路。

4.2 LED 电源变换的类型

LED 驱动电源的基本功能之一就是将接入的电源变换成 LED 需要的工作电源。实际应用时，LED 的数量不同、连接方式的差异，对输入电压和输入电流的要求也不同。而原始供电电源，如太阳能、交流市电都很难满足千差万别的要求，这就需要对供电电源进行变换。

LED 电源变换可以分为线性变换和开关型变换两大类。对于线性变换技术，虽然技术简单，实现方便，但变换效率低，体积大。随着变换技术的发展，开关型变换的高效率和小体积等优点逐渐体现出来，越来越受欢迎。

下面就对线性电源和开关电源分别进行介绍。

4.2.1 线性稳压电源

1. 线性稳压电源的工作原理

线性稳压电源一般由调整管、参考电压、取样电路、误差放大电路组成，另外还可能包括一些保护电路、启动电路等部分，其基本电路如图 4-11 所示。在这个电路中，调整管 VT_2 与负载串联，此时的调整管相当于一个可变电阻。由 R_1 和 R_2 组成的取样电路对输出电压 V_o 采样，采样电路的采样电压 V_1 输入到误差放大器 A 的同相参考电压端，与输入到反相端的参考电压 V_{REF} 进行差分放大，误差放大器 A 的输出电压 V_2 经电流放大器 VT_1 放大后，驱动串联的功率调整晶体管 VT_2。

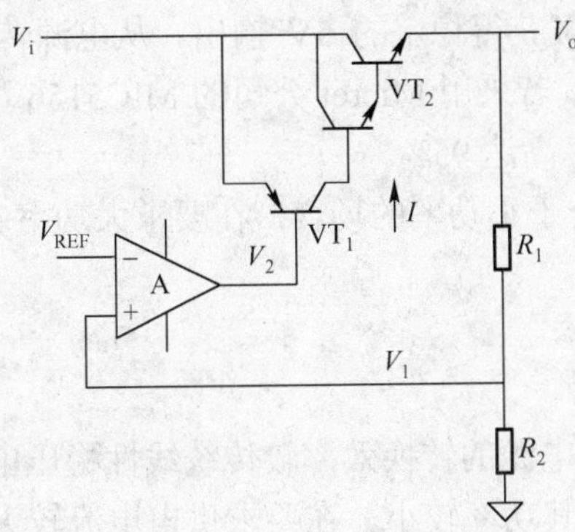

图 4-11　线性稳压电源

调整原理如下：输出电压 V_o 由于输入电压 V_i 升高或输出负载电流减小（相当于负载的阻值增大了，也就是通常说的负载减小了）而升高时，取样电路的取样电压 V_1 将增大，通过误差放大器 A 放大后，输出电压 V_2 也相应增大，此时电流放大管 VT_1 的基极电流变小，那么放大后调整管 VT_2 的基极电流也就变小了，从而使调整管 VT_2 的导通不充分，其等效电阻值加大，使输出电压 V_o 降低。保持输出电压 V_o 的稳定，也就保持了采样电压 V_1 的稳定。这种负反馈控制在输出电压 V_o 由于输入电压 V_i 下降或负载电流增加而下降时也同样起作用。此时，误差放大器 A 输出会使调整管 VT_2 的导通更加充分，集射极电阻减小，直流输出电压 V_o 升高，使采样电压 V_1 保持稳定。

线性调整电源只适合降压，调整的电压差全部落在调整管 VT_2 上，造成调整管 VT_2 的功耗很大，同时要求调整管 VT_2 的电压降很大，成本提高。大多数情况下，调整管的最小压差（V_i-V_o）为 2.5V。为了保证稳压效果，输入与输出电压之差一般要求为 4～6V，这是导致电源效率低的主要原因。5V 输出的稳压电路，其转换效率一般不会高于 55%，有时仅约为 30%。如此低的转换效率，用其作为 LED 照明的供电电源，整体效率会很低，不符合节能减排的初衷。

2．低压差线性稳压器

随着电源变换技术的进步，便携式电子产品正朝着高效节能、小巧轻便的方向发展。而传统的集成式线性稳压电源的输入-输出压差较高，这就大大限制了它在低压供电领域中的应用。近年来出现的低压差线性稳压器（Low Dropout Linear Regulator，LDO），以低功耗、高效率、低噪声、高抗扰、体积小、重量轻等显著优势，在微控制器领域、通信领域和照明领域等得到了广泛应用。

LDO 的主要特点是最大限度地降低了调整管的电压降，从而大大减小了输入-输出压差，使稳压电源能在输入电压略高于额定输出电压的条件下工作，减小了调整管承受的电压降，同时也减小了调整管的功耗。LDO 的内部调整管选用低电压降的 PNP 晶体管，从而把输入-输出压差降低到 1V 以下，提高了转换效率。LDO 的内部电路如图 4-12 所示。

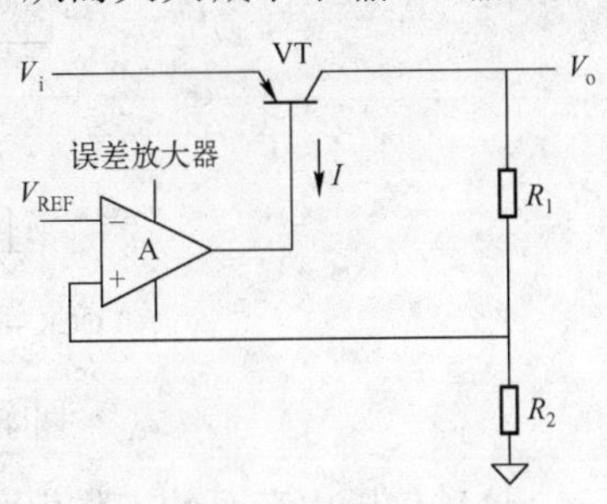

图 4-12　LDO 内部电路

传统的线性稳压电源 7805 或 LM317，要求输入电压必须比输出电压高 2.5～3V 才能正常工作。为获得 5V 输出，就要求输入电压高于 8V。与之相比，新型低压差稳压电源的输入电压只需高于 5.3V 即可获得稳定的 5V 输出。从电源转换效率上看，LM317 工作在 3.3V、1A 时的效率低于 50%，若采用 Micrel 公司的 MIC5156 型 3.3V 大电流 LDO，则当输入电压略高于 3.3V 时，其效率高达 95%。

LDO 线性稳压电源只适合于小功率的场合，在要求大功率 LED 照明中，LDO 就很难满足要求。

4.2.2 DC/DC 变换器

虽然 LDO 集成线性稳压电源的转换效率较传统线性稳压电源有明显的提高，但它仅限于应用在需要降压的场合，且其功率较小。在要求供电电流较大时，转换效率依然很低，因此，低压差稳压电源不适合在大功率场合应用。

DC/DC 变换是指将一种电压源输出的直流电压变换成另一种电压源输出的直流电压，也称直流斩波变换。根据储能元器件的不同，可以分为采用电容储能的电荷泵式 DC/DC 变换器和采用电感储能的电感开关式 DC/DC 变换器。

1．开关型 DC/DC 变换器的主要优点

1）功耗小，效率高。在开关电源电路中，开关管在激励信号的激励下，交替地工作在导通-截止和截止-导通状态，转换速度很快，频率一般为 50kHz 以上，有的已经做到几十万赫兹甚至接近 1GHz。这使得开关管的功耗很小，电源的效率可以大幅度提高，其转换效率一般都在 90%以上。

2）体积小，重量轻。从开关电源的原理可知，这种电源将不采用笨重的工频变压器,而是体积小的高频变压器。由于开关管上的耗散功率大幅度降低后，省去了较大的散热片，所以开关电源的体积小，重量轻。

3）稳压范围大。开关电源的输出电压是由激励信号的占空比来调节的，输入信号电压的变化可以通过调宽或调频来进行补偿。这样，在输入电压变化较大时，它仍能够保证有较稳定的输出电压。所以开关电源的稳压范围很大，稳压效果很好。

4）有多种拓扑结构可供选择，电路形式灵活多样。有降压型、升压型、降压/升压型。设计者可以发挥各种类型电路的特长，设计出能够满足不同应用场合的 DC/DC 变换器。

2．电荷泵式 DC/DC 变换器

电荷泵 DC/DC 变换器的内部电路如图 4-13 所示，它由振荡器、反相器及 4 个模拟开关组成，外接两个电容 C_1、C_2 构成电荷泵电压变换翻转电路。

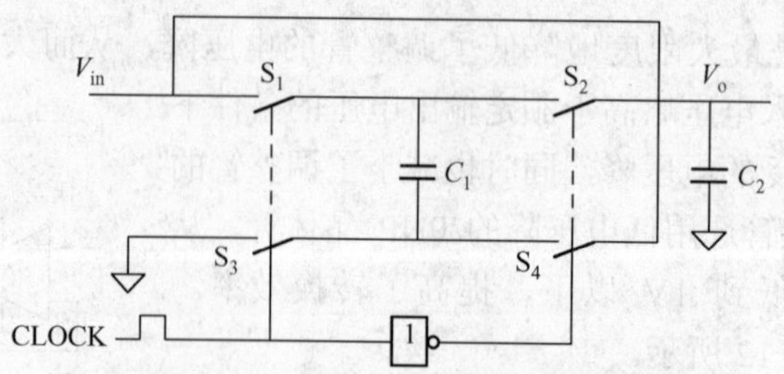

图 4-13 电荷泵式 DC/DC 变换器内部电路

这种倍压电荷泵的工作由两个阶段组成，即充电（能量储存）阶段和放电（能量转移）阶段。在充电阶段，开关 S_1/S_3 闭合（导通），S_2/S_4 打开（关断），快速储能电容 C_1 被充电到

输入电压 V_{in}，储存的电压将在放电阶段被转移；在放电阶段，开关 S_1/S_3 打开，S_2/S_4 闭合，C_1 的电平被上移了 V_{in}，而 C_1 在充电阶段已经充电至 V_{in}，因此 C_2 两端的电压变成了 $2U_{in}$（这也是“倍压”电荷泵名称的由来）。此时 C_1 将充电阶段存储的能量转移到 C_2，同时输入电压 U_{in} 也对 C_2 充电。

电荷泵电路仅外接两个电容和 4 个开关，电路简单，无需使用电感器，但是比电感升压转换器的效率要低。这种电路输出功率较小，电压变化范围有限，所以应用时具有局限性。

3. 电感开关式 DC/DC 变换器

（1）Buck 电路——降压电路

这种拓扑结构的电路，输出电压 V_o 小于输入电压 V_{in}，极性相同，如图 4-14 所示为其原理电路图。变换电路是由开关管 VF、二极管 VD、电感 L、电容 C 组成的变换器， VF 的开关频率由占空比为 D 的控制信号控制。

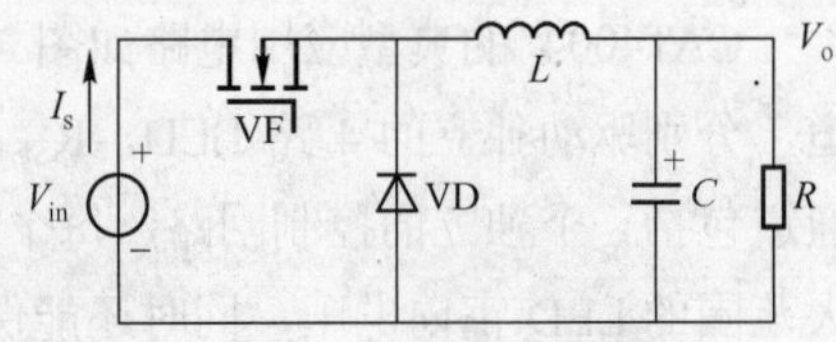

图 4-14　Buck 变换器

其工作原理如下：在 VF 导通期间，电源 U_{in} 对电感 L 充电（储能），并对负载 R 供电，此时电感的电流线性增加。在开关管 VF 断开期间，电感储存的能量，通过负载 R、二极管 VD 形成回路进行放电，同时维持负载的供电，此时流过电感 L 的电流线性减小。控制信号的占空比不同，输出电压 V_o 也就不同。这个电路完成了把直流电压 V_{in} 转换成直流电压 V_o 的功能，输出电压 $V_o=DV_{in}$，由于 D 小于 1，所以输出电压 V_o 比输入电压 V_{in} 小，故称 Buck 电路为降压电路。

（2）Boost 电路——升压电路

这种拓扑结构的电路，输出电压 V_o 大于输入电压 V_{in}，极性相同，电路原理图如 4-15 所示。电路由场效应晶体管 VF、电感 L、电容 C 和二极管 VD 组成。

这个电路的工作原理如下．场效应晶体管 VF 导通期间，电源 V_{in} 对电感 L 充电（储能），电感中的电流线性增加。在 VF 断开期间，电源 V_{in} 和电感 L 一起，通过二极管 VD 对负载供电，因此，供电电压大于电源 V_{in} 的电压，供电电压的大小与开关信号的占空比 D 有关。输出电压为

$$V_o = V_{in} / (1-D)$$

又由于 $D<1$，故称 Boost 为升压电路。

（3）Buck/Boost 电路——降压/升压电路

这种拓扑结构的变换电路为降压/升压电路，其输出电压 $V_o=DV_{in}/(1-D)$，由于 D 的变化，可以使 V_o 大于或小于输入电压 V_{in}，输出电压的极性与输入电压相反，如图 4-16 所示。电路通过控制 VF 的 PWM 信号中的占空比，便可达到降压/升压的目的。Buck/Boost 电路可以实现很高的降压/升压比例，适合输入电压波动范围大的场合，例如，汽车照明等。

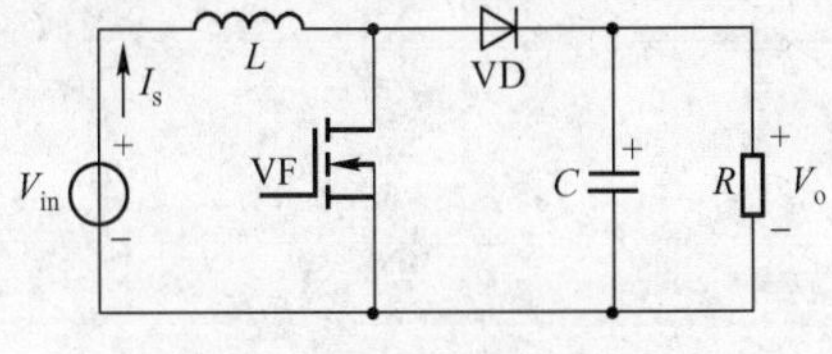

图 4-15　Boost 电路

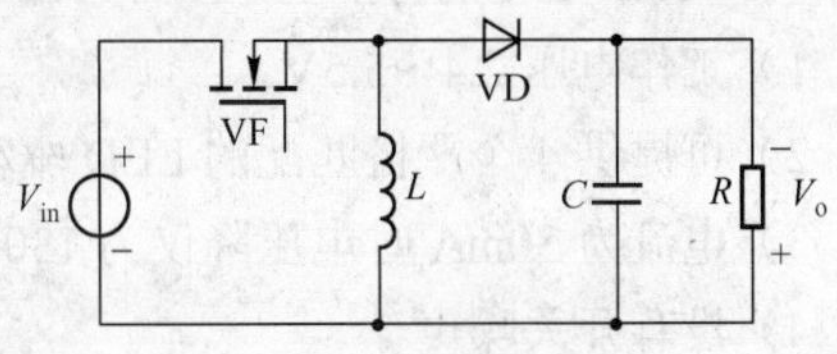

图 4-16　Buck/Boost 电路

4.3 线性恒流源 LED 驱动电路

以上对稳压源的类型做了简单介绍，下面通过具体的电路，介绍由这些基本的原理电路设计的集成式 LED 驱动电路。

4.3.1 CAT400X 系列线性 LED 驱动电路

CAT400X 是安森美公司推出的系列线性 LED 驱动电路，主要用于液晶显示、手机、数码相机、手持设备、广告牌显示、字幕显示、仪器显示、通用显示的 LED 驱动。该系列集成电路的型号有 CAT4004、CAT4008 和 CAT4016。本节仅介绍前两种型号。

1. CAT4004 线性 LED 驱动电路

CAT4004 的典型应用电路如图 4-17 所示。CAT4004 提供 4 个独立的低压降电流源通道，分别驱动独立的 4 路 LED，R_{SET} 引脚上的外部电阻用于设置 LED 通道电流。每个 LED 通道包括一个独立的控制回路，每个控制回路只能连接一个 LED 光源，CAT4004 能够适应大范围的 LED 正向电压，同时还能保证较高的电流匹配程度。

EN/DIM 逻辑输入端是器件的使能和调光端，通过设置这个引脚，可以使器件工作或禁止器件工作，也可以为 4 个输出端口提供一个数字调光接口。通过这个接口，可获得 6 个不同的电流调光比例。

该器件主要针对电池驱动 LED 的应用场合，它要求电池或电压源具有足够的余量，以便为驱动 LED 提供正向电压(>150mV)和电流。器件封装在一个 2mm×3mm 的 8 引脚 TDFN 封装内，其最大高度为 0.8mm。

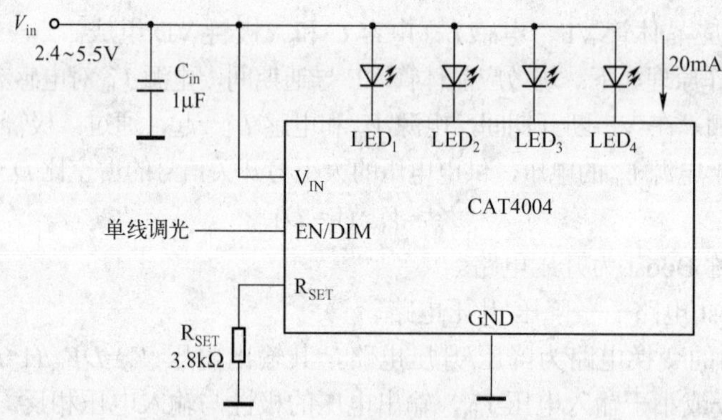

图 4-17 CAT4004 的典型应用电路

（1）CAT4004 的特点

1）工作电压 2.4～5.5V。

2）可提供 4 个严格匹配的 LED 驱动电流。

3）电流为 30mA 时电压降仅为 130mV。

4）没有开关噪声。

5）关断电流小于 1μA，可由外部控制信号控制。

6）LED 电流由外部电阻设置。

7）调光控制通过单线制 EN/DIM 接口实现。

8）具有热关断保护功能。

（2）LED 电流的设置

上电时，LED 初始电流由连接在 R_{SET} 引脚上的外部电阻设置成最大值（100%亮度），其电流为

$$I_{LED} = 132 \times \frac{0.6}{R_{SET}} \tag{4-2}$$

EN/DIM 引脚有两个主要功能，一个功能是使能和禁止芯片工作，另一个功能是通过脉冲信号调整 LED 的电流，它共有 6 个调整级别，如图 4-18 所示。在每一个连续脉冲的上升沿，LED 电流被调整为初始值的 50%，然后是 25%、12.5%、6.25%和 3.12%。脉冲时间小于最低 T_{LO} 时将会被忽略并被器件滤掉，脉冲时间大于最大 T_{LO} 时将会关闭器件。

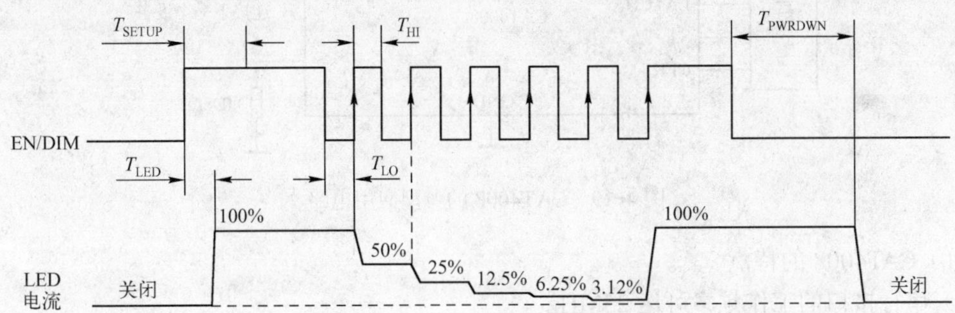

图 4-18　EN/DIM 调节时序图

如果 EN/DIM 保持 15ms 以上的低电平，LED 驱动器将进入“0 电流”关断模式。

（3）基本操作

CAT4004 使用 4 个高匹配度的电流源精确调节每个通道的 LED 电流，它正比于 R_{SET} 引脚的电流源，即

$$I_{LED} = \text{GAIN} \times \frac{0.6}{R_{SET}} \tag{4-3}$$

式中，GAIN 为 LED 的亮度增益。

通过 EN/DIM 引脚，可以设置 6 个不同的 LED 亮度增益，在上电时默认增益为 132。在宽电压输入和 LED 电压变化时，通过每个通道上独立的电流检测电路，可以实时调节所用通道的电流。

每个 LED 通道需要一个至少 150mV 的余量，以实现固定调整电流。如果供电电压低于 1.8V，欠电压锁定电路将关闭所有 LED 通道，并复位电路为默认值。没有用到的 LED 通道应置于开路状态。

2．CAT4008 线性 LED 驱动电路

CAT4008 是一个 8 通道恒流驱动 LED 的驱动电路，专门用于大屏幕和其他通用显示器

的驱动，LED 通道电流是通过连接在 R_{SET} 引脚上的外部电阻进行设置的。CAT4008 的 LED 通道能够在输出电压低至 0.4V（LED 电流为 2～100mA）时保持稳流状态，在应用设计中电源具有很高的效率。

每一通道的 LED 都是通过频率高达 25MHz 的高速、4 线串行接口，来实现对移位寄存器和锁存架构控制 8 通道的，串行数据输出引脚允许多个器件通过同一个串行接口串联使用。CAT4008 还有一个输出关闭引脚，该引脚可用来关闭所有 LED 通道，而不必通过串口发送数据。该器件还包括一个消隐控制引脚 BLANK，可用于单独禁止接口上的所有通道。CAT4008 的典型应用电路如图 4-19 所示。

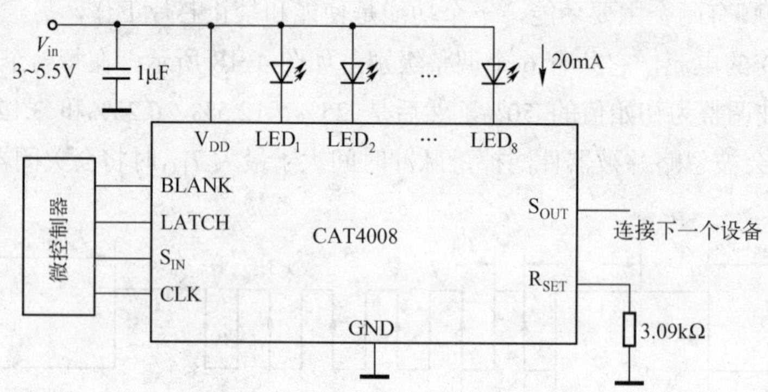

图 4-19　CAT4008 的典型应用电路

（1）CAT4008 的特点

1）串行接口的工作频率可达 25MHz。

2）3～5.5V 的逻辑电平。

3）每通道 LED 的电流范围为 2～100mA。

4）通过外部电阻设置电流值。

5）LED 电流为 30mA 时的最低压差为 300mV。

6）如果芯片温度超出设置极限值，热关断保护与器件结合在一起，从而禁止 LED 输出。

（2）引脚介绍

S_{IN}：串行数据输入。在每个时钟的上升沿，数据被写入内部寄存器。

CLK：串行时钟输入。在每个时钟的上升沿，数据从 S_{IN} 写入内部 8 位串行移位寄存器。

LATCH：锁存器的锁存数据输入。在每个锁存信号的上升沿，数据由 8 位移位寄存器加载到输出寄存器锁存。在下降沿，这个数据被锁存在输出寄存器里，与串行移位寄存器的状态无关。

LED_1～LED_8：LED 电流通道。其上的电流是 R_{SET} 引脚电流的 51 倍，为了保证 LED 正常工作，LED 引脚的电压必须大于 0.4V。

BLANK：使能禁止所用通道。低电平时，LED 根据锁存寄存器的输出内容被使能；高电平时，所有 LED 均熄灭，并保存输出锁存寄存器里的数据。

S_{OUT}：8 位串行移位寄存器的串行数据输出。这个引脚用于多个设备在串行总线上的级联。S_{OUT} 连接到从级联到串行总线上的下一个器件的 S_{IN} 输入。

CAT4008 的逻辑电路图如图 4-20 所示。

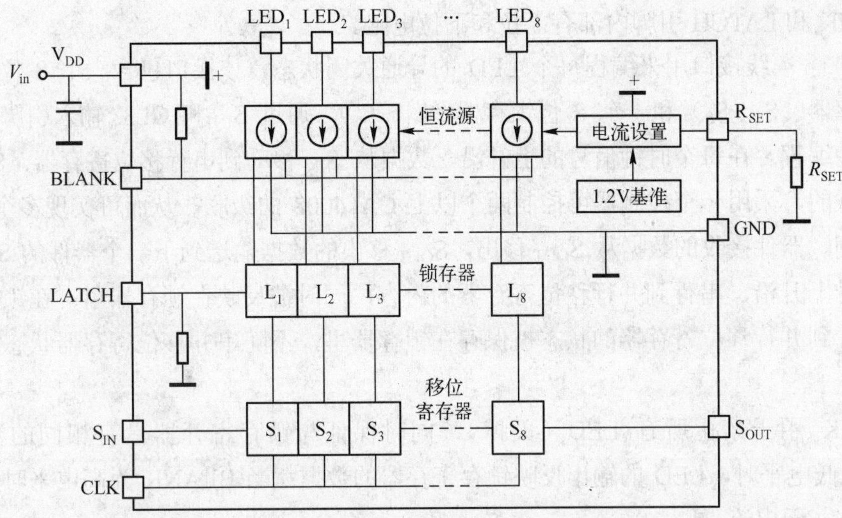

图 4-20　CAT4008 的逻辑电路图

（3）工作原理

每个 LED 通道包括一个独立的控制回路，允许器件能够处理大范围的 LED 正向电压，同时还保留着紧密的电流匹配。CAT4008 的 LED 通道的最大电压降有只有 0.4V，提高了器件的散热和驱动效率。LED 通道电流可用下式计算：

$$I_{LED} \approx 51 \times \frac{1.2}{R_{SET}} \tag{4-4}$$

上电时，欠电压锁定电路清除所有锁存器和移位寄存器并且关闭所有输出。一旦超过欠电压锁定门限，器件就可以被编程了。驱动器延迟激活每个连续 LED 输出通道的时间为 17ns（典型）。相对于 LED_1，LED_2 延迟 17ns，LED_3 延迟 34ns，……，LED_8 延迟 119ns，如图 4-21 所示。锁存器激活后，延迟才被引入。该延迟通过在每周期内交替开通，关断电流峰值以减小 LED 供电的浪涌电流，并允许使用较小的旁路电容。

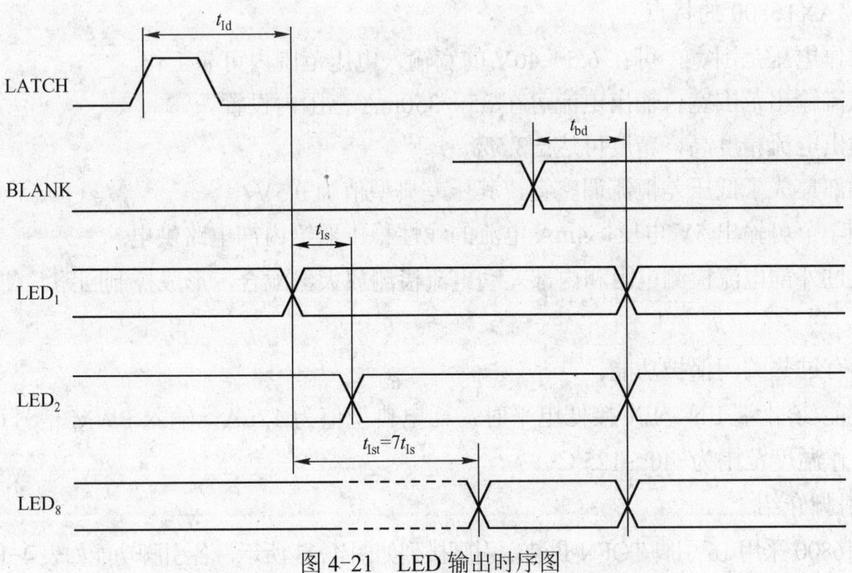

图 4-21　LED 输出时序图

BLANK 和 LATCH 引脚内部有上拉和下拉电阻。

高速串行 4 线接口用来编程每个 LED 的导通关闭状态，该接口包含一个 8 位串行到并行移位寄存器（S_1～S_8）和一个 8 位锁存器（L_1～L_8），通过 S_{IN} 和 CLK 输入引脚来实现串行到并行的编程。在每个时钟信号的上升沿，数据从 S_{IN} 移动到串行移位寄存器。S_{OUT} 引脚是用来级联的，采用一个控制器可控制两个以上 CAT4008 的级联，从而可实现多个 LED 串的统一控制。器件接收的数据从 S_{OUT} 移出，S_{OUT} 移出的数据输送到下一个器件的 S_{IN} 引脚。在锁存信号上升沿，串行到并行移位寄存器的内容，同时被反映在锁存器里；在锁存信号下降沿，串行到并行移位寄存器的状态被保存在锁存器里，不随串并移位寄存器状态的改变而改变。

BLANK 用于禁止所有 LED（关掉），同时保证与锁存寄存器具有相同的数据。当 BLANK 为低电平时，LED 的输出反映锁存寄存器的数据；当 BLANK 为高电平时，所有输出为高阻抗（无电流）。

4.3.2 MAX16800 系列线性 LED 驱动电路

MAX16800 系列线性 LED 驱动电路是美信公司推出的产品，该系列产品主要包括 MAX16800、MAX16803、MAX16804、MAX16805、MAX16806、MAX16823、MAX16824、MAX16825、MAX16835 等型号，主用应用于汽车照明、LCD 显示器背光、状态指示灯、通用照明等。下面对 MAX1600 和 MAX16824/25 进行介绍。

1. MAX16800 线性 LED 驱动电路

MAX16800 是一个可工作于高电压、可设定恒流输出的高亮度 LED 驱动器，主要用于汽车内部照明和外部尾灯及中央高位安装停止灯（Center High Mounted Lamp，CHMSL）、报警灯、导航指示器及仪表盘的指示灯、通用照明灯、信号灯等。MAX16800 的典型应用电路如图 4-22 所示。

（1）MAX16800 的特点

1）工作电压范围宽，可在 6.5～40V 的宽输入电压范围内可靠工作。

2）恒流输出范围宽，输出电流可在 35～350mA 范围内设置。

3）输出电流精度高，精度可达±3.5%。

4）内部集成了低压差恒流调整管，其压差典型值为 0.5V。

5）有一个可输出 5V 电压，4mA 电流的线性稳压器给内部电路供电。

6）通过外部电流检测电阻和内部差动电流检测放大器配合，形成控制回路，使 LED 电流稳定。

7）具有过热关闭保护功能。

8）使能/禁止端 EN，EN 接低电平时，耗电典型值为 12μA，输入 PWM 信号可调光。

9）工作温度范围为-40～125℃。

（2）引脚介绍

MAX16800 采用 16 引脚 TQFN 封装，引脚排列如图 4-23 所示，各引脚功能如表 4-1 所示。

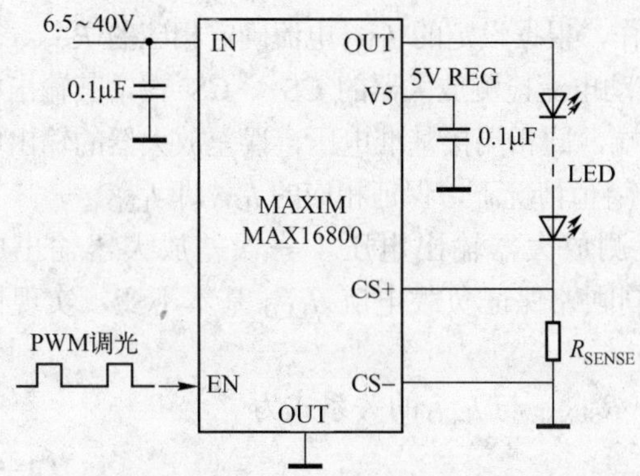

图 4-22　MAX16800 的典型应用电路

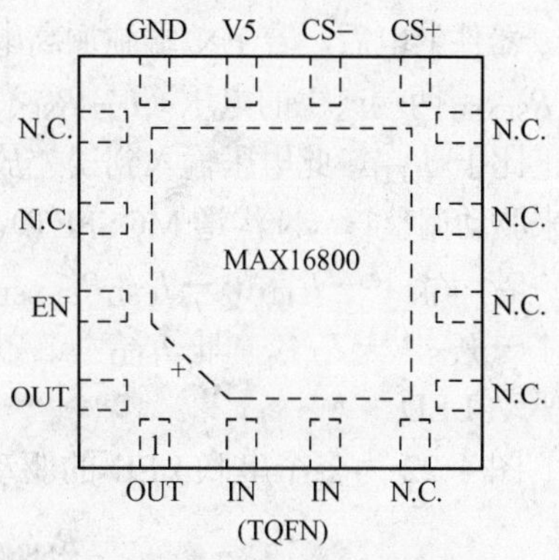

图 4-23　MAX16800 引脚排列

表 4-1　MAX16800 各引脚功能

引　脚	符　号	功　能
1,16	OUT	恒流输出，1 引脚与 16 引脚需连接在一起
2,3	IN	电源输入端(正极)。此端与 GND 接一个 0.1μF 旁路电容，2 引脚与 3 引脚需连接在一起
9	CS+	内部差动放大器同相输入端，在 CS+与 CS−之间接一个电流检测电阻 R_{SENSE}，设定流过 LED 的电流 I_{LED}
10	CS-	内部差动放大器反相输入端，与 9 引脚之间接 R_{SENSE}
11	V5	内部 5V 电源输出端，外接 0.1μF 电容与地相连
12	GND	地
15	EN	使能输入端，高电平有效（>2.8V），输入低电平（<0.6V）器件不工作，输入 PWM 可调光

（3）内部结构

MAX16800 的内部结构如图 4-24 所示。它由差动电流检测放大器（外部接电流检测电阻 R_{SENSE}）、误差放大器、调整管（N 沟道功率 MOSFET）、基准电压源、5V 线性稳压电源、使能（片选）控制电路及过热关闭保护电路组成。

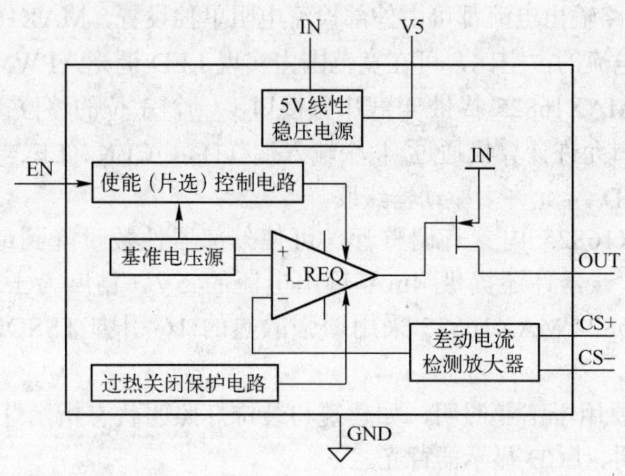

图 4-24　MAX16800 的内部结构

（4）工作原理

器件上电后，若 EN 端施加高电平，电路工作，根据设定的 I_{LED} 电流确定相应的 R_{SENSE}。将 R_{SENSE} 两端产生的电压（$I_{LED}R_{SENSE}$）输入到差动电流检测放大器的 CS+、CS−端，其输出电压正比于 I_{LED}。此电压输入到误差放大器的反相端，同相端接基准电压，误差放大器的输出电压来驱动调整管（N 沟道 MOSFET），在一定的 V_{GS} 值情况下，保证相应的 I_D，即 I_{LED}。

若 $V_{IN}\downarrow \rightarrow I_{LED}\downarrow \rightarrow I_{LED}R_{SENSE}\downarrow \rightarrow$ 电流检测放大器输出电压↓→误差放大器输出电压↑→$V_{GS}\uparrow \rightarrow I_D\uparrow$（即 $I_{LED}\uparrow$）。这个反馈控制回路保证负载电流 I_{LED} 基本不变，实现恒流驱动 LED。

图 4-22 为多个串联 LED 的驱动电路。其中 R_{SENSE} 与 I_{LED} 的关系式为

$$R_{SENSE}=204\text{mV}/I_{LED} \tag{4-5}$$

式中，I_{LED} 的范围为 35～350mA，R_{SENSE} 的取值范围为 0.58～5.8kΩ。例如，I_{LED} 设定为 200mA，R_{SENSE}=1.02Ω，可取标准阻值 1.0Ω（精度 1%、1/8W 或 1/16W）。

V_{IN} 的大小与串联的 LED 个数 N 及其正向电压降 V_F 有关，即

$$V_{IN}\geqslant NV_F+I_{LED}\times R_{SENSE}+1.2\text{V}$$

式中，N 为 LED 的个数；V_F 为 LED 的正向电压；V_{IN} 为输入电源电压；1.2V 为 MOSFET 管压降（在 V_{IN}<12V 时要加 1.5V）。因为 $I_{LED}R_{SENSE}$ 这一项很小，一般可略去。V_{IN} 最小为 6.5V，最大可达 40V。由于 LED 的正向电压降 V_F 的离散性很大，所以在具体设计时，可实测每个 LED 的 V_F，或采用最大 V_F。

（5）一个调光例子

在调光时，可以在 EN 端输入低频 PWM 信号，通过改变其脉冲宽度（改变占空比）来调节 LED 的亮度（占空比大时亮度大），如图 4-22 所示。在 EN 端加一个正脉冲时，做成闪光灯电路，LED 发出闪光脉冲，脉冲电流值可大于连续工作电流 350mA。

2．MAX16824/MAX16825 线性 LED 驱动电路

（1）MAX16824/MAX16825 简介

MAX16824/MAX16825 是输入电压范围为 6.5～28V、3 通道的 LED 驱动器。这两款器件都提供 3 路漏极开路、固定吸收电流输出的电路，可为每串高亮度 LED(HB LED)提供高达 150mA 的电流，每路输出电流都可由外部检流电阻单独设置。MAX16824 具有 3 路 PWM 输入，用于控制输出电流的占空比，可在宽范围内实现 LED 调光，PWM 输入还可以对每路输出进行通/断控制。MAX16825 提供 4 线串行接口，一个 3 位的移位寄存器和一个 3 位的透明锁存器。串行接口允许计算机通过 4 个输入端（D_{IN}、CLK、LE、$\overline{OE}$）设置输出通道和数据输出（D_{OUT}），D_{OUT} 允许多驱动器级联。

MAX16824/MAX16825 内置有调整管，可使外部器件数量降到最少，可为 LED 提供±5%精度的电流，该器件还提供 4mA 输出电流的 5V（精度为±5%）电压，具有热保护等功能。MAX16824/MAX16825 采用增强散热的 16 引脚 TSSOP-EP 封装，工作温度为−40～125℃。

这两款驱动器主要用于工业照明，如建筑与装饰灯照明状态指示灯、室内、室外 LED 视频显示器、汽车照明、LCD 显示器背光。

两个驱动器的典型电路如图 4-25 所示。

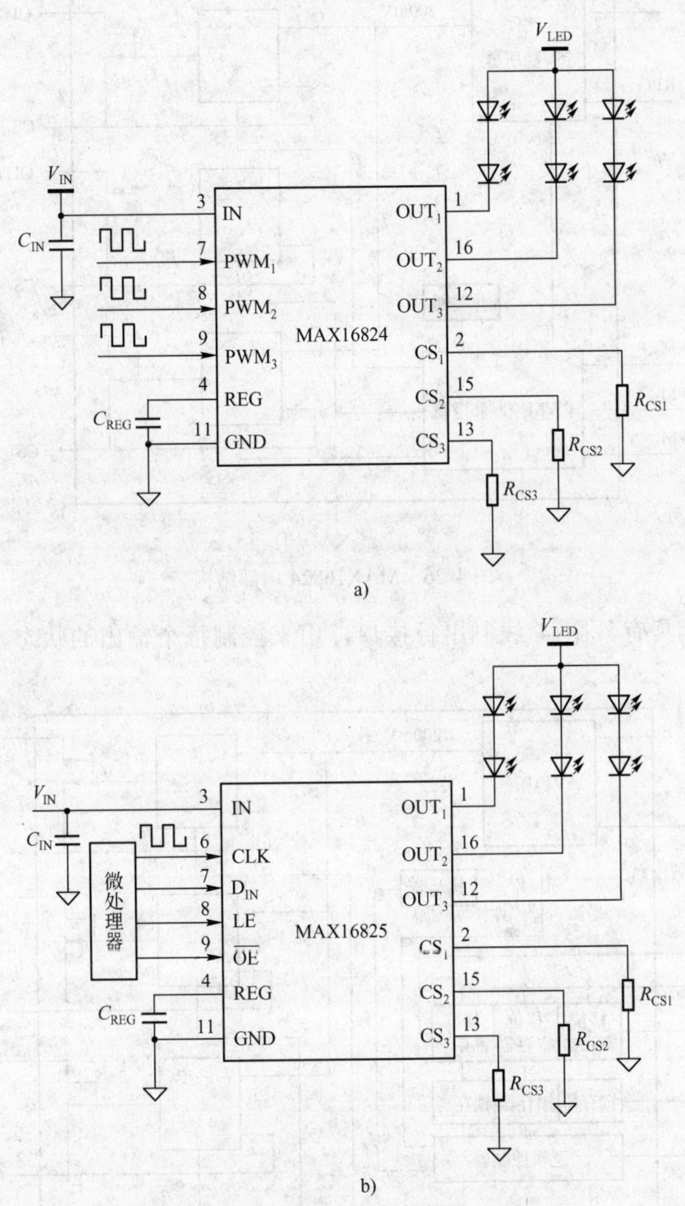

图 4-25　MAX16824/MAX16825 的典型电路

a) MAX16824 的典型电路　b) MAX16825 的典型电路

（2）MAX16824/MAX16825 的工作原理

MAX16824/MAX16825 是 3 通道 LED 驱动器，在 6.5～28V 的输入电压范围内工作。这两款器件都提供 3 个独立的 MOSFET 漏极开路、恒流吸收输出，MOSFET 开关管的额定耐压值是 36V，可提供高达 150mA 的电流给每个高亮度 LED 串。各路输出电流的大小都可通过与内部功率 MOSFET 源极串联的外部检流电阻来设置。MAX16824 具有 3 路独立的 PWM 输入，允许每一路输出在宽范围内实现独立调光，PWM 输入也可作为每路相应输出的开/关控制，其内部结构如图 4-26 所示。

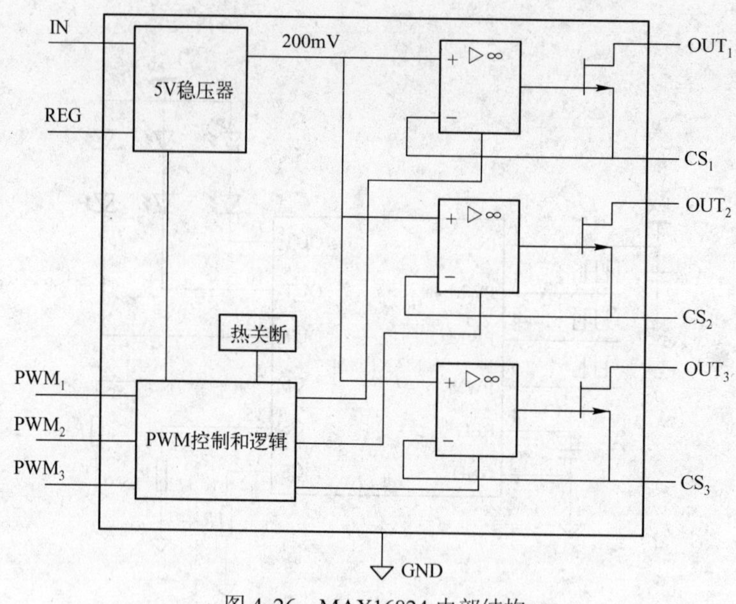

图 4-26　MAX16824 内部结构

MAX16825 具有一个 4 线制串行接口，用来控制每个输出的状态，其内部结构如图 4-27 所示。

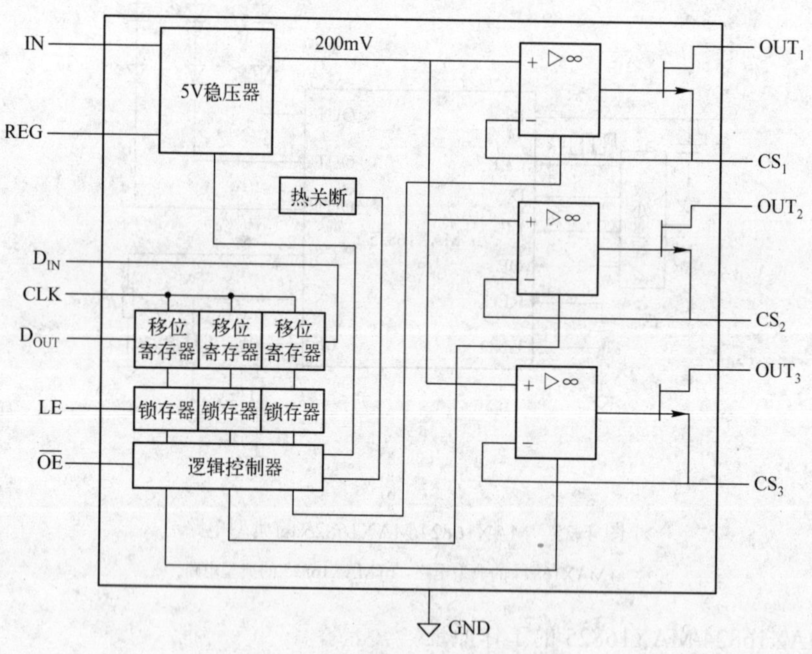

图 4-27　MAX16825 内部结构

4 线串行接口包括一个 3 位的移位寄存器和一个 3 位的透明锁存器，移位寄存器的更新由时钟输入端 CLK 和数据输入端 D_{IN} 完成，D_{OUT} 是移位寄存器的最后一位，此功能允许多个驱动器级联。LE 为高电平时，移位寄存器的内容传输至 LED 输出端，在 LE 的下降沿锁存器锁存移位寄存器的状态。输出使能输入 $\overline{OE}$ 可以同时使能或禁止所有 3 路输出。

MAX16824/MAX16825 采用线性反馈循环来控制每个输出电流，每个检测电阻两端的电压由内部反馈循环调节到 200mV，输出电流通过 R_{CS} 值设置。

（3）4 线串行接口（MAX16825）

MAX16825 具有一个 4 线串行接口（D_{IN}、CLK、LE、$\overline{OE}$）和一个数据输出（D_{OUT}），允许用微处理器将亮度数据写入 MAX16825。串行接口数据的字长为 3 位（D_0、D_1、D_2）。各接口输入端的功能如下：D_{IN} 是串行数据输入端，在 CLK 上升沿 MAX16825 采样这个数据；数据从最高有效位（MSB）开始移入，即数据位 D_2 首先移入，随后是 D_1，最后是最后有效位（LSB）D_0；CLK 是串行时钟输入端，在其上升沿将 D_{IN} 上的数据移入 MAX16825 的 3 位移位寄存器；LE 是锁存使能输入端，当 LE 为高电平时，数据从 MAX16825 的 3 位移位寄存器传输至其 3 位锁存器中，并在 LE 的下降沿锁存数据，其时序如图 4-28 所示。

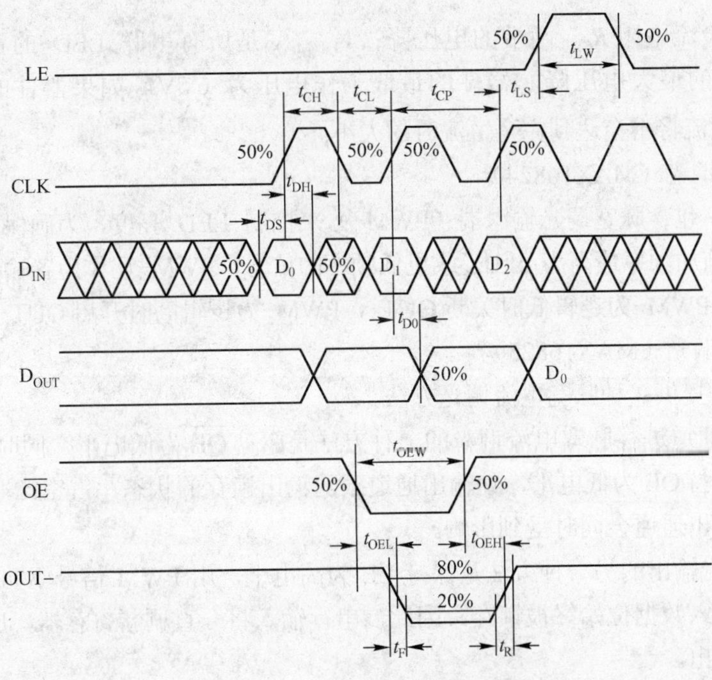

图 4-28　MAX16825 的时序图

输出使能端 $\overline{OE}$ 可同时控制各输出驱动器，$\overline{OE}$ 为高电平时，OUT_1、OUT_2 和 OUT_3 置为高阻态，且不改变输出锁存器的内容；$\overline{OE}$ 为低电平时，输出端口 OUT_1、OUT_2 和 OUT_3 跟随输出锁存器的状态。

$\overline{OE}$ 独立于串行接口的操作，无论 $\overline{OE}$ 的状态如何，数据均可移入串行接口的移位寄存器并被锁存。D_{OUT} 是串行数据输出端，在 CLK 上升沿从 MAX16825 的 3 位移位寄存器中移出数据。D_{IN} 端的数据通过移位寄存器传输，并在 3 个时钟周期后出现在 D_{OUT} 端。

（4）设置 LED 的电流

MAX16824/MAX16825 采用检测电阻设置各通道的输出电流。要设置某通道的 LED 电流，应在相应的电流检测输入端（CS-）与 GND 之间连接一只检测电阻。要获得最佳性能，电流检测电阻的一端与 IC 的接地端连接，另一端与 CS-端连接，电流检测电阻与 CS-和地之间的连接都应采用短的走线方式。给定电流期望值所需的检测电阻可以采用式（4-6）计算，即

$$R_{CS-}=\frac{V_{CS-}}{I_{OUT-}} \tag{4-6}$$

式中，V_{CS-} 为 200mV 时，I_{OUT-}等于 I_{LED}（这里略，可以参考 MAX16824/MAX16825 的电气参数表）。

（5）LED 供电电压的考虑

为保证正常工作，最小的 LED 供电电压（例如，图 4-25 中的 V_{LED}）必须始终满足

$$V_{LED(MIN)} \geqslant V_{CS-}+V_{FT(MAX)}+\Delta V_{DO}$$

式中，V_{CS-} 是检流电阻 R_{CS-} 两端的电压降；$V_{FT(MAX)}$是所有串联 LED 的正向电压总和；ΔV_{DO} 是调节器的最大电压降。器件的最低工作电压为 6.5V。如果器件的工作电压低于 6.5V，则输出电流将不会达到完全恒流时的大小。

（6）PWM 调光（MAX16824）

MAX16824 包含脉宽调光输入端（PWM-）来控制 LED 亮度，为确保正常工作，需要在 PWM-输入施加频率最高为 5kHz 或更低频率的信号，PWM-还作为各输出通道的高电平有效使能输入，PWM-为逻辑低时关断 OUT-，PWM-为逻辑高时开启 OUT-。

（7）PWM 调光（MAX16825）

MAX16825 提供 3 种脉宽电流调光方法。

1）对输出通道进行脉宽电流调光的一种方法是驱动 $\overline{OE}$ 为低电平，同时锁存 3 位数据的不同组合，保持 $\overline{OE}$ 为低电平，使输出通道跟随输出锁存的状态，占空比取决于 LE 的频率，所有 3 个输出通道会同时受到影响。

2）脉冲调光输出的另一种方法是保持 LE 为高电平，用 PWM 信号驱动 $\overline{OE}$，实现输出的调光。由于输入数据位始终被锁存，因此，串行输入将一直刷新寄存器，应仔细选择控制位以正确调节输出。

3）第三种方法是保持 LE 和 $\overline{OE}$ 为使能状态，允许数据位直接控制输出通道，从而实现脉冲调节输出电流。应确保时钟频率不超过器件改变输出通道状态的额定最大速率。

4.4 电荷泵式 LED 驱动电路

4.4.1 CAT36XX 系列电荷泵式 LED 驱动电路

CAT36XX 系列电荷泵式 LED 驱动电路是安森美公司推出的产品，主要用于手机显示

屏、导航仪、手持设备、数码相机等。该系列产品参数如表 4-2 所示。

表 4-2　CAT36XX 系列产品的参数

参数和封装 型号	V_{in}/V	总 I_{out}/mA	R_{SET} 控制	调光 接口	泵模式	LED 数量/个	封装
CAT3604HV4	3.0~5.5	120	Yes	PWM	1X/1.5X	4	TQFN–16
CAT3606HV4	3.0~5.5	180	Yes	PWM	1X/1.5X	6	TQFN–16
CAT3612HV2	3.0~5.5	300	NO	单线	1X/1.5X	2	TDFN–12
CAT3614HV2	3.0~5.5	124	NO	单线	1X/1.5X	4	TDFN–12
CAT3616HV4	3.0~5.5	186	NO	单线	1X/1.5X	6	TQFN–16
CAT3626HV4	3.0~5.5	192	NO	I^2C	1X/1.5X	6	TQFN–16
CAT3636HV3	2.5~5.5	192	NO	单线	1X/1.33X/1.5X / 2X	6	TQFN–16
CAT3637HV3	2.5~5.5	180	NO	单线	1X/1.33X/1.5X/2X	6	TQFN–16
CAT3643HV2	2.5~5.5	90	Yes	单线	1X/1.33X/1.5X/2X	3	TDFN–12
CAT3644HV3	2.5~5.5	100	Yes	单线	1X/1.33X/1.5X/2X	4	TQFN–16
CAT3647HV3	2.5~5.5	100	Yes	单线	1X/1.33X/1.5X/2X	3	TQFN–16
CAT3648HV3	2.5~5.5	100	Yes	单线	1X/1.33X/1.5X / 2X	4	TQFN–16

1. CAT3606 电荷泵式 LED 驱动电路

在手机显示屏的发光显示中，CAT3606 可控制 4 个 LED 的主显示屏与两个 LED 副显示屏，具有 1 倍（LDO）模式或 1.5 倍电荷泵模式下运行的能力，所有的 LED 引脚电流均可调节并与整个系统紧密配合，以实现手机显示屏背光源亮度的均匀性，用外部电阻（R_{SET}）来设定输出电流。

该器件在低电压（3V）下工作时，为每个通道提供高达 20mA 的电流，工作在正常电压下（3.3V）时，提供 30mA 的电流，恒定的高开关频率（1MHz）下噪声很低，并允许使用值较小的陶瓷电容。

通过芯片的使能端 EN，可以实现“零”静态电流模式，每一个主、副 LED 都有自己指定的开/关控制引脚 $\overline{\text{ENM}}$ 和 $\overline{\text{ENS}}$，使用一个直流电压控制 R_{SET} 引脚的电流，或接入 PWM 信号到引脚 $\overline{\text{ENM}}$ 和 $\overline{\text{ENS}}$ 实现调光。

2. CAT3606 的特点

1）驱动多达 4 路主 LED 和两路副 LED。

2）独立控制主 LED 和副 LED。

3）供电电压为 3～5.5V。

4）电源转换效率高达 90%。

5）每个输出端的输出电流高达 30 mA。

6）高达 1MHz 的工作频率。

7）1 倍和 1.5 倍的运行模式。

8）所有通道都有电流检测电路。

9）关机电流小于 1μA。

10）有软启动和电流限制功能。

11）有短路保护功能。

3．引脚功能介绍及典型应用电路

CAT3606 采用 16 裸盘的 TQFN 封装，引脚排列如图 4-29 所示。各引脚功能介绍如表 4-3 所示。

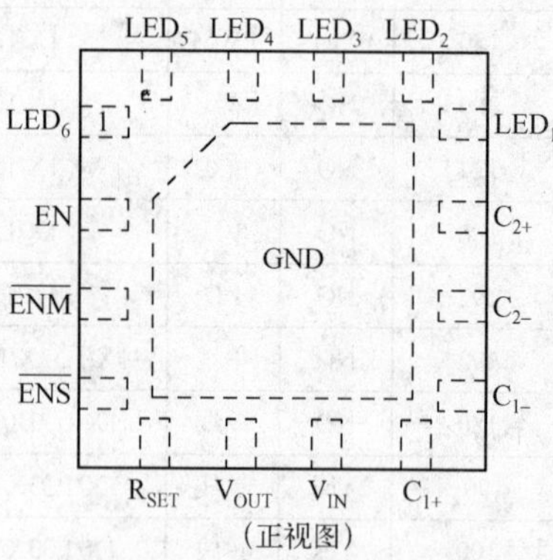

图 4-29　CAT3606 引脚排列

表 4-3　CAT3606 引脚功能

引　脚	引 脚 名	功　能
1	LED_6	LED_6 阴极端
2	EN	使能/关断输入，高有效
3	$\overline{ENM}$	使主 LED_1～LED_4 有效，低有效
4	$\overline{ENS}$	使副 LED_5、LED_6 有效，低有效
5	R_{SET}	通过 R_{SET} 引脚的电流源输出设置 LED 的输出电流
6	V_{OUT}	电荷泵输出连接到 LED 的阳极
7	V_{IN}	供电电源
8	C_{1+}	储能电容器 1 的连接端
9	C_{1-}	储能电容器 1 的连接端
10	C_{2-}	储能电容器 2 的连接端
11	C_{2+}	储能电容器 2 的连接端
12	LED_1	LED_1 的阴极端
13	LED_2	LED_2 的阴极端
14	LED_3	LED_3 的阴极端
15	LED_4	LED_4 的阴极端
16	LED_5	LED_5 的阴极端
PAD	GND	参考地

CAT3606 的典型应用电路如图 4-30 所示。图中 V_{IN} 由锂离子电池供电，C_{IN} 及 C_{OUT} 是

电荷泵电路的输入及输出电容，C_1、C_2 是电荷泵的泵电容，LED_1～LED_4 是主 LED，LED_5～LED_6 是副 LED，R_{SET} 是用于设定 LED 电流的电阻。

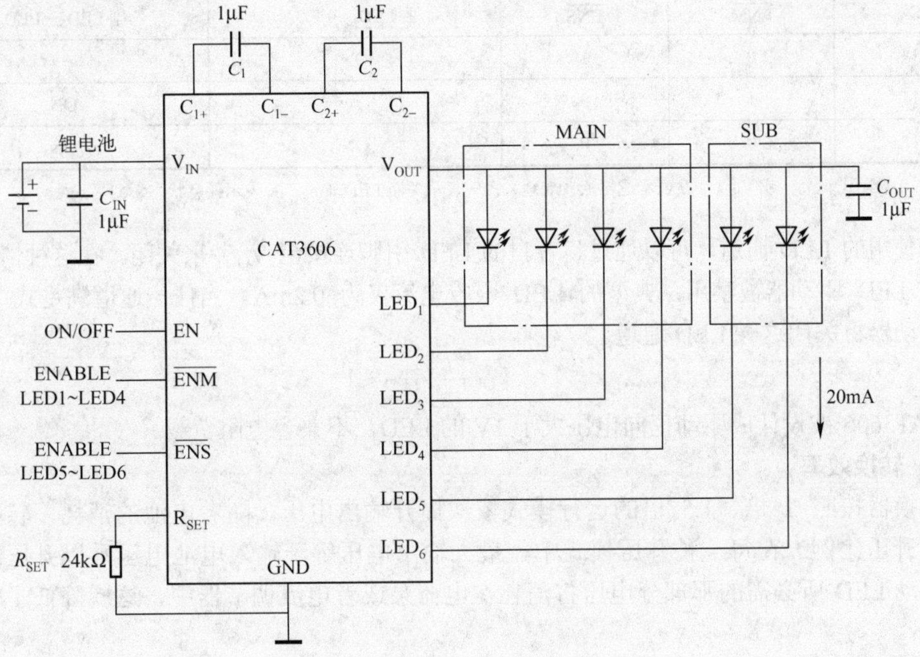

图 4-30　CAT3606 的典型应用电路

4．LED 的电流设置

LED 电流是由连接在 R_{SET} 引脚和地面之间的外部电阻 R_{SET} 设定的，表 4-4 给出了不同的 LED 电流和相关的 R_{SET} 电阻值，电阻可采用精度为 1%的标准的表面贴装电阻。

表 4-4　R_{SET} 电阻的选择

I_{LED} / mA	R_{SET} / kΩ
1	649
2	287
5	102
10	49.9
15	32.4
20	23.7
30	15.4

$\overline{ENM}$ 和 $\overline{ENS}$ 允许连接或关断一组 LED，其功能如表 4-5 所示。

表 4-5　LED 的选择

控制线			LED 输出	
EN	$\overline{ENM}$	$\overline{ENS}$	主 LED_1～LED_4	副 LED_5～LED_6
0	X	X	—	—
1	1	1	—	—

（续）

控制线			LED 输出	
EN	$\overline{\text{ENM}}$	$\overline{\text{ENS}}$	主 LED_1～LED_4	副 LED_5～LED_6
1	0	1	ON	—
1	1	0	—	ON
1	0	0	ON	ON

注：1 表示逻辑高（或 V_{IN}）；0 表示逻辑低（或地）；—表示关断 LED 输出；X 表示任意状态。

未使用的 LED 通道，可以通过将各自的 LED 引脚连接至 V_{OUT} 来关闭。在这种情况下，相应的 LED 驱动器被禁用，典型的 LED 吸收电流仅为 0.2mA。当任一通道满足式（4-7）时，驱动器将关闭这一 LED 通道。

$$V_{OUT}-V_{LED}\leqslant 1 \tag{4-7}$$

CAT3606 被设计成驱动正向电压大于 1V 的 LED，不兼容电阻负载。

5．转换效率

转换器按照 1 倍、1.5 倍的运行模式依次提升输出电压。随着电池的消耗，转换器依次提高升压比例。在每一种升压模式中，最大输出电压等于输入电池电压乘以升压因子。超过驱动 LED 所必需的那部分电压将消耗在电荷泵或者电流调节器中，这就降低了转换器的效率。

在 V_{IN}=3.6V，EN=V_{IN}，$\overline{\text{ENM}}=\overline{\text{ENS}}$=GND，$C_{IN}$=$C_{OUT}$=1μF，$R_{SET}$=24kΩ（20mA/LED），$T_{AMB}$=25℃时，转换效率与输入电压的关系如图 4-31 所示。

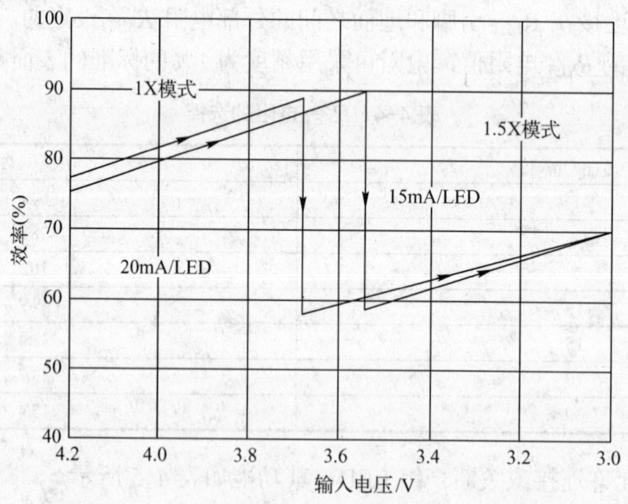

图 4-31　转换效率与输入电压的曲线（6 个 LED）

4.4.2　LTC320X 系列的多显示屏 LED 驱动电路

Linear 公司为多显示屏应用而开发了 LTC320X 系列电荷泵式 LED 驱动电路，该系列 LED 驱动电路主要包含 LTC3205、LTC3206、LTC3207、LTC3208、LTC3209、LTC3210，主要应用于手机、视频电话、无线 PDA、多显示屏手持设备等。该系列驱动器的主要特点如下：

1）90%以上的转换效率。

2）多工作模式（1X、1.5X、2X）。

3）可使用串口或 SPI 并口对显示屏调光和控制。

4）启动和模式切换时，内部软启动限制浪涌电流。

5）具有开路、短路和热关断保护功能。

6）多显示屏驱动。

该系列产品参数如表 4-6 所示。

表 4-6　LTC320X 系列产品的参数

参数和封装型号	U_{IN}/V	调光接口	显示屏数	显　示　屏	LED 数量/个	总 I_{OUT}/A	封装
LTC3205	2.8～4.5	SPI	3 组	主、副、RGB	9	0.25	QFN-24
LTC3206	2.8～4.4	I^2C	3 组	主、副、RGB	11	0.4	QFN-24
LTC3208	2.9～4.5	I^2C	5 组	主、副、RGB、相机、辅助	17	1	QFN-32
LTC3209-1	2.9～4.5	I^2C	3 组	主、相机、辅助	8	0.565	QFN-20
LTC3209-2	2.9～4.5	I^2C	3 组	主、相机、辅助	8	0.54	QFN-20
LTC3210	2.9～4.5	使能引脚	2 组	主、相机	5	0.5	QFN-16

1. LTC3208 的电荷泵式 LED 驱动电路

LTC3208 是一款高集成度、多显示屏的 LED 驱动电路，该器件包含一个 1A 的高效率、低噪声电荷泵，用于给主（MAIN）显示屏、副（SUB）显示屏、RGB 显示屏、相机（CAM）显示屏和辅助（AUX）显示屏供电。LTC3208 只需要一个小容值陶瓷电容和一个电流设定电阻便可组成一个完整的 LED 电源和电流控制器。

最大显示屏电流是由 个外部电阻设定的，每个显示屏的电流由一个精准的内部电流源控制。所有显示屏的调光和接通/关断都是通过 I^2C 串行接口来实现的，主显示屏和副显示屏可提供 256 个亮度等级，RGB 和相机显示屏可提供 16 个亮度等级。可通过 I^2C 端口把 4 个辅助电流源独立地分配给主、副、相机或辅助 DAC 控制的显示屏。

LTC3208 电荷泵基于通过 LED 的电流源优化效率，该器件加电时进入 1X 模式，当 LED 电流源开始进入电压降状态时，会自动切换至升压模式。第一次出现电压降时，使 LTC3208 器件切换进入 1.5X 模式，随后出现的电压降切换进入 2X 模式，其典型应用电路如图 4-32 所示。

2. LTC3208 的特点

1）1X/1.5X/2X 电荷泵效率高达 95%。

2）总输出电流高达 1A。

3）17 个电流源可作为主、副、RGB、相机和辅助显示屏驱动器。

4）LED 开/关，亮度等级和显示屏配置可用 I^2C 接口编程。

5）具有跨接电容器边缘速率控制的低噪声恒定频率操作。

6）自动切换充电泵模式。

7）在启动和模式切换时，内部软启动限制浪涌电流。

8）开路/短路/热 LED 保护。

9）主显示屏和副显示屏具有 256 个亮度状态。

10）可实现 4096 种颜色组合的 RGB 显示。

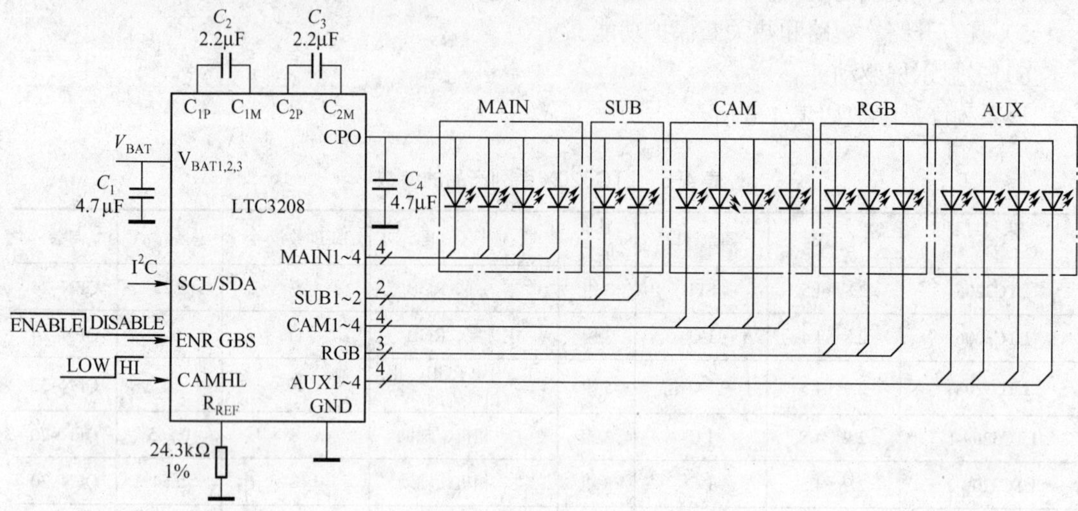

图 4-32　LTC3208 典型应用电路

3．引脚排列与功能

LTC3208 采用 5mm×5mm 的 32 引脚 QFN 塑料封装，引脚排列如图 4-33 所示，引脚功能见表 4-7。

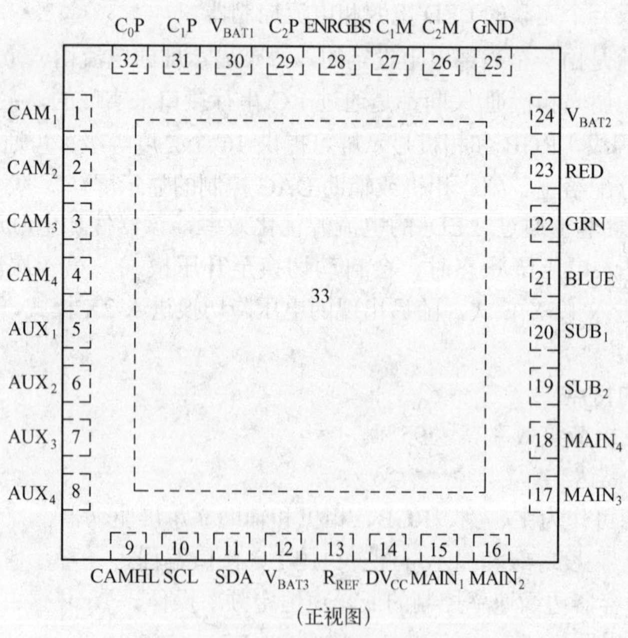

图 4-33　LTC3208 引脚排列图

表 4-7　LTC3208 引脚功能

引　脚	引 脚 名	功　能
1、2、3、4	CAM1～4	用于 CAM 显示屏白光 LED 的电流源输出。CAM 显示屏上的 LED 电流可通过软件控制和内部 4 位线性 DAC，采用 16 个等级，在 0～102mA 的范围内进行设置。提供了两个 4 位寄存器，一个寄存器用于设置高相机电流，另一个则用于设置低相机电流。这些寄存器可通过串行端口或 CAMHL 引脚来选择，每个输出均可通过把输出连接到 CPO 来禁用。设置 REGF 中的数据为 0，将关闭所有 CAM 输出
5、6、7、8	AUX1～4	用于 AUX 显示屏白光 LED 的电流源。当作为一个单独的显示屏时，可利用软件控制和内部 4 位 DAC，采用 16 个等级，将 AUX 显示屏的 LED 电流源设置在 0～26mA 的范围内。此外，还可根据需要把这些输出单独连接至 CAM、SUB 或 MAIN 显示屏，并利用与每个显示屏相关联的 DAC 来驱动。可通过把输出连接至 CPO 来禁用 AUX1、2 和 3。AUX4 可被用做一个漏极开路 I^2C 控制逻辑输出，但是当被配置为逻辑输出时，不能够通过连接至 CPO 来实现禁用，设置 REGE 和 $REGB_2$ 中的数据为 0，将关闭所有的 AUX 输出
9	CAMHL	逻辑输入。当该引脚保持高电平时，选择 CAM 寄存器的高位部分；当保持低电平时，选择 CAM 寄存器的低位部分；当该引脚从高电平变换至低电平时，将自动把充电泵模式复位至 1X
10	SCL	I^2C 时钟输入。SCL 的逻辑电平参考 DV_{CC} 的值
11	SDA	串行端口的 I^2C 数据输入端。串行数据每个时钟周期移动一位，以控制 LTC3208，逻辑电平参考 DV_{CC} 的值
12、24、30	$V_{BA1,2,3}$	整个器件的电源。3 个独立的引脚被用于隔离充电泵和模拟部分，以降低噪声，所有这些引脚在外部必须连接在一起，并通过一个 4.7μF 的低 ESR 陶瓷电容进行旁路，该电容应靠近 V_{BAT2} 连接，靠近 V_{BAT3} 的地方应连接一个 0.1μF 的电容
13	R_{REF}	该引脚负责控制所有显示屏的最大 LED 电流值。R_{REF} 电压为 1.215V，一个接地的外接电阻用于设定所有显示屏 DAC 和支持电路的参考电流，由于该电阻用于对 LTC3208 内部的所有电路进行偏置，其阻值被限制在 22～30kΩ的范围内
14	DV_{CC}	所有数字 I/O 线路的电源。该引脚负责设定 LTC3208 的逻辑参考电平，当 DV_{CC} 低于 DV_{CC} UVLO 门限时，DV_{CC} 引脚上的一个 UVLO 电路将所有寄存器全部置。用 0.1μF 电容对地进行旁路
15、16、17、18	$MAIN_{1\sim4}$	主显示屏白光 LED 的电流源。可通过软件控制和内部 8 位线性 DAC，将主显示屏上的 LED 电流，采用 256 个等级，在 0μA～27.5mA 的范围内设置。可连接输出到 CPO，将从外部关闭每个输出。设置 REGC 中的数据为 0，将关闭所有的主显示屏输出
19、20	SUB_2、SUB_1	副显示屏白光 LED 的电流源。可通过软件控制和内部 8 位线性 DAC，采用 256 个等级，将副显示屏上的 LED 设定在 0～27.5mA 的范围内。可连接输出到 CPO，从外部关闭每个输出，将 REGD 中的数据设定为 0，将关闭所有的副显示屏输出
21、22、23	BLUE、GRN、RED	用于 RGB 照明 LED 的电流源。RGB 电流可通过串行端口单独设定。可通过 3 个内部 4 位指数 DAC，以 16 个等级来设置高达 27mA 的电流。这些输出可被用做漏极开路 I^2C 控制逻辑输出。当采取这种配置形式时，不能够通过连接到 CPO 来从外部禁用这些输出。将 $REGA_1$ 中的数据设定为 0 将关闭 RED，将 $REGA_2$ 中的数据设定为 0 将关闭 GREEN，而将 $REGB_1$ 中的数据设定为 0 将关闭 BLUE
25、33	GND	系统地。应将引脚 25 和裸露焊盘引脚 33 直接连接到低阻值的地平面上
26、27、29、31	C_2M、C_1M、C_2P、C_1P	电荷泵跨接电容引脚。应在 C_1P 和 C_1M 之间以及 C_2P 和 C_2M 之间连接 2.2μF X7R 或 X5R 型陶瓷电容
28	ENRGBS	逻辑输入。该引脚通常为高电平，并被用于使能或禁用 RED、GREEN 和 BLUE LED 或者 SUB LED。通过一个内部可编程位选择 RGB 还是 SUB。当该引脚从低电平（禁用）变换至高电平（使能）时，LTC3208 将以先前位置的色彩组合来对 RGB 显示屏进行照明，或以其先前设置的电流来对 SUB 显示屏进行照明。该引脚的逻辑电平参考 DV_{CC}
32	CPO	用于为所有 LED 供电的充电泵的输出。应把一个 4.7μF X5R 或 X7R 型陶瓷电容连接至地

4．工作原理

LTC3208 的内部结构如图 4-34 所示。

1）电源管理。LTC3208 采用一个开关电容器充电泵，把 CPO 引脚电压提升至输入电压的二倍（高达 5V）。器件在 lX 模式启动。在该模式中，$V_{BAT1,2}$ 直接连接至 CPO，这种模式具有最高的效率和最低的噪声。LTC3208 将保持在 lX 模式，直至一个 LED 电流源发生压降为止。当一个电流源电压变得过低而无法提供设定电流时，就会出现压降。当检测到压降时，LTC3208 将切换至 1.5X 模式，CPO 电压随后将开始增加，并试图达到 $1.5V_{BAT}$（高达 4.5V）。之后发生的任何压降将导致器件进入 2X 模式，CPO 电压将试图达到 $2V_{BAT}$（高达 5V）。当一个 DAC 数据位通过 I^2C 端口而被更新或位于 CAMHL 信号的下降沿时，器件将被复位至 lX 模式。

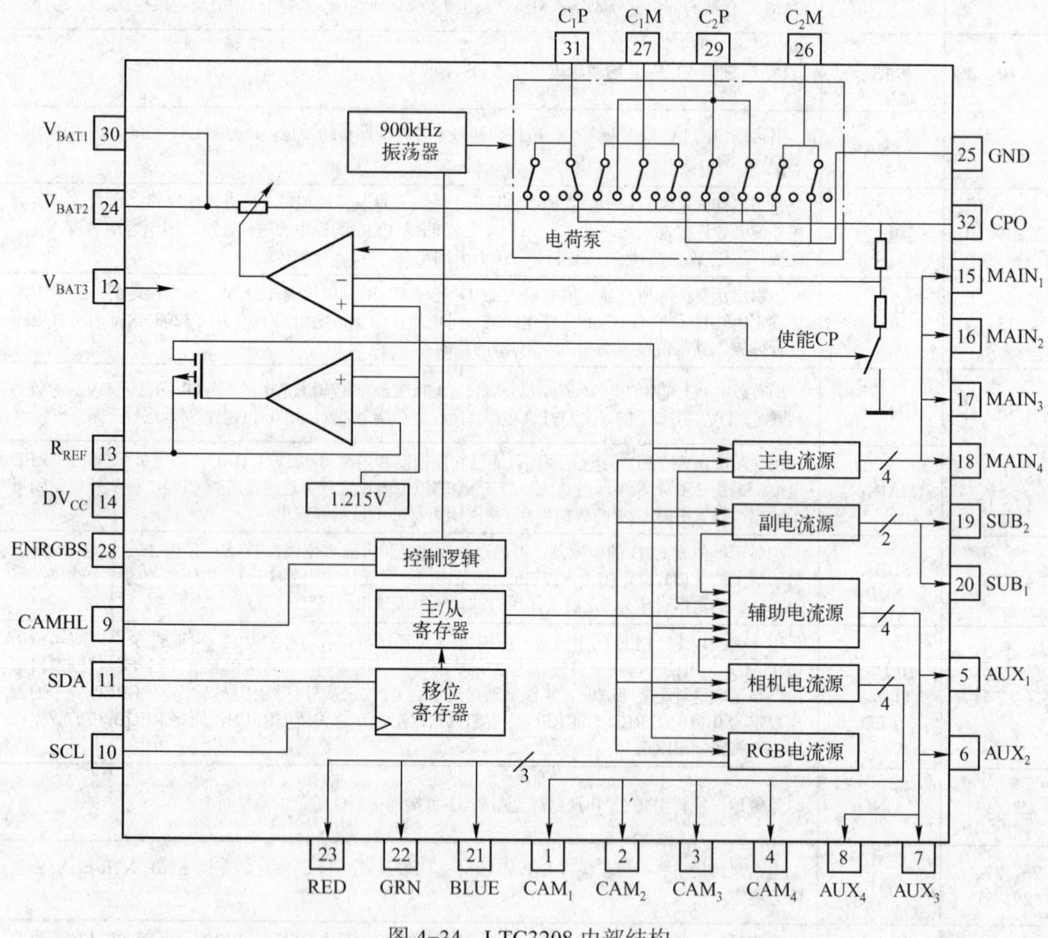

图 4-34　LTC3208 内部结构

一个两相非重叠时钟用于启动充电泵开关。在 2X 模式中，由 V_{BAT} 在交替的时钟相位上对跨接电容器进行充电，最大限度地减小输入电流纹波和 CPO 电压纹波。在 1.5X 模式中，跨接电容器在第一个时钟相位期间被串联充电，而在第二个相位中被并联堆叠于 V_{BAT} 引脚上。跨接电容器的这种充电和放电程序以 900kHz 的恒定频率持续进行。

利用一个关联 DAC 来对 LED 电流源提供的电流进行控制，每个 DAC 均通过 I^2C 端口来设定。满额 DAC 电流由 R_{REF} 来设置，R_{REF} 的阻值被限制在 22～30kΩ的范围内。

2）软启动。当器件处于停机模式时，一个弱开关把 V_{BAT} 连接至 CPO，这可使 $V_{BAT1,2}$ 对 CPO 输出电容器进行缓慢充电，并防止出现很大的充电电流。

LTC3208 还在其充电泵上采用了一种软启动功能，以防止在切换至升压模式时产生过大的涌入电流和电源压降。可将输送给 CPO 引脚的电流在 150μs 的典型周期内线性增加，软启动功能在 1.5X 和 2X 模式变更的起点生效。

3）充电泵强度。当 LTC3208 工作于 1.5X 模式或 2X 模式时，可将充电泵等效成一个戴维南模型，以决定从有效输入电压和有效开环输出电阻 R_{OL} 获得的电流，如图 4-35 所示。

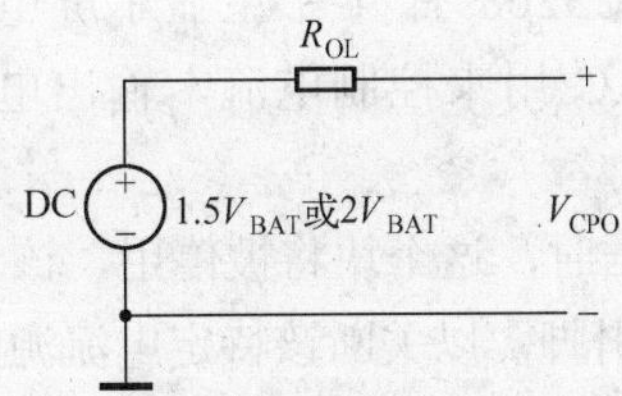

图 4-35　电荷泵戴维南等效开路电路图

R_{OL} 的取值取决于诸多因素，包括开关项 1/（$2f_{osc}C_{FLY}$），其中，f_{osc} 为晶振频率，C_{FLY} 为跨接电容值，以及内部开关电阻和开关电路的非重叠周期。然而，对于一个给定的 R_{OL}，可获得的电流，与优势电压（对于 1.5X 模式，为 $1.5V_{BAT}-V_{CPO}$；对于 2X 模式，为 $2V_{BAT}-V_{CPO}$）成正比。以一个 3.1V 电源来驱动白光 LED 为例，如果 LED 正向电压为 3.8V，且电流源需要 100mV 的电压，则对于 1.5X 模式而言，优势电压为（3.1×1.5–3.8–0.1）V=750mV。若输入电压被提高至 3.2V，则优势电压将跃升至 900mV，此时电荷泵的可用强度提高了 20%。

如图 4-35 所示，1.5X 模式的可用电流由下式给出：

$$I_{OUT}=\frac{1.5V_{BAT}-V_{CPO}}{R_{OL}} \tag{4-8}$$

对于 2X 模式，可用电流由下式得出：

$$I_{OUT}=\frac{2V_{BAT}-V_{CPO}}{R_{OL}} \tag{4-9}$$

对于 2X 而言，优势电压变为（3.1×2–3.8–0.1）V=2.3V，在 2X 模式中，虽然 R_{OL} 阻值较大，但是总可用电流显著增加。

4）停机电流。当所有的电流源数据位均被写为 0，或当 DV_{CC} 引脚电压低于 DV_{CC} UVLO 门限时，器件将进入停机模式。

虽然 LTC3208 是为非常低的停机电流而设计的，但它仍将在停机模式中从 V_{BAT} 引脚吸收约 3μA 的电流。内部逻辑电路确保 LTC3208 在 DV_{CC} 引脚接地时处于停机模式。需要注意的是，所有以 DV_{CC} 为基准的逻辑信号（如 SCL、SDA、ENRGBS、

CAMHL）的电平都必须与 DV_{CC} 相当或更低，即地电位，以避免在这些引脚上的电压超过额定值。

5）串行端口。与微控制器兼容的 I^2C 串行端口为 LTC3208 提供了所有的指令和控制输入。SDA 输入端的数据在 SCL 的上升沿加载，D_7 最先加载，D_0 最后加载。LTC3208 有 7 个数据寄存器、一个地址寄存器和一个副地址寄存器。一旦所有的地址位确认进入地址寄存器中，则副地址寄存器随后被写入数据，之后进行数据寄存器的写入操作。每个数据寄存器都有一个副地址。在数据寄存器被写入信息之后，一个加载脉冲将在停止位之后生成。该加载脉冲把数据寄存器中保存的所有数据转移至 DAC 寄存器，此时，LED 电流将变更为新的设定值。由于串行端口采用的是静态逻辑寄存器，因此对其操作没有最小速度方面的限制。

6）主/副显示屏电流源。LTC3208 有 4 个主显示屏电流源和两个副显示屏电流源。每组电流源有一个 8 位线性 DAC 用来控制电流，输出电流范围为 0～27.5mA（256 个等级）。

当某一个块收到一个全零数据时，这个块将被停用，该块的电流将被减小至零。此外，各个 LED 输出都可连接至 CPO 引脚，以关断该特定电流源的输出，并把停用输出的工作电流减小至 10μA（典型值）。

7）相机显示屏电流源。LTC3208 有 4 个相机显示屏电流源，这组电流源有一个 4 位线性 DAC 用于电流的控制，输出电流在 0～102mA 的范围内有 16 个等级，具体工作方式同主/副显示屏电流源。

8）RGB 照明。RED（红）、GREEN（绿）和 BLUE（蓝）LED 的输出电流可通过 3 个 4 位指数 DAC 来单独设定，在 0～27mA 范围内有 16 个等级。

当接收到一个全零数据时，这些电流源将被逐个关闭，该电流源的电流被减小至零，这些输出也可被用做漏极开路逻辑控制输出。因此，当它们与 CPO 相连时将不会被停用。

9）辅助显示屏电流源。LTC3208 有 4 个辅助电流源，这组电流源具有一个 4 位线性 DAC 用于电流控制，输出电流在 0～26mA 范围内有 16 个等级。

此外，每个电流源都可被单独地连接至 CAM、SUB 或 MAIN DAC 输出，通过 I^2C 端口来完成选择，于是，输出电流将与对应的选定电流源组相匹配。在该场合中，将输出一个 0～27.5mA（对于副/主显示屏）或 0～102mA（对于相机显示屏）的电流。

当某个功能块在 REGE 和 $REGB_2$ 中均接收到一个全零数据时，这些电流源将被停用，该块的电流将被减小至零。AUX1、2 和 3 的 LED 输出可连接至 CPO 引脚，以关断该特定电流源的输出，并把停用输出的工作电流减小至 10μA（典型值）。AUX_4 可被用做一个漏极开路逻辑控制输出，因此，当它与 CPO 相连时将不会被停用。

10）停用电流源输出。根据应用要求的不同，可采用两种不同的方法来停用未用的相机、副显示屏和主显示屏输出。如果停用整组电流源（如 MAIN），则用于该组电流源的数据寄存器都被写为 0，未使用输出端可处于开路状态。如果使能一组或多组电流源输出，则必须把未使用输出连接至 CPO，以防止出现错误的压降信号。

AUX 具有混合的停用要求，如果 AUX 未被使用，则对应的数据寄存器应写为 0，而且所有的输出端都被置于开路状态。如果使能一个或多个输出，可通过把未用输出端连接至 CPO 来停用 AUX_1、AUX_2 和 AUX_3，AUX_4 不能通过连接至 CPO 来实现停用，不过，如果 $X_{RGBDROP}$ 被设定为高电平，则可将其置于开路状态。这种设置不仅把压降检测器从 AUX_4 输出端移除，而且也将压降检测器从 RED、GRN 和 BLUE LED 输出端上去除。为了避免停用 RED、GRN 和 BLUE 压降检测器，当所使用的 AUX 输出中既包含使能输出也包含停用输出时，AUX_4 应该使能输出当中的一个。

通过把未使用输出寄存器写为 0 来停用 RED、GRN 和 BLUE 输出，未使用输出端可被置于开路状态。

11）CAMHL。CAMHL 引脚可快速地为闪光灯应用选择相机高位寄存器，而无需对 I^2C 端口进行再存取。当该引脚为低电平时，CAM 电流范围将受控于相机低 4 位寄存器。当 CAMHL 引脚被确定为高电平时，电流范围将由相机高 4 位寄存器来决定。

12）过热保护。LTC3208 具有过热保护功能，当内部芯片温度达到 150℃左右时，过热保护功能将生效，这将关闭所有的电流源和充电泵，直到芯片被冷却至约 15℃为止。这种热循环将继续下去，直到故障状态被排除为止。

13）R_{REF} 电流设定电阻器。电流设定电阻连接在 R_{REF} 引脚和地之间，由于所有的 DAC 基准电流和支持电路电流均与该设定电流有关，因此，该电阻的阻值通常应接近 24kΩ。

该输入提供了接地或低阻值电阻器（<10kΩ）的短路保护。当检测到故障时，即对基准电流放大器进行限流。此外，电流源输出和充电泵将被停用。

14）满刻度 LED 电流方程。

$$\text{AUX 满刻度 LED 电流（A）}=\frac{1.215}{R_{REF}}\times 518$$

$$\text{SUB/MAIN 满刻度 LED 电流（A）}=\frac{1.215}{R_{REF}}\times 543$$

$$\text{CAM 满刻度 LED 电流（A）}=\frac{1.215}{R_{REF}}\times 2025$$

$$\text{RGB 满刻度 LED 电流（A）}=\frac{1.215}{R_{REF}}\times 533$$

15）模式切换。当在一个 LED 引脚上检测出现电压降时，LTC3208 将自动从 lX 模式切换至 1.5X 模式，并随后切换至 2X 模式。当一个电流源电压变得过低以至于无法提供编程电流时，将出现电压降，电压降延迟通常为 400μs。

当一个数据位通过 I^2C 端口更新或当 CAMHL 引脚从高电平变换至低电平时，器件模式将自动切换回 lX 模式。

16）I^2C 接口。LTC3208 采用一个标准的 I^2C 接口与一个主机（主控器）进行通信，时序如图 4-36 所示，图中给出了总线上信号的定时关系。当总线处于未用状态时，两条总线线路 SDA 和 SCL 必须为高电平（见图 4-37），在这些总线线路处需要布设外部上拉电阻或电流（例如 LTC1694 SMBus 加速器）。

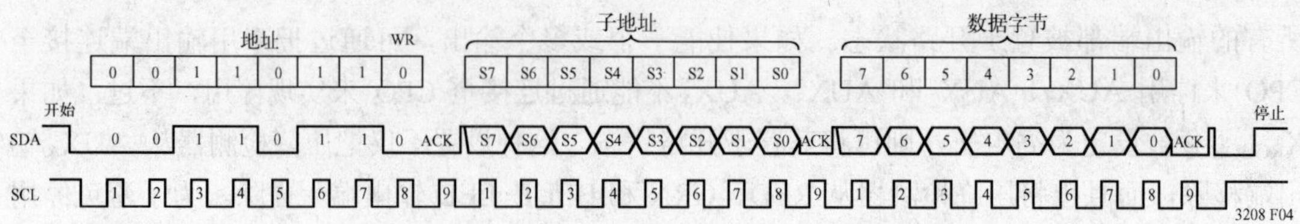

图 4-36　总线上信号的定时关系

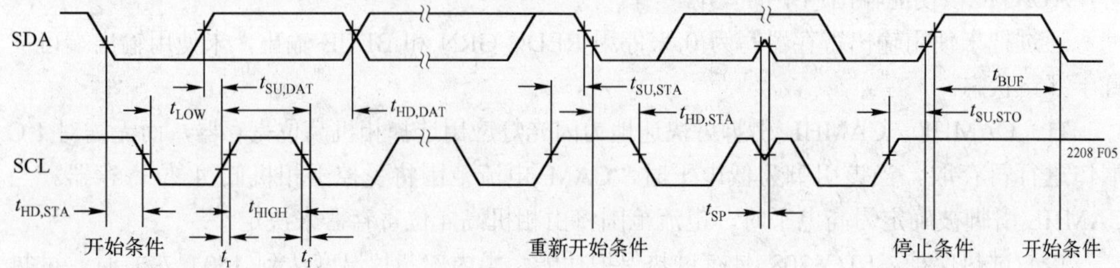

图 4-37　时序参数

5．典型应用

如图 4-38 所示为 6 LED MAIN、RGB 和低/高电流 8 LED 相机照明灯的电路图。

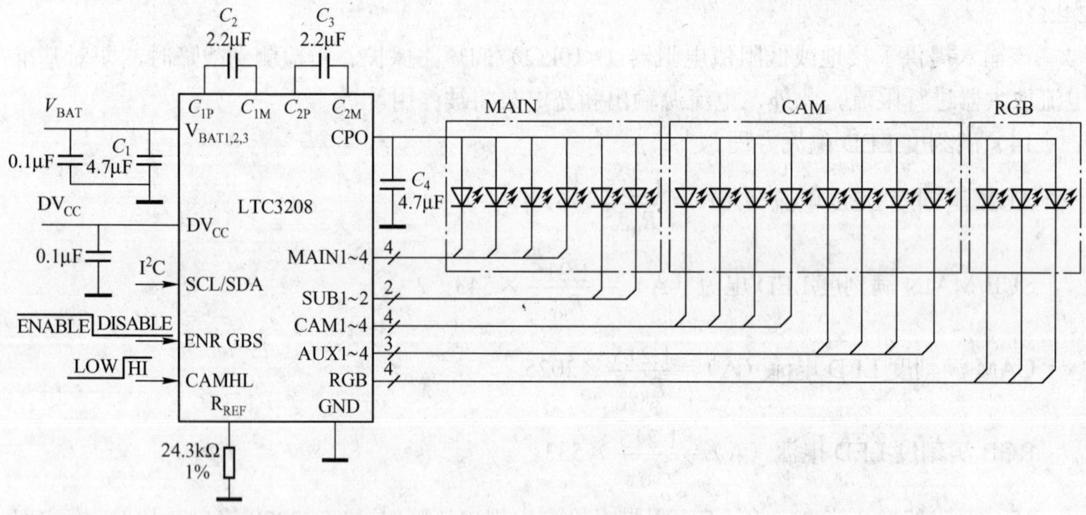

图 4-38　6LED MAIN、RGB 和低/高电流 8LED 相机照明灯电路

4.4.3　电荷泵式 LED 驱动电路

除了安森美、凌特公司外，世界其他主要半导体公司也都纷纷推出了自己的电荷泵 LED 驱动电路。主要应用于手机显示屏、LCD、手持设备显示屏、数码相机等。

如图 4-39 所示为凌特公司的一款产品，图中为主/副显示屏背光灯、键盘背光灯、相机照明灯和相机指示灯的电路。

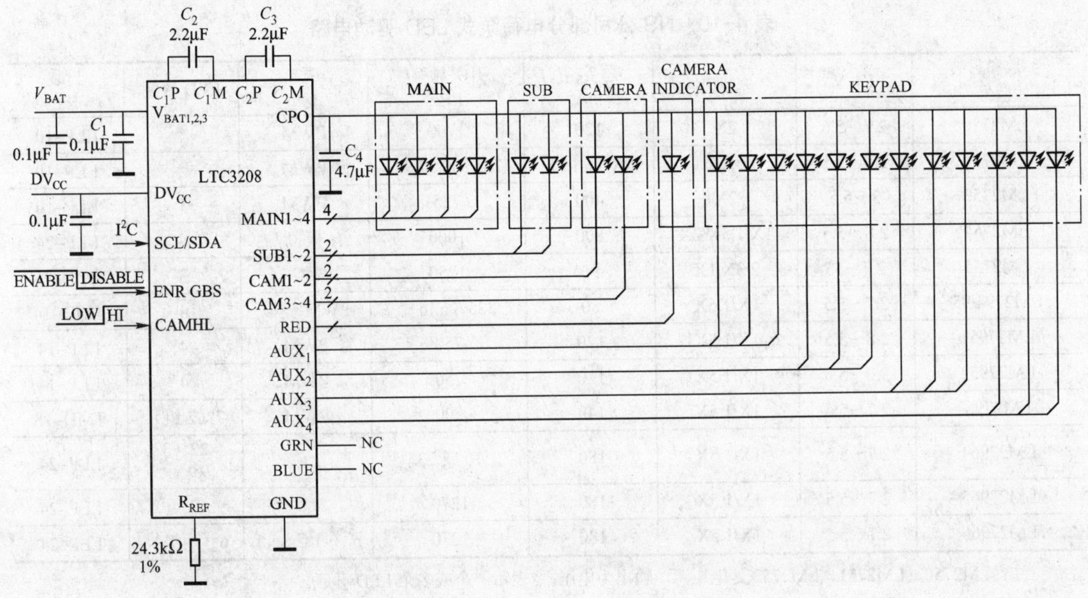

图 4-39　主/副显示屏背光灯、键盘背光灯、相机照明灯和相机指示灯电路

表 4-8～表 4-10 分别给出了 TI 公司、美信公司、NS 公司部分电荷泵式 LED 驱动电路的相关参数。

表 4-8　TI 公司 TPS6025X 系列电荷泵 LED 式驱动电路

参数和封装型号	V_{IN}/V	调光接口	独立显示屏的数量	显示屏	LED 数量	总 I_{OUT}/mA	封装
TPS60250	3.0～6.0	I^2C	两组	主、副	7	230	QFN–16
TPS60251	3.0～6.0	I^2C	3 组	主、副、键盘或闪光灯	7	230	QFN–24
TPS60252	3.0～6.0	I^2C	两组	主、副	7	230	QFN–16
TPS60255	2.7～6.0	单线	3 组	键盘、背光或 LCD 显示	7	230	QFN–16

表 4-9　美信公司部分电荷泵 LED 式驱动电路

参数和封装型号	V_{IN}/V	总 I_{OUT}/mA	R_{SET} 控制	调光接口	泵模式	LED 数量	封装
MAX1570	2.7～5.5	150	Yes	数字/PWM	1X/1.5X	5	Thin QFN–16
MAX1573	2.7～5.5	112	Yes	逻辑/PWM	1X/1.5X	4	UCSP–14，Thin QFN–16
MAX1574	2.7～5.5	180	Yes	单线	1X/2X	3	TDFN–10
MAX1575	2.7～5.5	180	Yes	单线	1X/1.5X	6	Thin QFN–16
MAX1577	2.7～5.5	1200	No	两线/PWM	1X/2X	—	TDFN–8
MAX1910	2.7～5.3	120	Yes	模拟	1.5X/2X	—	μMAX–10
MAX1912	2.7～5.3	120	Yes	模拟	1.5X	—	μMAX–10

注：—表示一个或者多个 LED 并联。

表 4-10 NS 公司部分电荷泵式 LED 驱动电路

参数和封装型号	V_{IN}/V	泵模式	总 I_{OUT}/mA	开关频率/kHz	调光类型	LED 数量	封装形式
LM2750	2.7～5.6	2X	120	1700	PWM	*	LLP–10
LM2751	2.8～5.5	1.5X/2X	80 或 150	725,300,37,9.5	PWM	*	LLP–10
LM2753	3～5.5	2X	400	725	PWM	1	LLP–10
LM2754	2.8～5.5	1X/1.5X/2X	800	1000	模拟	4	LLP–24
LM2755	2.7～55	2/3X,1X	90	1250	I^2C	3	TMD–18
LM2794/95	2.7～5.5	1X/1.5X	80	325（min）	PWM/模拟	4	TMD–14
LM27951	2.8～5.5	1X/1.5X	120	750	PWM	4	LLP–14
LM27952	3.0～5.5	1X/1.5X	120	750	PWM	4	LLP–14
LM2796	2.7～5.5	1X/1.5X	140	500	PWM	7（2 组）	TMD–18
LM27964	2.7～5.5	1X/1.5X	180	10 或 23	I^2C	22（3 组）	LLP–24
LM27965	2.7～5.5	1X/1.5X	180	1270	I^2C	9（3 组）	LLP–24
LM27966	2.7～5.5	1X/1.5X	180	1270	I^2C	6（两组）	LLP–24

注：LM2750、LM2751、LM2752 是电压源，输出为电压；*表示一个或多个 LED 并联。

4.5 BUCK 变换器的 LED 驱动电路

4.5.1 CAT4201——高效降压型 LED 驱动电路

CAT4201 是安森美半导体公司生产的一种高效降压型 LED 驱动器，主要应用于 12V 和 24V 照明系统、汽车和航行器照明、通用照明及高亮度 350mA 的 LED 驱动等。

CAT4201 是一个优化的高效率步进转换器，可驱动大电流 LED，转换控制算法允许进行高效率与高精度的 LED 电流调节。当电源为 28V 时，一个 R_{SET} 电阻可进行满刻度调整 LED 串电流，电流高达 350mA。

CAT4201 转换效率高达 94%，使内部功耗非常低，因此，该器件能够内嵌在微小封装中，而无需使用专用散热片来散热。该器件的转换频率高达 1MHz，十分适合需要小型封装和小型外部电感的应用，具有高达 20V 的 LED 串联驱动电压，并联配置时，可得到更高的输出电流，具有开路与短路 LED 保护功能。

亮度模拟调节和 LED 关闭可通过单一输入引脚 CTRL 来控制，这款芯片还具有过载电流保护和过热保护功能，该器件可使用 5 引脚微型 SOT23 封装，且十分适合应用于空间受限的场合，如图 4-40 所示。

1．引脚说明

CAT4201 采用 5 引脚微型 SOT23 封装，引脚排列如图 4-41 所示。

V_{BAT} 是该器件的电源输入引脚，该引脚的一般输入电流小于 1mA，瞬间电压高达 40V。为了确保精确的 LED 电流调节，V_{BAT} 引脚电压应该比总的 LED 串正向电压大 3V 以上，通常在 V_{BAT} 和 GND 间旁路一个 4.7μF 的电容，起退耦作用。所谓退耦，即防止前后电路网络电流大小变化时，在供电电路中形成的分电流冲动对网络正常工作产生的影响。

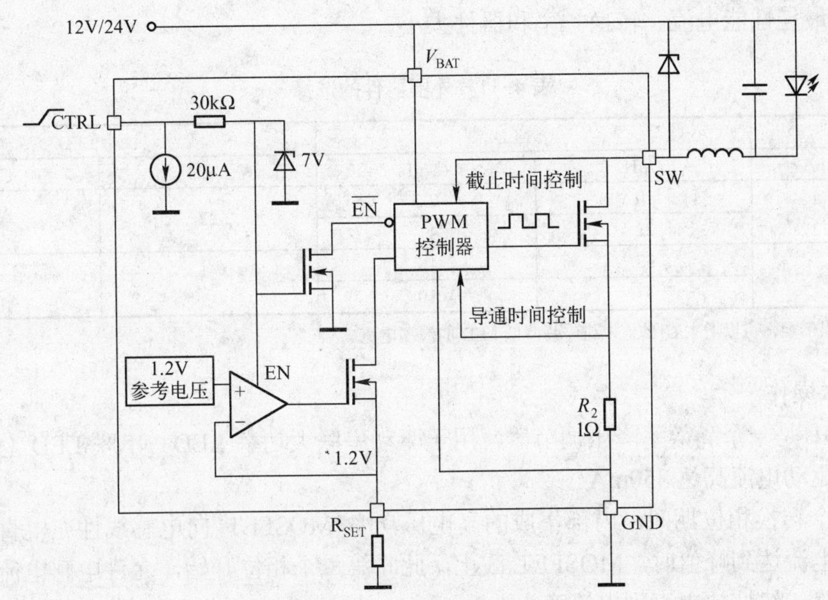

图 4-40　CAT4201 简化的结构图

CTRL 是模拟调节与控制输入引脚。当 CTRL 悬空时，20μA 的灌入电流使 LED 熄灭，CTRL 输入引脚可安全控制高达 40V 的电压。当 CTRL 电压小于 0.9V（典型值）时，LED 熄灭，此时电流为 0。当 CTRL 电压大于 2.6V 时，LED 亮度最强。当电压小于 2.6V 且电压逐渐下降时，LED 电流会不断减小直到熄灭。

对于工作于降压模式的应用来说，CTRL 引脚电压应该在 LED 阴极端子处驱动。

GND 是参考地引脚，该引脚应该直接连接到印制电路板（PCB）上的接地。

SW 引脚是低电阻高电压功率 MOSFET 的漏极，电感和肖特基二极管的阳极应该接到 SW 引脚，SW 引脚可安全控制高达 40V 的电压。在 PCB 布线中，连接到 SW 引脚的布线尽可能短且环路最小化，该器件能够对出现“LED 开路”、“LED 短路”错误时进行安全控制。

R_{SET} 引脚校准到 1.2V，R_{SET} 引脚和 GND 间的电阻可对 LED 电流进行满刻度的调节。在模拟调节过程中，外部电阻值和 CTRL 引脚电压决定了 LED 电流。R_{SET} 引脚一定不能悬空。

CAT4201 的典型应用电路如图 4-42 所示。

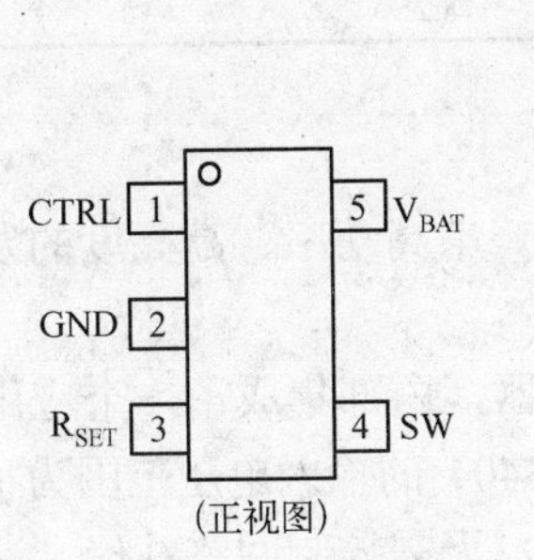

图 4-41　CAT4201 引脚排列

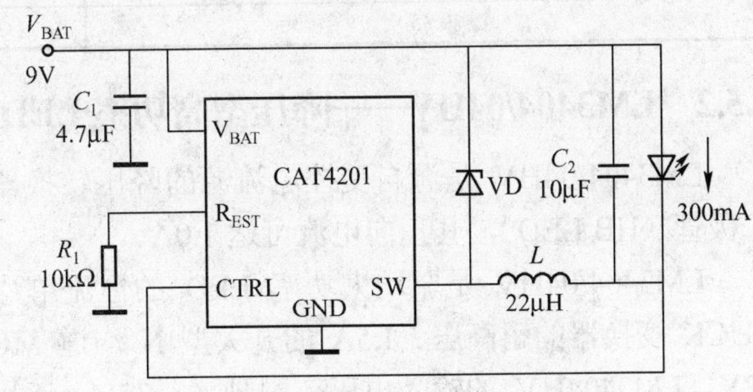

图 4-42　CAT4201 典型应用电路

2．外围器件的选择

表 4-11 给出了相对于不同的 LED 电流，对应于电路图 4-42，元件 L 和 C_2 的最佳参

数，提供了最佳性能电流、转换频率和器件大小。

表 4-11　外围器件的选择

LED 电流/mA	一个 LED		两个 LED	
	L/μH	C_2/μF	L/μH	C_2/μF
≥150	10	2.2	22	4.7
	22	4.7		
<150	33	4.7	47	2.2
	47	10		

注意：如果需要，可以增大 C_2 的值以进一步降低 LED 的波动电流。

3．基本操作

CAT4201 是一个高效率降压调节器，用于驱动串联大功率 LED。串联 LED 总正向电压高达 20V，驱动电流高达 350mA。

在第一个转换相位期间，内部集成的高电压功率 MOSFET 向电感线性充电直到电流达到峰值；当电流达到峰值时，MOSFET 截止，此时第二个相位开始，允许电感电流流向肖特基二极管电路，线性放电直到电流变为 0。

该转换结构确保器件总是工作于交叉点，这个交叉点位于连续导电模式（CCM）和不连续导电模式（DCM）之间。该工作模式可得到平均 LED 电流，此电流值等于峰值转换电流值的一半。

LED 电流由连接到 R_{SET} 引脚上的外部电阻来调整，LED 的平均电流和 R_{SET} 引脚电流之间的大体比例为 2.5A/mA，因此式（4-10）可用于计算 LED 电流

$$\text{LED 电流}=2.5V_{RESET}/R_{SET} \tag{4-10}$$

表 4-12 给出了不同的 LED 电流及其相对应的 R_{SET} 电阻。

表 4-12　R_{SET} 电阻选择

LED 电流/A	R_{SET}/kΩ
0.10	33
0.15	21
0.20	15
0.25	12
0.30	10
0.35	8.25

4.5.2　LM3404/04HV——降压型高功率 LED 驱动电路

LM3404/04HV 是源自受控电流源的降压转换器，用来驱动一串高功率、高亮度的发光二极管（HB LED），其正向电流可达 1.0A。

LM3404/04HV 是驱动大功率 LED 的恒流单片式开关调制器，内部集成了一个应用于 BUCK 变换器的耐高压、1.5A 的开关型 N 沟道 MOSFET。LM3404 的输入电压范围为 6～42V，LM3404HV 的输入电压范围是 6～75V。逐周期电流限制，无需控制回路补偿。滞回控制导通时间和一个外部电阻允许该转换器根据需要调整，输出电压恒流驱动不同数目和形式的串联和串并联 LED 阵列。具有独立的 PWM 调光及低功率停机，开路/过电流 LED 保护和热关断保护功能。该器件应用于 LED 驱动、恒流源、汽车照明、工业照明和通用照明领

域，其典型应用如图 4-43 所示。

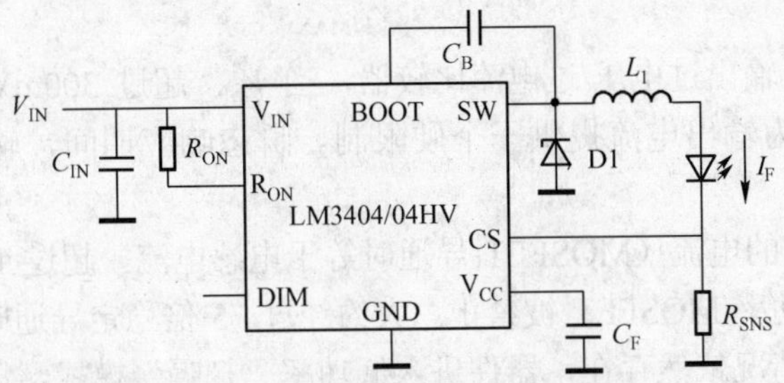

图 4-43 LM3404/04HV 典型应用电路

LM3404/04HV 是具有宽输入电压范围和低参考电压的降压型转换器。受控导通时间（COT）结构由迟滞控制㊀模式和单次开通定时器构成，单次导通定时器变化方向与输入电压相反。迟滞工作方式消除了对小信号的控制回路补偿。当转换器运行在连续电流模式（CCM）时，受控导通时间在输入电压变化范围内保持恒定。

LM3404/04HV 通过调整 R_{SNS} 的阻值来调整流经 LED 的平均电流的大小，R_{SNS} 计算方法如下：

$$R_{SNS}=\frac{0.2L}{I_F L+V_o t_{SNS}-\frac{V_{IN}-V_o}{2}t_{ON}} \tag{4-11}$$

$$V_o=n\times V_F+200\text{mV}$$

式中，t_{ON} 为 LM3404/04HV 内部 MOSFET 导通时间；V_F 为 LED 的正向电压；n 为 LED 的数量；t_{SNS} 为 CS 比较器的传输延迟，大约 220ns；L 为 L_1 的电导值

LM3404/04HV 具有最小导通时间和最小关断时间的限制。最小导通时间为 300ns，允许的最小关断时间为 300 ns。由一个外接电阻 R_{ON} 和输入电压 V_{IN} 设定功率 MOSFET 管的导通时间 t_{ON}，t_{ON} 的计算方法如下：

$$t_{ON}=1.34\times10^{-10}\times\frac{R_{ON}}{V_{IN}} \tag{4-12}$$

LED 电流经过电流检测电阻 R_{SNS} 流到地线，在电阻上会产生一个电压信号 R_{SNS}。R_{SNS} 被反馈到 CS 引脚上，与 200 mV 的参考电压（V_{REF}）作比较。当 R_{SNS} 引脚电压比 V_{REF} 低时，比较器的输出将功率 MOSFET 管导通。在导通时间 t_{ON} 结束时，功率 MOSFET 将被关闭最少 300 ns（$t_{OFF-MIN}$）。一旦 $t_{OFF-MIN}$ 结束，电流感测比较器将再次比较 R_{SNS} 引脚电压和 V_{REF}，并等着开始下一个循环。

300ns 最小关断时间限制了转换器的最大占空比 D_{MAX}

$$D_{MAX}=\frac{t_{ON}}{t_{ON}+t_{OFF-MIN}} \tag{4-13}$$

300ns 最小关断时间也限制了最大输出电压 $V_{o(MAX)}$

$$V_{o(MAX)}=D_{MAX}V_{IN} \tag{4-14}$$

LM3404/04HV 能驱动的 LED 最大个数 N_{MAX} 可以表达为

㊀ 迟滞控制：延迟控制

$$N_{MAX} = \frac{V_{o(MAX)} - 200}{V_{F(MAX)}} \tag{4-15}$$

CS 引脚包含一个输出过电压/过电流比较器，当 V_{SNS} 超过 300mV 时，比较器禁止功率 MOSFET。这个门限为输出电流提供一个硬限制。瞬态响应期间，输出电流过冲被限制在 300mV/R_{SNS}。

当功率 MOSFET 的电流（MOSFET 导通时等于电感电流）超过 1.5A（典型值）时，电流限制比较器启动，功率 MOSFET 被禁止。大约经过 75 倍稳定导通时间的冷却时间，系统重启。如果电流限制情况依然存在，器件进入低功率“打嗝”模式，周期性地冷却和重启，减少 LM3404/04HV 和外部电路上的热应力。

DIM 端口为脉冲宽度调制(PWM)信号提供输入端，用来对 LED 串调光。为了完全启动或禁止 LM3404/04HV，脉冲宽度调制信号应有 0.8V 的最高逻辑低电平和 2.2V 的最低逻辑高电平。PWM 频率应至少比 LM3404/04HV 的开关频率低一个数量级。DIM 引脚是正逻辑控制输出的，因此，当 DIM 为高电平时，LM3404/04HV 就送出调整后的输出电流；当 DIM 为低电平时，就禁止输出电流。连接一个恒定的逻辑低将禁止输出，如果 DIM 引脚悬空，则 LM3404/04HV 被激活。DIM 的功能只是禁止功率 MOSFET，但电路的其他部分仍正常运行，这样可得到最短的转换响应时间。

当结温超过最大结温限度时，内部热关断电路关断 MOSFET，禁止输出，保护电路。热关断的门限是 165℃，有 25℃ 的迟滞。

4.5.3 MAX16822——高亮度 LED 降压型驱动电路

MAX16822A/MAX16822B 是美信公司生产的一款高亮度 LED 降压型驱动电路，主要应用于建筑、工业及环境照明，汽车尾灯、汽车日间行车灯和雾灯，平面显示器以及指示灯和紧急事件灯。

MAX16822 的输入电压范围为 6.5～65V，输出驱动电流最高可达 500mA，片上集成 65V、0.85Ω的功率 MOSFET，开关频率高达 2MHz 的滞回控制模式，电阻可编程恒定 LED 电流，±3%LED 电流精度，集成的电流检测，200mV 检流基准，折返式热保护/线性亮度调节，过热关断保护，−40～125℃ 工作温度。MAX16822 的典型应用如图 4-44 所示。

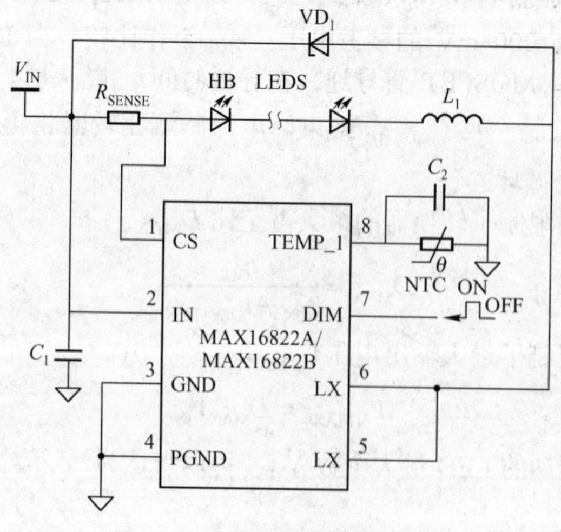

图 4-44 MAX16822 典型应用

MAX16822A/MAX16822B 包含带有 500mV 滞回的低电压锁定（UVLO），当 V_{IN} 下降至 5.5～6.0V 时，内部 MOSFET 关闭。

LED 电流由连接在 IN 和 CS 之间的检流电阻设置。采用式（4-16）计算电阻值

$$R_{SENSE}=\frac{V_{SNSHI}+V_{SNSLO}}{2I_{LED}} \tag{4-16}$$

式中，V_{SNSHI} 为检测电压门限的上限；V_{SNSLO} 为检测电压门限的下限（具体数值请参考相关资料）。

MAX16822A/MAX16822B 利用一个具有滞回的比较器调节 LED 电流。当电感电流上升，并且检测电阻两端的电压达到上限时，内部 MOSFET 关断；当通过续流二极管的电感电流下降，直到检测电阻上的电压等于下限时，内部 MOSFET 再次打开，工作频率为

$$f_{SW}=\frac{(V_{IN}-nV_{LED})nV_{LED}\times R_{SENSE}}{V_{IN}\Delta VL} \tag{4-17}$$

式中，n 为 LED 的数量；V_{LED} 为一个 LED 的导通压降；ΔV=（V_{SNSHI}–V_{SNSLO}）。

MAX16822A/MAX16822B 的开关频率可达 2MHz。对于空间受限的应用，采用高开关频率有利于降低电感大小。采用式（4-18）计算大概的电感值，选择最为接近的标准

$$L_{(approx.)}=\frac{(V_{IN}-nC_{LED})nV_{LED}R_{SENSE}}{V_{IN}\Delta Vf_{SW}} \tag{4-18}$$

通过在 DIM 引脚输入 PWM 信号实现 LED 亮度调节。低于 0.6V 逻辑电平的 DIM 输入将 MAX16822A/MAX16822B 的输出强制拉低，从而关闭 LED 电流。若要打开 LED 电流，则 DIM 引脚上的逻辑电平必须高于 2.8V。

MAX16822A/MAX16822B 提供了模拟亮度调节功能，当 TEMP_I 的电压低于内部 2V 的门限电压时，降低输出电流。MAX16822A/MAX16822B 通过 TEMP_I 和地之间连接的外部直流电压源，或 25μA 内部电流源在 TEMP_I 和地之间连接的电阻上产生的电压实现模拟亮度调节。当 TEMP_I 的电压低于内部 2V 的门限电压时，MAX16822A/MAX16822B 将减小 LED 电流。模拟亮度调节电流的设置如下：

$$I_{TF}=I_{LED}\times\left[1-FB_{SLOPE}(V_{TFB\_ON}-V_{AD})\right] \tag{4-19}$$

式中，V_{TFB_ON}=2V；FB_{SLOPE}=0.75；V_{AD} 为 TEMP_I 上的电压。

MAX16822A/MAX16822B 具有折返式热保护功能，可在 LED 串的温度超过规定的温度门限时减小输出电流。当负系数热敏电阻（热敏电阻与 LED 之间须提供好的导热通路，电气连接置于 TEMP_I 和地之间）的压降低于内部 2V 门限电压时，器件进入折返式热保护模式。

MAX16822A/MAX16822B 的热关断功能在结温超过 165℃时，关断 LX 驱动器；当结温降至关断温度门限以下 100℃时，LX 驱动器重新打开。

4.5.4　LT3474——1A 降压型 LED 驱动电路

LT3474 是一款固定频率降压型 DC/DC 转换器，专为用做恒定电流源而设计。它

包括一个内部检测电阻器负责监视输出电流，以实现准确的电流调节，非常适合驱动高电流 LED。高端电流检测允许进行负载接地的 LED 操作。高输出电流准确度可在一个很宽的电流范围内（35mA～1A）保持，从而提供了一个宽调光范围。独特的 PWM 电路实现了 400∶1 的调光范围，因而避免 LED 电流调光操作中常见的彩色漂移现象。

高开关频率允许采用小电感器和陶瓷电容器。小电感器与 LT3474 的 16 引脚 TSSOP 表面贴片封装相结合，使得占用空间和成本均低于替代解决方案。而恒定开关频率与低阻抗陶瓷电容器的组合将产生很低的可预测输出纹波。

LT3474 主要应用于汽车照明、航空照明、建筑物局部照明、显示器背光和恒定电流源，其典型应用电路如图 4-45 所示。

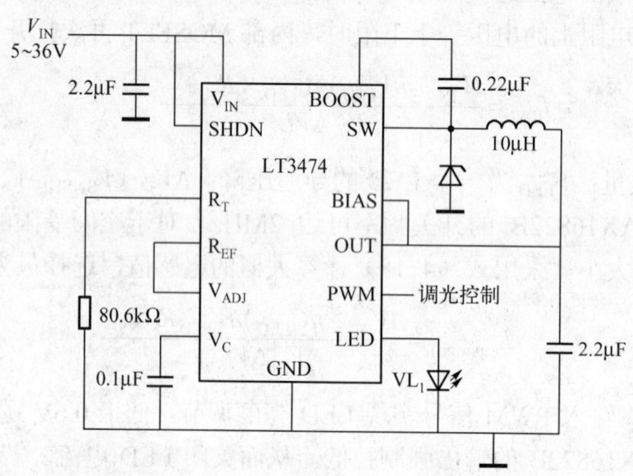

图 4-45　LT3474 典型应用电路

凭借其 4～36V 的宽输入范围，LT3474 可对各种电源进行调节。电流模式 PWM 架构提供了快速瞬态响应和逐周期电流限制功能。频率折返和热停机功能给系统提供了额外的保护。

如果 SHDN 引脚连接至地，则 LT3474 被关断，并从与 V_{IN} 引脚相连的输入电源吸收极小的电流。如果 SHDN 引脚电压超过 1.5V，则内部偏置电路接通，包括内部稳压器、基准和振荡器。开关稳压器只在 SHDN 引脚电压超过 2.65V 时才开始运作。

该开关电源是一个电流模式稳压器。在每个周期中，反馈环路负责控制开关中的峰值电流，而不采取直接调整功率开关占空比的做法。与电压模式控制相比，电流模式控制改善了环路动态性能，并提供了逐周期电流限制。

V_{ADJ} 引脚上的电压用于设定流经 LED 引脚的电流。R_{EF} 引脚连接至 V_{ADJ} 引脚，将把 LED 引脚电流设定为 1A。连接一个电阻分压器至 R_{EF} 引脚，允许设置小于 1A 的 LED 引脚电流。也可以把 V_{ADJ} 引脚连接至一个 1.25V 电压源来设置 LED 引脚电流。

可采用 PWM 引脚对 LED 进行脉宽调制（PWM）方式的调光。如果 PWM 引脚悬空或被拉至高电平，则器件将执行标称操作；如果 PWM 引脚被拉至低电平，则 V_C 引脚与内部电路断接，并从补偿电容器吸收极小的电流，从 OUT 引脚吸收电流的电路也被停用。这样，V_C 引脚和输出电容器将存储 LED 引脚电流的状态，直到 PWM 引脚被再次拉至高电平为止。这在脉冲宽度和输出光之间形成了一种高度线性的关系，从而实现了一个宽且准确的调光范围。

R_T 引脚负责开关频率的设置。对于那些要求采用尽可能小的外部器件的应用，可以采用快速开关频率。如果需要很低或很高的输入电压，则可设置一个较低的开关频率。在启动期间，V_{OUT} 将处于低电压状态。

在过载条件下，开关稳压器将执行频率折返操作。一个放大器负责检测 V_{OUT} 低于 2V 的时刻，并将在 V_{OUT}=0V 时把振荡器频率从满频降至标称频率的 20%。在启动、短路和过载条件下，OUT 引脚电压低于 2V。频率折返有助于在这些条件下限制开关电流。

开关驱动器的工作电压取决于 V_{IN} 引脚或 BOOST 引脚，一个外部电容器和肖特基二极管被用来在 BOOST 引脚上生成一个高于输入电源的电压。

LED 电流可通过调节 V_{ADJ} 引脚上的电压来设定。对于一个 1A 的 LED 电流，可把 V_{ADJ} 连接至 REF 或一个 1.25V 的电源。对于较低的输出电流，可采用式（4-20）来设置

$$I_{LED} = 1A \times V_{ADJ} / 1.25V \tag{4-20}$$

低于 1.25V 的电压可利用一个从 R_{EF} 引脚引出的分压器来生成，如图 4-46 所示。

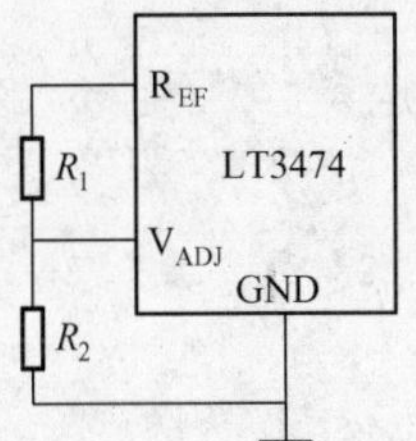

图 4-46　利用电阻分压器来设定 V_{ADJ}

4.5.5　电感降压型 LED 驱动电路

表 4-13 和表 4-14 分别给出了 NS 公司和 Linear 公司部分降压型 LED 驱动电路的参数。

表 4-13　NS 公司部分降压型 LED 驱动电路

参数和封装型号	V_{IN}/V	V_{OUT}/V	总 I_{OUT}/mA	开关频率/kHz	PWM 调光	封装
LM3402/02HV	6～42/6～75	0.2～40/0.2～73	500	可调达 1MHz	Yes	MSOP–8, PSOP–8
LM3404/04HV	6～42/6～75	0.2～40/0.2～73	1000	可调达 1MHz	Yes	SO–8, PSOP–8
LM3405	3～15	0.2～13.5	1000	1600	Yes	TSOT–6
LM3407	4.5～30	0.45～27	350	300～1000	Yes	EMSOP–8

表 4-14　Linear 公司部分降压型 LED 驱动电路

参数和封装型号	V_{IN}/V	总 I_{OUT}/mA	开关频率/kHz	调光类型	LED 数量/个	封装
LT3474	4～36	1000	200～2000	PWM/模拟	4	TSSOP–16
LT3475	4～36	1500/路	200～2000	PWM	4	TSSOP–20
LT3476	2.8～16	1000/路	200～2000	PWM	4×8	QFN–38
LT3590	4.5～55	50	850	单线	10	SC70, DFN–6
LT3592	3.6～36	50/500	400～2200	PWM/模拟	10	DFN–10, MSOP–10

注：LT3475 是双通道输出；LT3476 是 4 通道输出。

4.6 BOOST 变换器的 LED 驱动电路

4.6.1 CAT4240——6W 升压型 LED 驱动电路

CAT4240 是一款 DC/DC 升压型 LED 驱动电路，输出精确恒定的电流，适合驱动 LED 串。CAT4240 工作于 1MHz 的固定开关频率，允许该器件使用小的外部陶瓷电容器和电感器。LED 以串联方式连接，驱动电流由外部电阻器来设定。CAT4240 的高电压输出适合驱动多达 10 个串联白光 LED 的中型和大型显示器。

LED 的调光可使用直流电压、逻辑信号或脉冲宽度调制（PWM）信号来实现。关断输入引脚允许器件进入“零”的静态电流的掉电模式。

除了热保护和过载电流限制，在“LED 开路”时，该器件将进入一个功耗非常低的运行模式。该器件采用了低剖面（最大高度 1mm）的 5 引脚薄型 SOT23 封装，可在小空间领域应用。

1. 特点

1）开关电流限制在 750mA 范围内。

2）驱动高压 LED 串（38V）。

3）效率高达 94%。

4）低静态地电流 0.6mA。

5）1MHz 的固定频率低噪声运行。

6）软启动“浪涌”电流限制。

7）关机电流小于 1μA。

8）LED 开路过电压保护。

9）1.9V(UVLO)时自动关机功能。

10）热过载保护。

11）超薄 SOT23 型 5 引脚封装（最大高度 1mm）。

12）这些器件无铅、无卤素/无 BFR，符合 RoHS 标准。

2. 典型应用

CAT4240 主要应用于全球定位导航系统、便携式多媒体播放器、手持设备、数字摄像机。其典型应用电路图，如图 4-47 所示。

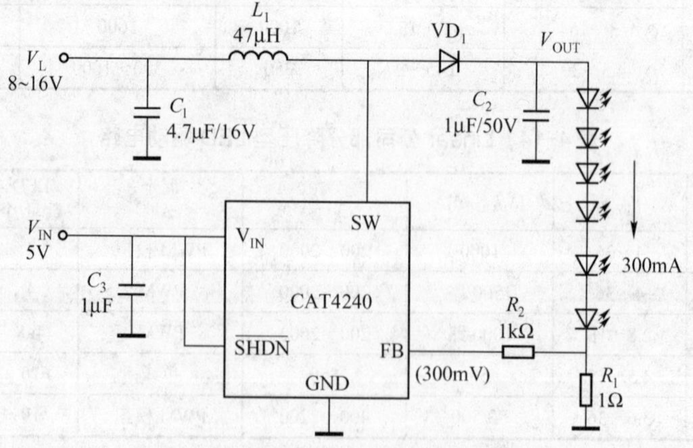

图 4-47 CAT4240 典型应用电路

3. 引脚排列与说明

CAT4240 的引脚排列如图 4-48 所示。

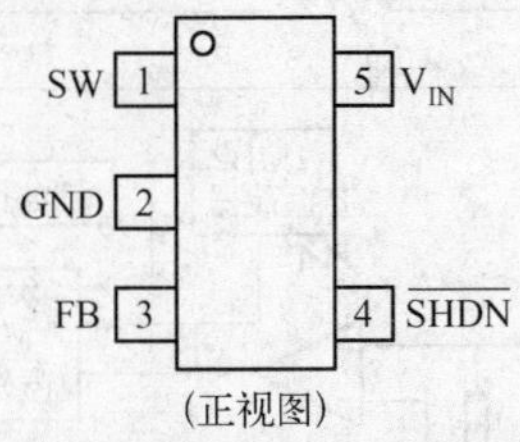

图 4-48　CAT4240 引脚排列

V_{IN} 为内部逻辑的电源输入引脚。该器件可在 2.8～5.5V 的电压范围内工作，在 V_{IN} 和接地之间通常放置一个小陶瓷旁路电容（4.7μF），如果低于 1.9V，器件停止工作。

$\overline{SHDN}$ 为关机输入逻辑。当引脚电压低于 0.4V 时，器件进入关断模式，工作电流几乎为零；当引脚电压高于 1.5V 时，该器件启用。

GND 是接地参考引脚。该引脚应直接连接到 PCB 上的接地面。

SW 引脚连接到内部电源升压转换器的 CMOS 漏极。电感和肖特基二极管的阳极应连接到 SW 引脚，连接线到 SW 引脚的距离应尽量短。一个超压检测电路连接到 SW 引脚，当电压达到 40V 时，器件进入低功耗运行模式，以防止 SW 电压超过最大额定值。

FB 反馈引脚通常调整在 0.3V。在 FB 和地之间连接一个电阻来设置 LED 电流，计算电流的公式如下：

$$I_{\text{LED}} = \frac{0.3}{R_1} \tag{4-21}$$

R_1 参考图 4-47。LED 的阴极连接到 FB 引脚。

表 4-15 给出了电阻 R_1 和 LED 电流的关系。

表 4-15　电阻 R_1 和 LED 电流的关系

LED 电流/mA	R_1/Ω
20	15
25	12
30	10
100	3
300	1

4. 器件工作原理

CAT4240 内部结构如图 4-49 所示。

CAT4240 是一个具有固定频率（1MHz）、低噪声的电感式升压转换器，可以提供恒定电流，在宽电压范围内具有很好的调节能力。该器件在 SW 引脚和地之间使用高电压 CMOS 功率开关给电感储能。当开关关断时，电感储存的能量通过肖特基二极管释放到负载。

通过连接到反馈引脚（FB）的反馈电阻，开关电源的开/关占空比由内部调节和控制，以保持反馈电阻上有一个稳定的 0.3V 电压。按照 $0.3/R_1$，设置电阻的值确定流过 LED 的电流。

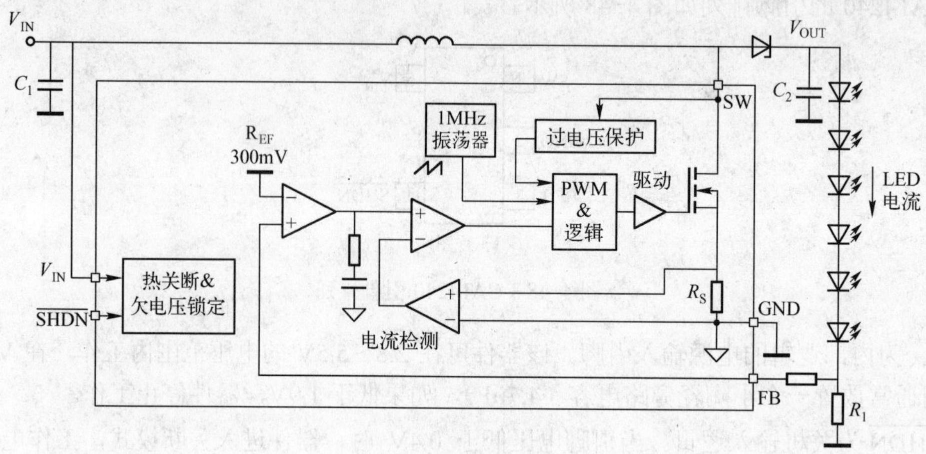

图 4-49　CAT4240 内部结构

在初始上电阶段，内部功率开关的占空比是受限制的，以防止过大的浪涌电流，从而提供了一个“软启动”的运作模式。

当电感连接到一个大于或等于 9V 电源时，CAT4240 可以输出 300mA 的电流，驱动 6 个串联的 LED，提供 6W 的输出总功率。

在“LED 开路”故障状态时，反馈控制回路成为开放式电路，输出电压将持续增加，一旦此电压超过 40V，内部的保护电路将起作用，使器件进入一个功耗非常低的安全运行模式。

器件中包含了一个过热保护电路，以防止器件的结温超过 150℃。在这种不安全的过热条件下，器件会自动停机，直到结温冷却至 130℃以下才恢复正常运作。

有几种可用的方法实现 LED 的亮度调节。

1）在 $\overline{\text{SHDN}}$ 引脚加载 PWM 信号。LED 电流可重复开启和关闭，所以平均电流的大小与占空比成正比。100%的占空比，$\overline{\text{SHDN}}$ 一直处于高电平，对应全额的 LED 电流。推荐的 PWM 信号频率范围是 100Hz～2kHz。

2）经过滤波的 PWM 信号用做可变直流电压控制 LED 电流。PWM 信号电压幅度是 0～2.5V。LED 电流可在 0～20mA 的范围内调节。PWM 信号频率可以从很低到 100kHz 之间变化。CAT4240PWM 滤波电路如图 4-50 所示。

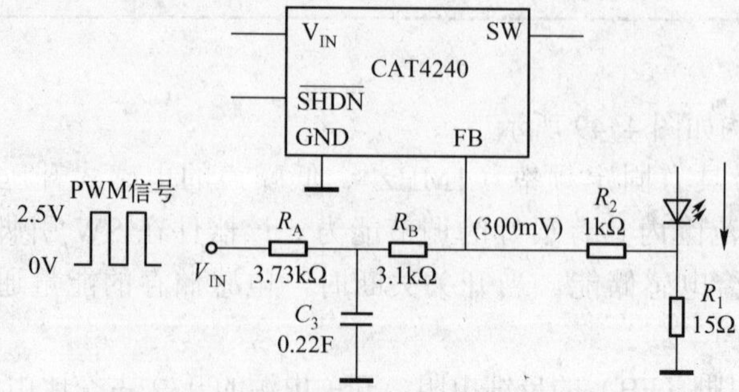

图 4-50　CAT4240PWM 滤波电路

0V DC 或者 0%占空比的 PWM 信号，对应最大为 22mA 的 LED 电流；93%或者更大占空比的 PWM 信号，对应的 LED 电流为 0mA。

4.6.2　TPS61500——3A 升压型高亮度 LED 驱动电路

TPS61500 是一款集成型 3A、40V 开关型单片驱动器，适用于驱动 1W 或 3W 高亮度 LED。该器件拥有较宽的输入电压，可支持多节电池输入电压或 5～12V 稳压电源的应用。

LED 的电流可通过一个外部传感电阻 R_3 来设置，反馈电压由电流模式 PWM 控制环调整到 200mV，典型应用电路如图 4-51 所示。该器件支持模拟调光和纯 PWM 调光控制 LED 亮度。连接一个电容到 DIMC 引脚配置器件为模拟调光，LED 的电流变化与外部 PWM 信号占空比成正比；悬浮 DIMC 引脚配置为纯 PWM 调光方式，平均 LED 电流就是 PWM 信号的占空比乘以设置的 LED 电流。

该器件具有可编程软启动功能，能够在启动时限制浪涌电流，而且还内置有其他保护特性，如逐个脉冲过流限制、过压保护以及热关断等。

TPS61500 主要应用于显示器背光、1W 或 3W 高亮度 LED。

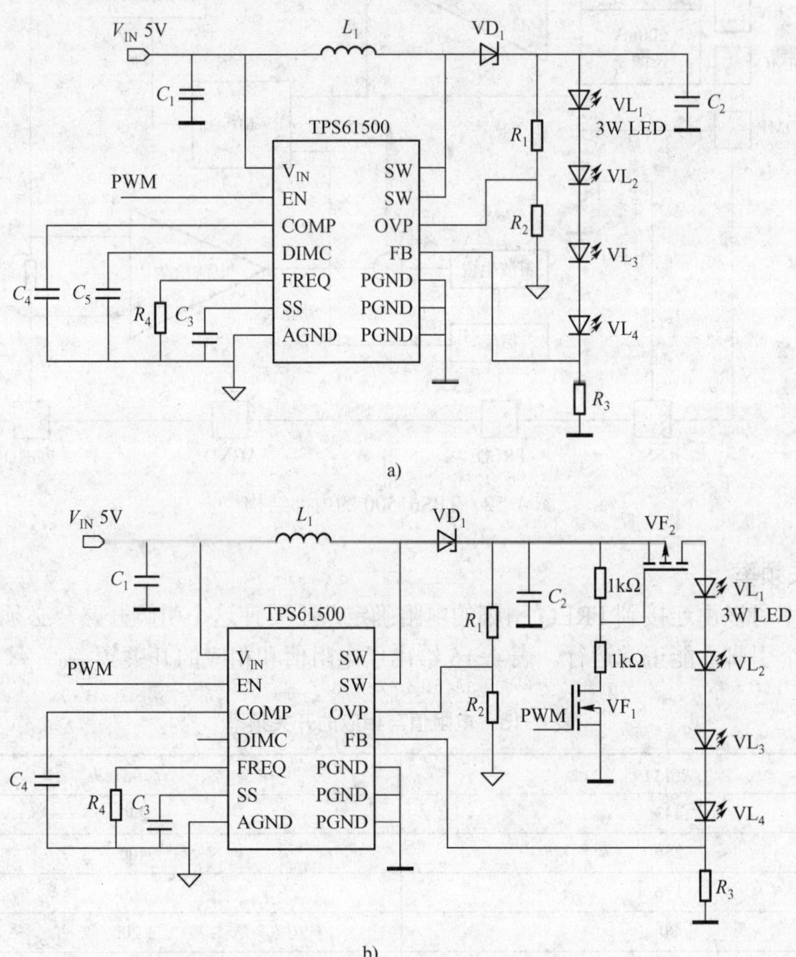

图 4-51　典型应用原理图

a）模拟调光　b）纯 PWM 调光

1. 工作原理

TPS61500的内部结构如图4-52所示。

TPS61500集成了驱动多达10个串联的高亮度LED的3A/40V低偏置开关FET，该器件通过PWM控制，调整FB引脚的电压为200mV，而LED电流是由一个与LED串联的低阻值电阻检测的。

PWM控制电路在每个开关周期开始时导通开关，输入电压加在电感上并将能量存储在电感上，且电感上的电流以斜坡形式上升。在这个开关周期部分中，负载电流是由输出电容提供的，当电感电流上升到误差放大器的输出的阈值时，功率开关关闭，外部肖特基二极管正向偏置，电感储存的能量转移到电容并供给负载电流。每个开关周期重复此操作。转换器的占空比通过PWM控制比较器比较误差放大器的输出和电流信号来确定，其开关频率可通过外部电阻设置。

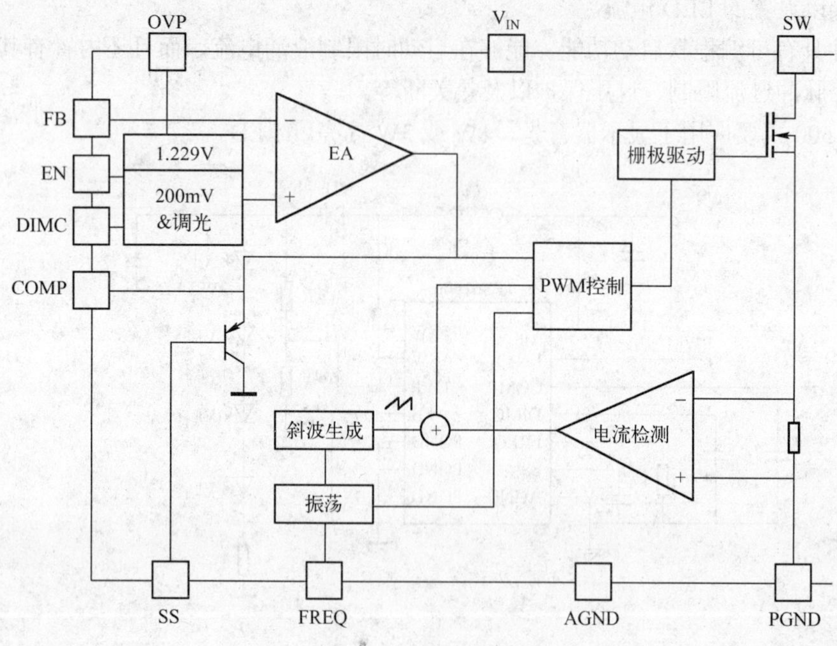

图4-52 TPS61500的内部结构

2. 开关频率

开关频率可以由连接到FREQ引脚的电阻确定，不要使这个引脚开路，必须始终连接一个电阻到这个引脚才能正常运行。表4-16给出了电阻值和相应的开关频率。

表4-16 电阻值与相应的开关频率

R_4/kΩ	f_{SW}/kHz
443	240
256	400
176	600
80	1 200
51	2 000

注：表中的R_4为FREQ引脚连接到地的电阻。

增加开关频率可以减小外部电容和电感的值，但同时降低了功率转换效率，使用者应把效率与解决方案综合起来考虑需要设置的频率。

3．软启动

TPS61500 具有内置软启动电路，大大降低了启动电流尖峰和输出电压过冲。当芯片使能时，内部偏置电流（典型 6μA）给 SS 引脚上的电容 C_3 充电。电容电压钳位内部放大器的输出，决定 PWM 信号的占空比，因此消除了输入电流浪涌。一旦电容电压达到 1.8V，软启动完成，软启动电压不再钳位误差放大器的输出。在大多数应用中，用一个 47nF 的电容消除输出过冲和降低电感峰值电流。当 EN 引脚被拉低 10ms 时，芯片关断，SS 电容通过一个 5kΩ电阻放电并进入下一个软启动。

4．编程超压保护

当 FB 引脚接地或者 LED 故障开路时，输出电压会增加到潜在损害电压水平。为了防止芯片和输出电容电压超过最大电压，在 OVP 引脚外接一个电阻分压器，来实现编程 OVP 门限，典型应用电路如图 4-51 所示。OVP 引脚被设置为 1.229V，OVP 门限应该比正常工作输出电压高。

R_1 和 R_2 的值可以由式（4-22）确定

$$V_{\mathrm{OVP}} = 1.229\mathrm{V} \times \frac{R_1}{R_2} + 1\mathrm{V} \tag{4-22}$$

例如，若 4 个 3W LED 的正向电压是 14V，使用 120kΩ的 R_1 和 10kΩ的 R_2，可把阈值编程为 16V。在 OVP 模式下，器件在 OVP 阈值内调整输出电压。

当故障明确时，OVP 引脚电压降低 40mV（低于 1.229V），器件重新调整输出以符合 LED 电流限度。

5．编程 LED 的电流

LED 电流可以由反馈电阻 R_3 和 FB 引脚的 200mV 调节电压确定，即

$$I_{\mathrm{LED}} = \frac{V_{\mathrm{FB}}}{R_3} \tag{4-23}$$

输出电流误差取决于 FB 精度和电流传感电阻的精度。

6．调光

TPS61500 提供两种 LED 电流调光方式。

1）通过在 DIMC 引脚上连接一个大于 100nF 的电容，在 EN 引脚外加 PWM 信号，可将该器件配置为模拟调光方式，而且 LED 电流将随外部 PWM 信号占空比的变化而相应变化，$I_{\mathrm{LED}} = \frac{V_{\mathrm{FB}}}{R_3} D_{\mathrm{PWM}}$。虽然用 PWM 信号调光，但只调制 LED 的直流电流，这就消除了发生在 PWM 调光期间 LED 电流脉冲变化时的音频噪声。不像其他的 PWM 滤波方法，TPS61500 的模拟调光独立于 PWM 逻辑电压幅值，而 PWM 逻辑电压幅值往往变化很大，如图 4-51a 所示。

2）将 DIMC 引脚悬空，在 EN 引脚外加 PWM 信号，则可将 IC 配置为纯 PWM 调光模式，平均 LED 电流为 PWM 信号占空比乘以设定的 LED 电流。PWM 调光方式能更好地进行调光控制，因为每个周期 LED 电流保持恒定，如图 4-51b 所示。

4.6.3 LT3754——16 通道×50mA 升压型 LED 驱动电路

凌特（Linear）公司推出的 16 通道 LED 驱动器 LT3754，采用一个能够驱动高达 45V 的 50mA LED （每个通道）的升压型 DC/DC 控制器。其内部 60V、1MHz DC/DC 升压模式控制器专为作为驱动多达 160 个 LED 的恒定电流 LED 驱动器而设计。LT3754 在 12V 输入电压时，可以驱动 16 个通道，每个通道具有多达 10 个串联的 50mA 个 LED，效率超过 92%，其多通道能力使该器件非常适合用于中到大型 TFT-LCD 背光照明应用。其 6～40V 的输入电压范围使该器件非常适用于汽车、航空电子、高清电视 (HDTV) 和工业显示器应用。

LT3754 提供精度为±2.8%（典型值为±0.7%）的 LED 电流匹配，以确保显示器的亮度一致。高达 3000∶1 的调光比可以通过真正彩色 PWM（True Color PWM）调光获得。可编程 100Hz～1MHz 固定频率工作，电流模式架构使系统在宽电源输出电压范围内稳定工作，同时最大限度地减小了外部组件的尺寸。此外，开关频率可与外部时钟同步。其耐热增强型 5mm×5mm QFN-32 封装为 LED 背光照明应用提供一个占板面积小的解决方案。

LT3754 的引脚排列如图 4-53 所示。

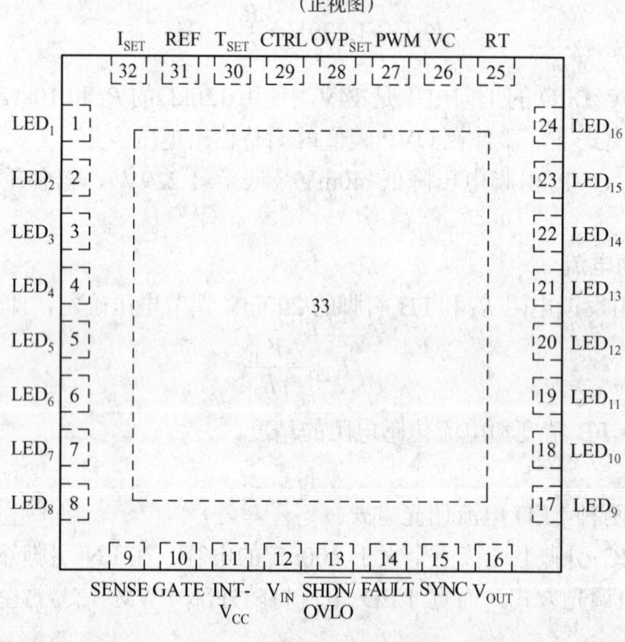

图 4-53 LT3754 引脚排列

LT3754 采用外部 N 沟道 MOSFET 开关以提供一个升压模式恒定电流源。在 V_{IN} 超过 V_{OUT} 时，LT3754 仍将继续准确调节 LED 电流。内部升压型控制器使用一个自适应反馈环路来调节输出电压，使其略高于所需要的 LED 电压，以确保最高效率。如果任何一个 LED 串出现开路，它将继续调节其余的 LED 串，并向 OPEN LED 告警引脚发出信号。如果需要大电流的 LED，那么可以合并多个 LED 串，从而使 LT3754 能驱动多达 8 个 LED 串，每串由 10 个 100mA LED 组成，或者驱动 4 个通道，每通道由 20 个 200mA LED 组成。

如图 4-54 所示是 LT3754 的 36W 应用电路，1MHz 升压，驱动 16 串 LED，每串 50mA。

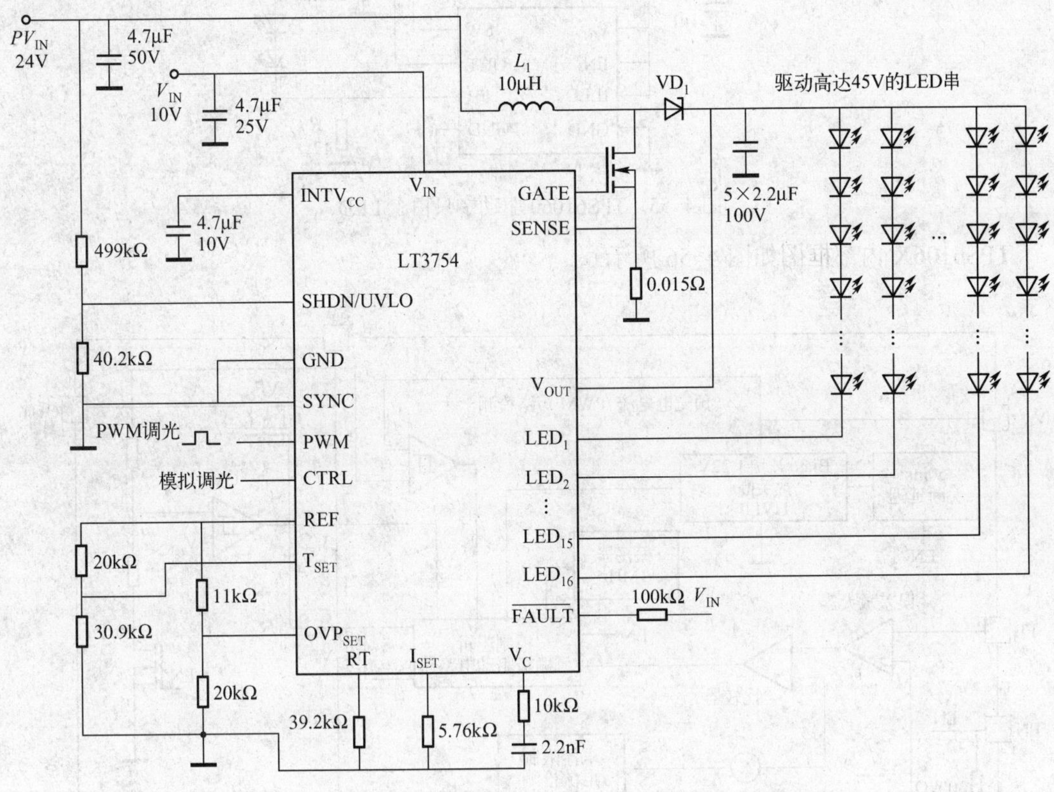

图 4-54　36W、1MHz 升压、16 串 LED 驱动电路

4.6.4 TPS6106X——具有数字和 PWM 调光功能的升压型 LED 驱动电路

TI 公司推出的新型 TPS6106X 系列专业 DC/DC 升压型 LED 驱动电路不仅支持 2.7～6V 的输入电压范围，而且能够为 3～5 个串行 LED 供电。这些转换器采用微型芯片级封装，并可最大限度地减少所需的外部器件数，从而使电源电路解决方案比许多基于非电感的充电泵解决方案规模更小。TPS6106X 可为智能电话、PDA、数码相机及其他手持电子设备中的 LED 进行高效供电并控制其亮度。

TPS61060、TPS61061 和TPS61062器件都集成了电流为 400 mA 的MOSFET及同步整流器，从而不必在外部串行肖特基二极管。此外，1 MHz 固定开关频率使转换器能够使用更小、低数值的外部器件。为了实现最大限度的安全与保护，TPS6106X 采用了集成的过电压、短路传感与热关断。每款器件均具有与最大串行 LED 数相对应的不同过电压保护阈值（14V、18V 及 22.75V）。在禁用转换器时，应关闭内部MOSFET，以防止电流泄漏至 LED 中，并且可节约电池电量。在关断模式下，这些部件消耗的电流还不足 3μA。外部电流传感电阻可设置恒流 LED，并可实现智能数字亮度控制和 PWM 亮度控制。基于 TPS61060 的典型应用电路如图 4-55 所示。

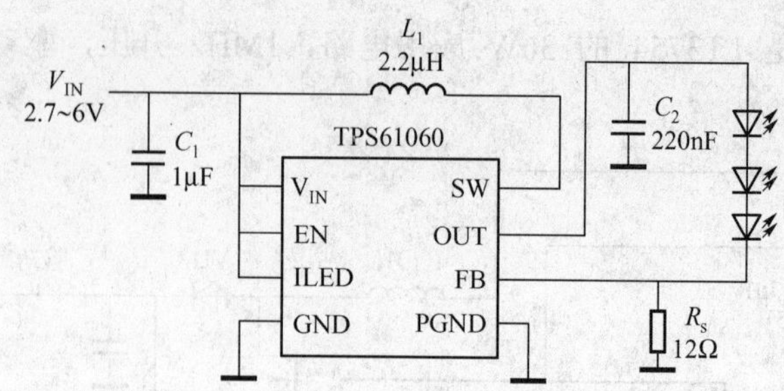

图 4-55　TPS61060 驱动 3 只白光 LED

TPS6106X 内部框图如图 4-56 所示。

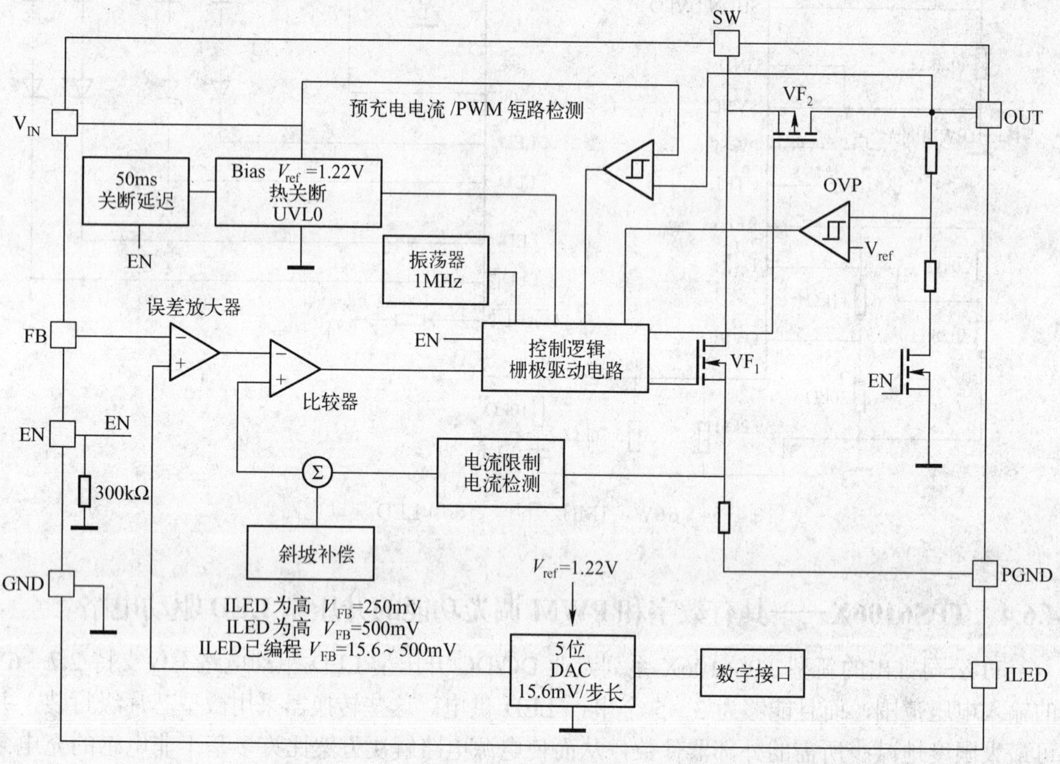

图 4-56　TPS6106X 内部结构

通过一个典型值为 1kHz 的 PWM 信号，EN 引脚允许禁止和使能器件以及进行 LED 亮度控制。使用 PWM 信号时，EN 置高，LED 电流开启；EN 拉低，LED 电流关闭。改变 PWM 信号的占空比可调节 LED 亮度。当使用 PWM 调光时，EN 引脚加载更高的 PWM 信号频率，器件继续工作。为了完全关闭器件，EN 引脚需要至少拉低 50ms。EN 引脚悬空时，内部 300kΩ下拉电阻关闭器件。

ILED 引脚提供一个简单的数字接口允许数字调光控制，如图 4-57 所示，这可以减小处理器的功耗并延长电池寿命。利用数字接口控制 LED 亮度不需要一直存在 PWM 信号，如果可能的话，处理器可以进入休眠模式。为了节约信号线，ILED引脚可以连接到使能引脚，这样就用相同的信号同时使用数字编程和使能/禁止功能。

ILED引脚设置反馈调节电压（V_{FB}），这样就可以设置 LED 电流。当ILED引脚接地时，数字调光被禁止，V_{FB} 被调制为 500mV；当ILED引脚被拉高时，数字调光控制使能，反馈电压 V_{FB} 被调制为 250mV。数字调光控制是通过调整反馈电压的数字步长实现的，反馈电压的典型最大值为 500mV。为此，5 位 DAC 用于提供 32 位步长变化，相当于每步长反馈电压变化 15.6mV。

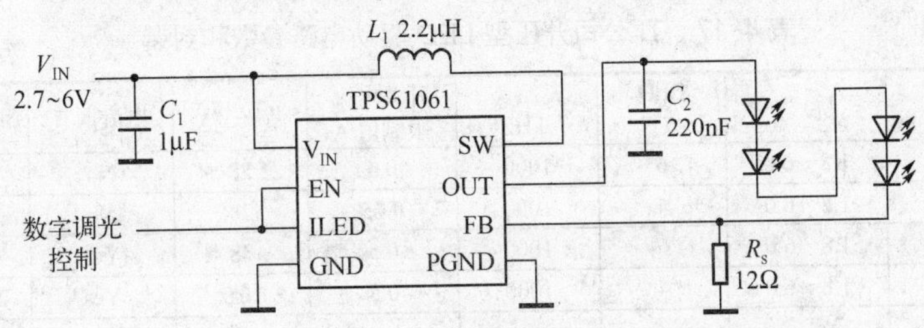

图 4-57　TPS61061 数字调光控制

4.6.5　LTC3490——可提供 350mA 的升压型 LED 驱动电路

LTC3490 为 1W LED 应用提供了一种恒定电流驱动方式。它是一款高效升压型驱动电路，采用单节或两节镍氢电池或碱性电池作为工作电源，可产生 350mA 的恒定电流，并符合 4V 的电压规格。它包含一个 100MΩ NFET 开关和一个 130MΩ PFET 同步整流器。在内部将固定开关频率设定为 1.3MHz。此驱动电路主要应用于便携式照明、可再充电闪光灯。

LTC3490 典型应用电路如图 4-58 所示。

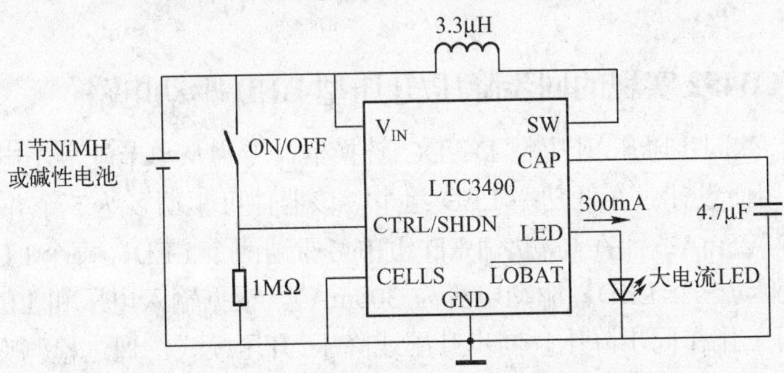

图 4-58　LTC3490 典型应用电路

LTC3490 是一个升压型 LED 驱动电路，并有一个用于提供控制反馈的电流检测电阻。如果电池电压高于 LED 所需电压，则将周期性关断以维持正确的平均电流。它具有一个低电压启动电路，该电路可在输入电压仅为 1V 的条件下启动。一旦驱动电压超过 2.3V，则电路将从驱动电压获得工作电源。

所有的环路补偿均在内部进行，只需要外接主滤波电容保证系统稳定。

在 CTRL/SHDN 引脚与 V_{IN} 相连的正常操作过程中，LED 驱动电流被设置成 350mA。可通过改变 CTRL/SHDN 引脚上的电压来减小驱动电流。当 $0.2V_{IN} < V_{CTRL} < 0.9V_{IN}$ 时，LED 电流与 V_{CTRL}/V_{IN} 成比例。这样能够用一个从V_{IN}引脚引出的简单电位计来控制电流，而不易受到电池电压的影响。LED 驱动电流由式（4-24）给出，即

$$I_{LED} = 500\left(\frac{V_{CTRL}}{V_{IN}} - 0.2\right) \tag{4-24}$$

当 $V_{CTRL} > 0.9V_{IN}$ 时，LED 电流驱动电流被钳位于 350mA。

4.6.6 升压型 LED 驱动电路

表 4-17 给出了 TI 公司升压型 LED 驱动电路的主要参数和封装形式。

表 4-17 TI 公司升压型 LED 驱动电路参数和封装

参数和封装型号	V_{IN} /V	LED 数量	f_{SWMAX} /kHz	开关电流限制值/A	V_{OMAX}/V	电流调节	调光	封装
TPS61040	1.8～6.0	6	1000	0.4	28	No	Yes	SOT23–5
TPS61041	1.8～6.0	4	1000	0.25	28	No	Yes	SOT23–5
TPS61042	1.8～6.0	6	1000	0.5	28	Yes	Yes	QFN–8
TPS61043	1.8～6.0	4	1000	0.5	16.9	Yes	Yes	QFN–8
TPS61060	2.7～6.0	3	1200	0.4	15	Yes	Yes	QFN–8, WCSP–8
TPS61061	2.7～6.0	4	1000	0.4	19	Yes	Yes	QFN–8, WCSP–8
TPS61062	2.7～6.0	5	1200	0.4	24	Yes	Yes	QFN–8, WCSP–8
TPS61080	2.5～6.0	7	1200	0.5	27	No	No	QFN–10
TPS61160	2.7～18	6	600	0.7	26	Yes	Yes	QFN–6,
TPS61500	2.9～18	10	2200	3.8	38	Yes	Yes	HTSSOP–14

NS 公司的升压型恒流 LED 驱动电流有 LM3410、LM3430、LM3431、LM3528。

4.7 BUCK-BOOST 变换器的 LED 驱动电路

4.7.1 基于 LTC3452 实现的同步降压/升压型 LED 驱动电路

LTC3452 是一款同步降压/升压型 DC/DC 转换器，专为从单节锂离子电池输入来驱动两组白光 LED 的应用而设计。在低功率 LED 组中，该器件可驱动多达 5 个并联的 LED，每个 LED 的驱动电流为 25mA；而在高功率 LED 组中可驱动两个 LED，每个 LED 的驱动电流高达 150mA（或者驱动一个 LED，驱动电流为 300mA）。根据输入电压和 LED 最大正向电压的不同，稳压器可工作在同步降压、同步升压或降压/升压模式。通过检测哪个 LED 在其设定电流条件下需要最大的正向压降，进而调节共用输出电压以实现最低压差，获得最佳效率。在锂离子电池的整个可用范围内（2.7～4.2V）达到的效率为 85%。

每个 LED 显示屏的最大电流可利用单个外部电阻来设置。双使能引脚允许在低功率 LED 组中进行 PWM 亮度控制，并在高电流 LED 组中进行独立的接通/关断控制（最适合 LED 照相闪光灯应用）。在停机模式中，电源电流仅为 6.5μA。

1MHz 的高恒定工作频率允许采用小型外部电感器，LTC3452 采用扁平（高度仅为 0.75mm）的耐热增强型 20 引脚（4mm×4mm）QFN 封装。

LTC3452 主要应用于蜂窝电话、数码相机、PDA、便携式设备。

1. LTC3452 引脚排列及其功能

LTC3452 的引脚排列如图 4-59 所示，各引脚的功能描述如表 4-18 所示。

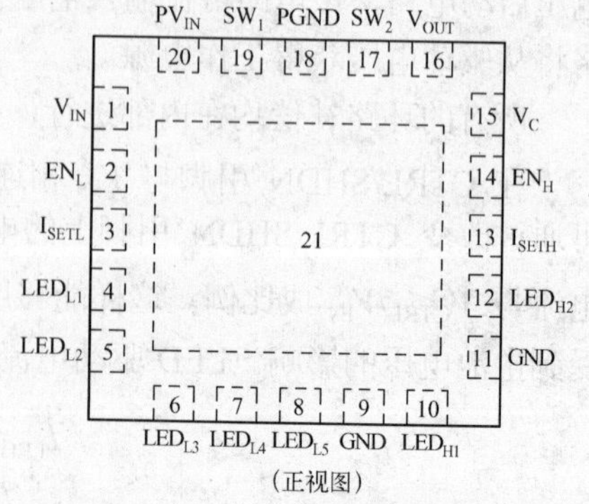

图 4-59 LT3452 引脚排列图

表 4-18　LT3452 引脚功能描述

引 脚 号	名　称	功 能 描 述
1	V_{IN}	信号电压输入电源引脚（2.7V ≤ V_{IN} ≤ 5.5V）
2	EN_L	用于低功率 LED 组的使能输入引脚和 PWM 亮度控制，高电平有效
3	I_{SETL}	低功率 LED 组电流设置引脚
4～8	LED_{L1}～LED_{L5}	用于低功率 LED 组电流偏置的独立低压差电流源输出
9 和 11	GND	信号地引脚
10、12	LED_{H1}、LED_{H2}	用于高功率 LED 组电流偏置的独立低压差电流源输出
13	I_{SETH}	高功率 LED 组电流设置引脚
14	EN_H	用于高功率 LED 组的使能输入引脚，高电平有效
15	V_C	用于内部误差放大器输出的补偿点
16	V_{OUT}	降压-升压输出引脚
17	SW_2	开关节点引脚
18	PGND	电源地引脚
19	SW_1	开关节点引脚
20	PV_{IN}	电源电压输入电源引脚
21	裸露衬垫	散热器的地。把该引脚与 GND（引脚 9 和 11）相连，并焊接至 PCB 地，以实现电接触和额定热性能

2．LTC3452 典型应用电路

如图 4-60 所示是 LTC3452 典型应用电路，5×20mALED 显示屏、200mA 相机照明灯驱动器。

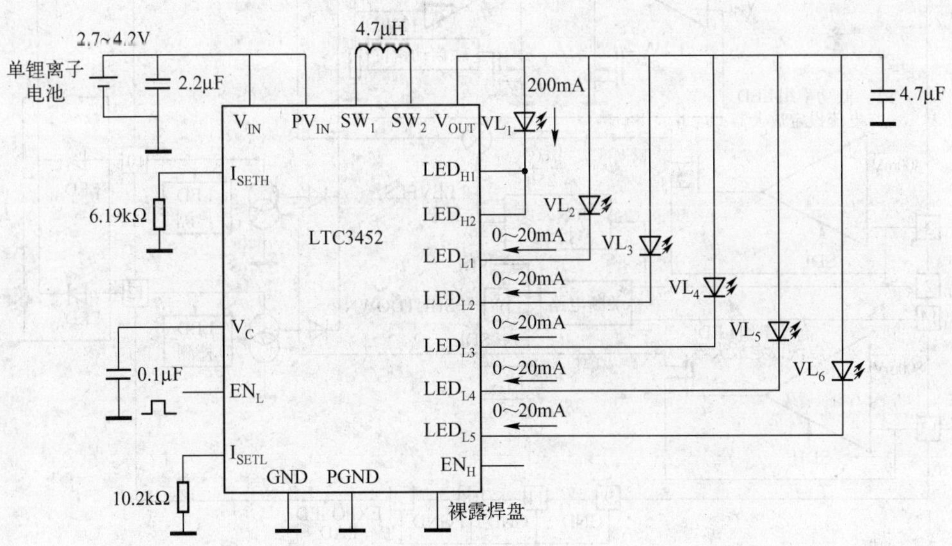

图 4-60　LTC3452 驱动 5×20mA 光 LED 显示屏、200mA 相机照明灯

3．LTC3452 工作原理

LTC3452 内部结构如图 4-61 所示。下面对 LTC3452 的工作原理进行介绍。

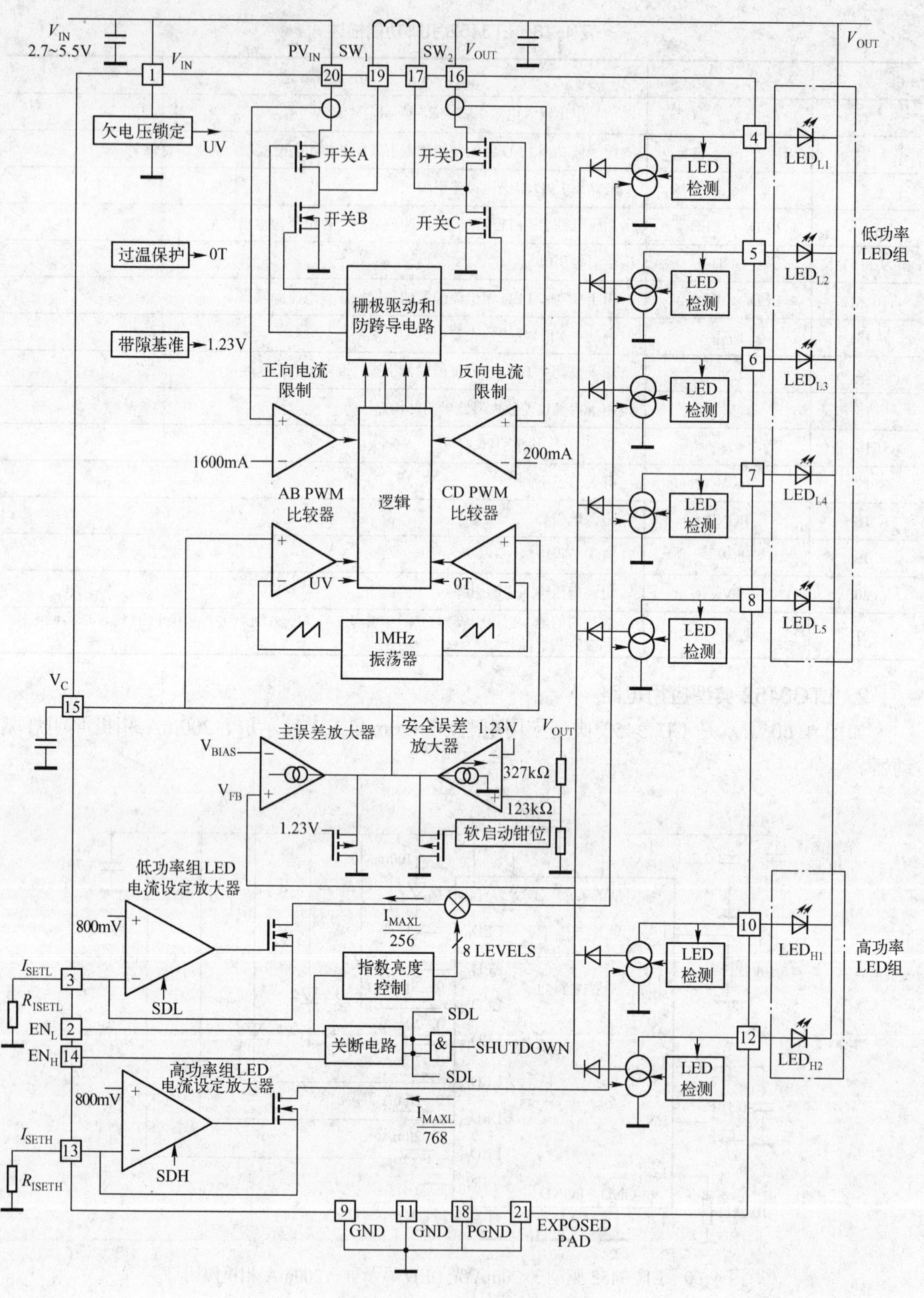

图 4-61　LTC3452 内部结构

（1）降压/升压 DC/DC 变换器

LTC3452 采用一种专有降压/升压型 DC/DC 变换器，用于生成驱动 LED 所需的输出电压。通过对 4 个内部功率开关的正确调相，该架构允许在输入电压高于、低于或等于输出电压的条件下进行高效、低噪声操作。V_C 引脚上的误差放大器输出电压决定了开关的占空比。由于 V_C 引脚上是一个滤波信号，因此，它对远远低于 1MHz 的工厂修整的开关频率加以抑制。低 $R_{DS(ON)}$、低栅极电荷同步开关对高频脉宽调制高效控制。虽然不必在同步整流器开关 B 和同步整流器开关 D 的两端跨接肖特基二极管，但是如果采用肖特基二极管，则在先开后合期间（通常为 20ns）提供一个较低的压降，在较高的负载条件下，可将峰值效率提高 1%～2%。

如图 4-62 给出了 4 个内部功率开关与电感器、$V_{IN}=PV_{IN}$、V_{OUT} 和 GND 的简化接线图，如图 4-63 所示给出了作为控制电压 V_C 函数的降压-升压工作区。给输出开关正确的相位，这样工作区之间的切换对使用者来说是连续的、可筛选的和透明的。当 V_{IN} 接近 V_{OUT} 时，到达降压/升压区，此时，4 开关区的导通时间一般为 150ns。

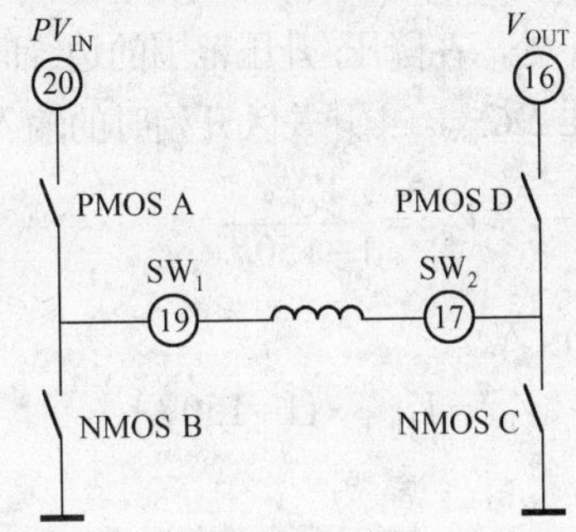

图 4-62　内部功率开关的简化接线图

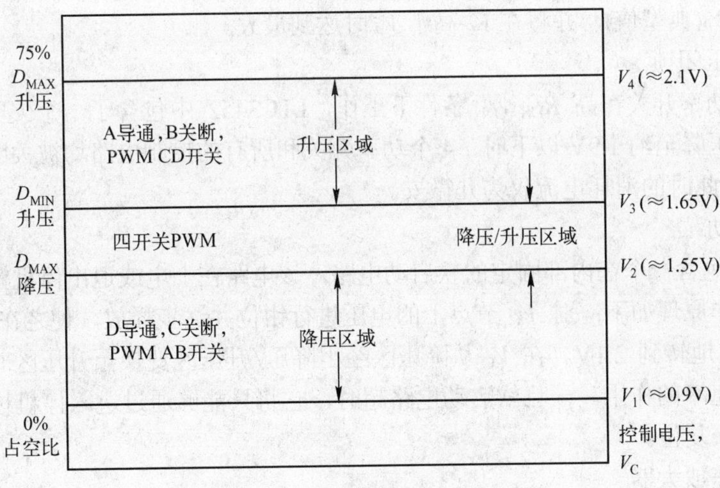

图 4-63　开关控制与控制电压 V_C 的关系

（2）降压方式（$V_{IN}>V_{OUT}$）

在降压模式中，开关 D 始终接通而开关 C 始终关断。如图 4-63 所示，当控制电压 V_C

高于电压 V_1 时，开关 A 开始在每个周期中接通。在开关 A 关断期间，同步整流器开关 B 在该周期剩余的时间里接通。开关 A 和 B 将像一个典型的同步降压型稳压器那样交替接通。随着控制电压的上升，开关 A 的占空比增加，直到变换器在降压模式中的最大占空比达到 $DC_{BUCK}|_{max}$ 为止，$DC_{BUCK}|_{max}$ 由式（4-25）给出，即

$$DC_{BUCK}|_{max}=100\%-DC_{4SW} \tag{4-25}$$

式中，DC_{4SW} 为“4 开关”范围的占空比（%）。

$$DC_{4SW}=150f\times100\% \tag{4-26}$$

式中，f 为工作频率，单位为 Hz。超过该点将到达“4 开关”或降压/升压区。

（3）降压/升压或 4 开关方式（$V_{IN}\approx V_{OUT}$）

如图 4-63 所示，当控制电压 V_C 高于电压 V_2 时，开关对 AD 持续工作的占空比为 $DC_{BUCK}|_{max}$，而开关对 AC 开始逐步启用。随着开关对 AC 的逐步启用，开关对 BD 相应地逐步停用。当 V_C 电压达到电压 V_3 处，在降压/升压范围的边缘时，开关对 AC 完全替代开关对 BD 时，升压区开始工作在占空比 DC_{4sw}。4 开关区开始时的输入电压 V_{IN} 由式（4-27）给出

$$V_{IN}=\frac{V_{OUT}}{1-150f} \tag{4-27}$$

而 4 开关区结束时的输入电压 V_{IN} 为

$$V_{IN}=V_{OUT}\times(1-150f) \tag{4-28}$$

（4）升压方式（$V_{IN}<V_{OUT}$）

在升压模式中，开关 A 始终接通而开关 B 始终关断。参考图 4-63，控制电压 V_C 高于电压 V_3 时，开关 C 和 D 将像一个典型的同步升压型稳压器那样交替导通。变换器的最大占空比被限制在 88%(典型值)，并将在 V_C 高于 V_4 时达到最大。

（5）欠电压闭锁

为了防止功率开关在高 $R_{DS(ON)}$ 条件下工作，LTC3452 中包含了一个欠电压闭锁电路。当输入电源电压降至约 1.9V 以下时，4 个功率开关和所有的控制电路均被关断（欠电压闭锁功能块除外），此时的消耗电流仅为几微安。

（6）软启动

LTC3452 包含一个在内部固定的软启动电路，该电路在上电或退出停机模式时有效。软启动电路的工作原理如下：对 V_C 节点上的电压进行钳位并逐步释放，使之在 650μs 的时间内从 0.9V 线性地转到 2.1V。在 V_C 从降压区经由降压/升压区变换至升压区时，这将起到限制占空比变化速率的作用。一旦软启动电路超时，它将只能够通过进入停机模式或由一个欠压或过热条件来复位。

（7）主误差放大器

主误差放大器是一个具有电流供应和吸收能力的跨导放大器，其输出用于驱动 V_C 引脚上一个与 GND 相连的电容。该电容设定了稳压环路的主极点。该误差放大器从一个专有电路获取反馈信号，这个专有电路负责监视全部 7 个 LED 电流源，以确定由哪个 LED 使稳压

环路闭合导通。

（8）安全误差放大器

安全误差放大器是一个仅具有电流吸收能力的跨导放大器。在正常操作中，它对环路稳压没有影响。然而，如果任何 LED 引脚开路，则输出电压将不断上升，而且安全误差放大器最终将接管稳压环路的控制，以防止 V_{OUT} 失控，出现这种情况时的 V_{OUT} 门限约为 4.5V。

（9）过热保护

如果 LTC3452 的结温由于某种原因而超过 130℃，则全部 4 个开关将被立即切断，过热保护电路具有一个 11℃的典型迟滞。

（10）LED 电流设定放大器

对于一个给定组中的所有 LED 而言，每个 LED 的最大正向电流都是由一个位于对应 I_{SETL} 或 I_{SETH} 引脚上的接地外部电阻器来设置的，即

$$I_{MAXL} = 256\left(\frac{0.8}{R_{ISETL}}\right) \tag{4-29}$$

$$I_{MAXH} = 768\left(\frac{0.8}{R_{ISETH}}\right) \tag{4-30}$$

在低功耗状态，电流低于 I_{MAXL} 时，参考芯片资料的“指数亮度控制部分”和“应用部分”给出的外部电路选择，在高功率状态，对于电流低于 I_{MAXH} 时，仅参考“应用部分”中的外部电路选择。

（11）LED 电流源

每个 LED 引脚由一个专为实现低压差而设计的电流源来驱动，LTC3452 采用了一种专有架构，该架构可确定 7 个 LED 中哪一个在其编程电流条件下需要最大的正向压降，然后基于闭环 Buck-Boost 调整器产生一个反馈电压，用于调节全部 LED，从而实现了最高的 LED 功率效率。“控制 LED”的 LED 引脚上的电压通常为 130mV/20mA(低功率组)或 250mV/100mA(高功率组)。

（12）LED 检测电路

如果低功率组中需要的 LED 输出少于 5 个和/或高功率组中所需的 LED 输出少于两个，则应把未用的输出连接至 V_{OUT} 引脚。每个 LED 引脚具有一个内部 LED 检测电路，如果有一个输出是不需要的，则该电路将停止输出电流源，以节省能量。在启动时，采用一个小电流来检测 LED 是否存在。该电流通常为 10μA(对于低功率组)或 30μA(对于高功率组)。

可以把两个或更多的 LED 输出引脚并联起来，以在采用少于 7 个 LED 的情况下实现较高的输出电流。对于诸如 Lumil LED 等具有非常高功率的 LED 来说，可把全部 7 个输出并联起来，以获得最大的总输出电流。

（13）LED 的调光

LTC3452 实现了一种仅用于低功率 LED 组的指数亮度控制功能，其中 LED_{LX} 电流是 EN_L 引脚上的 PWM 占空比的一个函数。LED 电流等于 I_{MAXL} 的一个分数（见表 4-19），当占空比（PWM 波形为逻辑高电平）线性增加时，LED 电流将分 7 个二进制级从(1/128)I_{MAXL} 指数增加至(128/128)I_{MAXL}，该功能的实现获得了人眼（具有对数属性）可以感受得到的“更

加平稳的”亮度和调光控制。

表 4-19　低功率 LED 组亮度控制

EN_L 占空比(%逻辑高电平)	LED_{LX} 电流
0% (逻辑低电平)	0(停机)
0%<占空比<12.5%	$(1/128)I_{MAXL}$
12.5%<占空比<25%	$(1/64)I_{MAXL}$
25%<占空比<37.5%	$(1/32)I_{MAXL}$
37.5%<占空比<50%	$(1/16)I_{MAXL}$
50%<占空比<62.5%	$(1/8)I_{MAXL}$
62.5%<占空比<75%	$(1/4)I_{MAXL}$
75%<占空比<87.5%	$(1/2)I_{MAXL}$
87.5%<占空比<100%	I_{MAXL}

连续可变 LED 亮度控制可通过直接与一个或全部 I_{SET} 引脚相连来实现。如图 4-64 所示，给出了 4 种方法，它们分别采用的是一个电压 DAC、一个电流 DAC、一个简单的电位器、一个加在 I_{SETL} 引脚上的 PWM 输入（用于控制低功率组 LED 电流）。同样，这 4 种方法也可应用于 I_{SETH} 引脚，以控制高功率组 LED 电流。

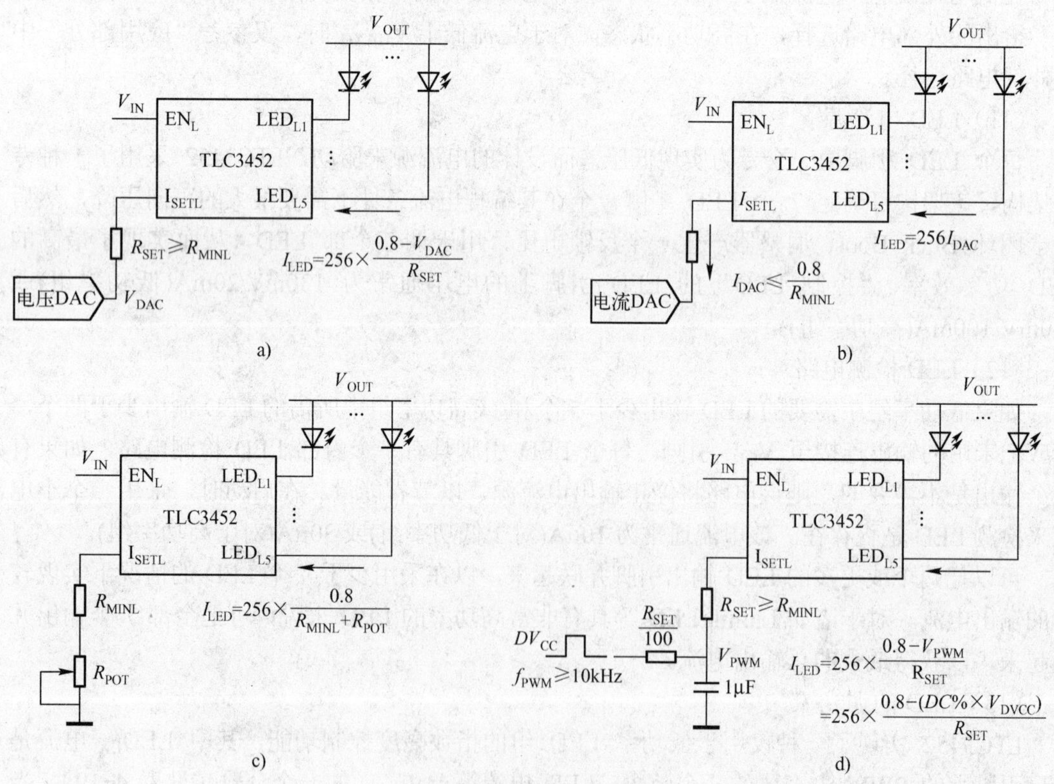

图 4-64　线性亮度控制方法

a) 采用电压 DAC　b) 采用电流 DAC　c) 采用电位器　d) 采用 PWM 输入

4.7.2　NCP3063——1.5A 降压/升压 LED 恒流驱动电路

NCP3063 是一个更高频率的单片式 DC/DC 变换器，是流行的 MC34063A 和 MC33063A 的升级版。它包括内部温度补偿基准、比较器、具有有源电流限制电路的控制占空比振荡器、驱动器和一个高电流输出开关。该系列是专门设计用于降压、升压和电压极性转换，并用最少外部元器件的驱动电路，其内部结构如图 4-65 所示。

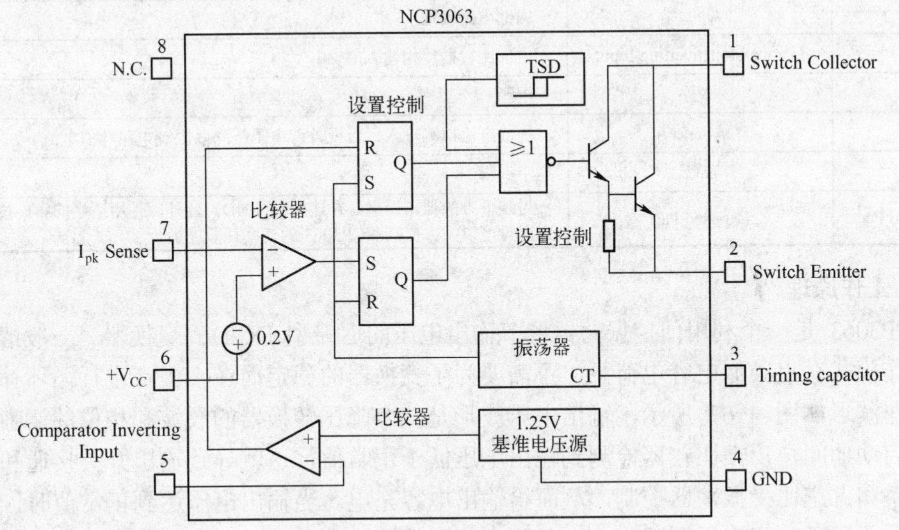

图 4-65　NCP3063 内部结构

1. 驱动电路的特点

1）输入电压达 40V。

2）低待机电流。

3）输出开关电流达 1.5A。

4）输出电压可调。

5）工作频率 150kHz。

6）1.5%的参考精度。

7）内部热关断与迟滞型逐周期电流限制。

NCP3063 主要应用于降压、升压和极性反转电源、功率 LED 照明、电池充电器。

2. 引脚排列与功能

NCP3063 的引脚排列如图 4-66 所示，引脚功能见表 4-20。

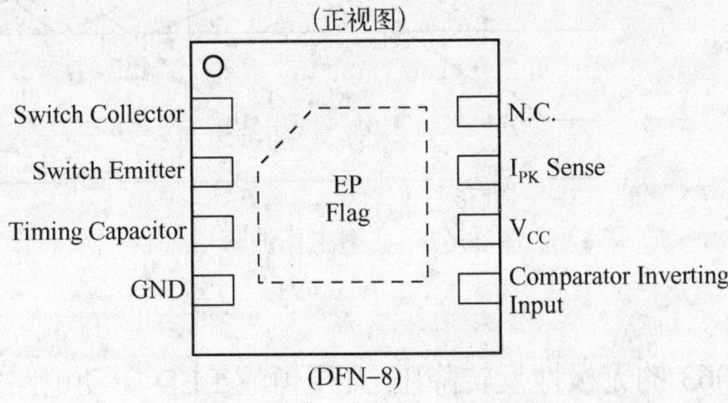

图 4-66　NCP3063 引脚排列

表 4-20　NCP3063 引脚功能

引 脚 号	引 脚 名 称	引 脚 描 述
1	Switch Collector	内部达林顿开关管集电极
2	Switch Emitter	内部达林顿开关管发射极
3	Timing Capacitor	定时电容
4	GND	内部电路接地
5	Comparator Inverting Input	内部比较器反相输入端
6	$+V_{CC}$	电源
7	I_{pk}Sense	峰值电流检测输入，监视外部电阻压降以限制电路峰值电流
8	N.C.	空引脚
Exposed Pad	Exposed Pad	封装下方的裸露焊盘必须连接到 GND。此外，使用适当的布局技术，裸露焊盘可以大大提高 NCP3063 的功率耗散能力

3．工作原理

NCP3063 是一个利用门控振荡器调节输出电压的迟滞型 DC/DC 变换器。一般情况下，这种工作模式有点类似电容电荷泵，不需要为了变换器的稳定而在主极点进行循环补偿。典型的工作波形如图 4-67 所示，输出电压波形是一个降压转换器的纹波和相位的清晰放大。变换器启动期间，反馈比较器检测到输出电压低于正常值，这就导致输出开关接通和关断，开关频率和占空比受振荡器控制，从而给输出电容充电。当输出电压达到正常值时，输出开关在下一个导通时间将受到限制。当负载电流导致输出电压低于正常值时，反馈比较器将会立即使能开关。在这些条件下，输出开关可以在一个局部振荡器周期、部分周期加上一个完整的周期、多周期或部分周期加多周期工作。

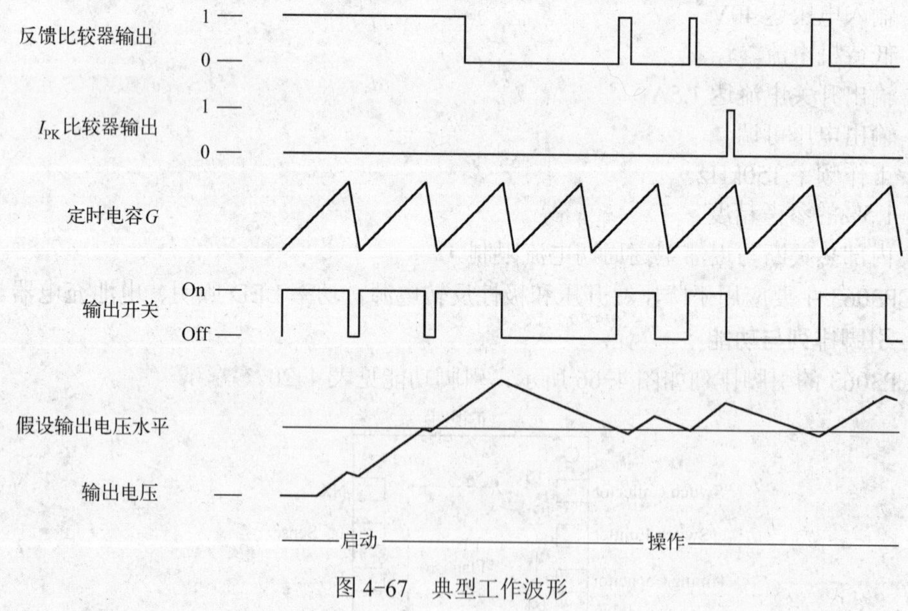

图 4-67　典型工作波形

4．应用电路

基于控制器 NCP3063 的无极性反转降压/升压恒流 LED 驱动电路如图 4-68 所示。驱动电路输入电压范围为 9～36V，输出电压为 12V，输出波纹为 200mV，最大输出电流可达

1A，输出功率达 10W，效率高于 70%。

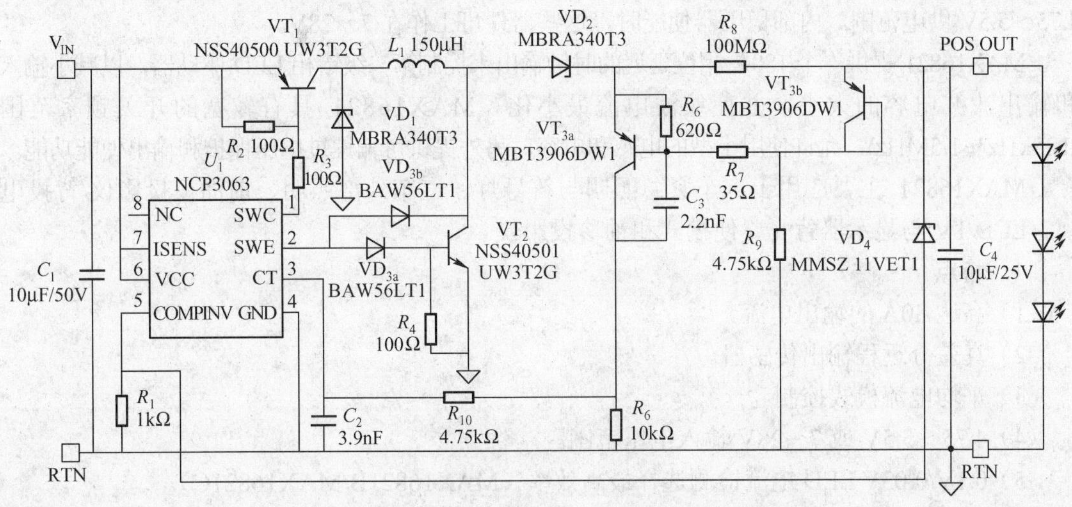

图 4-68　基于 NCP3063 的降压/升压恒流 LED 驱动电路

为了输出一个小纹波的电流，变换器可以在连续电流模式下工作。开关管 VT_1 和 VT_2 导通，时间为 $D\times T_s$（D 为占空比，T_s 为开关周期），输入电压给电感 L_1 充电。当 VT_1 和 VT_2 关断时，二极管 VD_1 和 VD_2 导通，将电感存储的能量运送到输出端。在每个开关周期之后，为了保持电感磁通量平衡，忽略电路耗损，$V_{IN}\times D\times T_s$ 必须等于 $V_{OUT}\times(1-D)\times T_s$。因此降压/升压变换器的电压增益为 $V_{OUT}=V_{IN}\times D/(1-D)$。当 D=0.5 时，$V_{OUT}=V_{IN}$。

电感器的电流纹波为 $\Delta I_{(L1)}=V_{IN}\times D\times T_s/L_1$。在 V_{IN}=12V、F_{SW}=200kHz、L_1= 150μH、I_o=700mA 的情况下，电感器将会维持一个 ± 15%的纹波电流输出（$D\times T_s$= 0.5×5μs）。

VT_1 和 VT_2 的基极电流由 V_{IN}/R_3 决定。VT_1 和 VT_2 被动地通过基极电阻 R_2 和 R_4 关断。为了提高关断时间，VT_2 可能会通过 VD_{3a} 和 VD_{3b} 组成的贝克钳位电路抵抗饱和。利用该技术，转换效率可以提高几个百分点。低电压降电流检测由电阻 R_8 完成。

恒定输出电流为 $I_o\times R_8=(V_{be}(Q_{3a})/R_6)\times R_7$，$V_{be}(Q_{3a})/R_6=V_o/(2\times R_9)$。输出电压钳位为 $V_{clamp}=V_z(\mathrm{D4})+1.25$。如果 VD_4 被一个电阻 R_{11} 代替，则 $V_{clamp}=(1+R_{11}/R_1)\times 1.25$。

4.8　多拓扑模式变换器的 LED 驱动电路

4.8.1　MAX16821——具有快速电流响应的大功率、同步高亮度 LED 驱动电路

MAX16821 脉宽调制（PWM）LED 驱动电路有紧凑的封装、最少的外部器件并且具有很强的输出电流能力。MAX16821 适用于同步和非同步降压、升压、降压/升压、SEPIC ㊀ LED 驱动器。一路逻辑输入（MODE）允许器件在同步降压和升压工作模式间转换。该器件是第一个专门为满足共阳极 HB-LED 而设计的高功率驱动器。

电路提供平均电流模式控制，允许使用具有最佳电荷和导通电阻指标的 MOSFET，甚至在提供 30A LED 电流时，也对外部散热需求很低。

㊀ SEPIC：Single ended primary inductor converter 的简写，是一种允许输出电压大于、等于或小于输入电压的电路。

差分检测方法提供精确的 LED 电流控制。内部稳压器关闭时(V_{CC} 连接至 IN)，电路工作于 4.75～5.5V 供电范围。内部稳压器使能时，这些器件可工作在 7～28V。

MAX16821 提供一个 180° 相位延迟的时钟输出来控制第二级错相 LED 驱动器，以减小输入和输出滤波电容的大小，并使纹波电流最小化。MAX16821 具有较宽的开关频率范围(125kHz～1.5MHz)，允许使用小型的电感和电容，另外提供可编程过电压保护和输出使能功能。

MAX16821 主要应用于汽车紧急照明与符号灯、汽车外部照明、前面板投影仪/背投电视、LCD TV 与显示器背光、便携式和袖珍投影仪。

1．特点

1）高达 30A 的输出电流。

2）真差分远程输出传感器。

3）平均电流模式控制。

4）4.75～5.5V 或 7～28V 输入电压范围。

5）0.1V/0.03V LED 电流检测选择最高效率（MAX16821B/MAX16821C）。

6）热关断。

7）非闩锁输出过电压保护。

8）带同步整流与不带同步整流的低侧降压模式。

9）带同步整流与不带同步整流的高侧降压和低侧升压模式。

10）125kHz～1.5MHz 可编程/可同步开关频率。

11）集成 4A 漏极驱动。

12）为第二个驱动器，时钟输出为 180° 异相操作。

13）-40～125℃工作温度范围。

2．引脚及功能描述

MAX16821 引脚排列如图 4-69 所示，各引脚的功能描述见表 4-21。

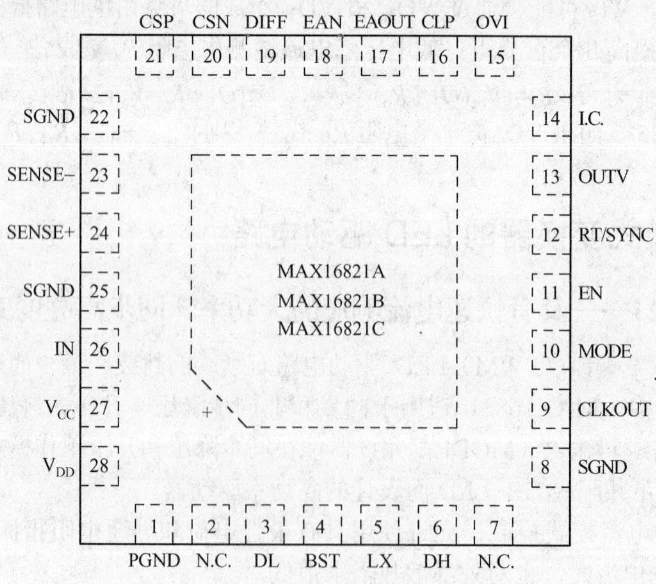

图 4-69　MAX16821 引脚排列

表 4-21　MAX16821 引脚描述

引脚号	名称	功能
1	PGND	电源地
2，7	N.C.	空引脚
3	DL	低边栅极驱动输出
4	BST	升压-飞电容连接
5	LX	高边 MOSFET 源极连接
6	DH	高边栅极驱动输出
8，22，25	SGND	信号地
9	CLKOUT	振荡器输出
10	MODE	降压/升压模式选择输入
11	EN	输出使能
12	RT/SYNC	开关频率编程
13	OUTV	电感电流检测输出
14	I.C.	内部链接，为正确工作应连到 SGND
15	OVI	过电压保护
16	CLP	电流误差放大器输出
17	EAOUT	电压误差放大器输出
18	EAN	电压误差放大器反相输入
19	DIFF	差分远程检测放大器输出
20	CSN	电流检测差分放大器反相输入
21	CSP	电流检测差分放大器同相输入
23	SENSE−	差分 LED 电流检测器反相输入
24	SENSE+	差分 LED 电流检测器同相输入
26	IN	电源输入
27	V_{CC}	内部 5V 输出
28	V_{DD}	低边驱动器供电电压
—	EP	裸露焊盘

3. 工作原理

MAX16821 是用于大功率、高亮度的高效率平均电流模式 PWM 驱动器。平均电流模式控制技术使内在稳定运行，通过准确控制电感电流，减少了器件数目和占板大小。利用最少的外部器件，在大电流输出（30A）时可以达到很高的效率。逻辑输入端（MODE）允许 LED 驱动器在降压和升压模式之间转换。MAX16821 的内部结构如图 4-70 所示。

MAX16821 拥有一个 180° 倒向 CLKOUT 输出端，或高侧驱动或低侧驱动，取决于 MODE 的逻辑电平。对于级联应用的场合，为减小输入电容，CLKOUT 为第二级提供 LED 驱动器。

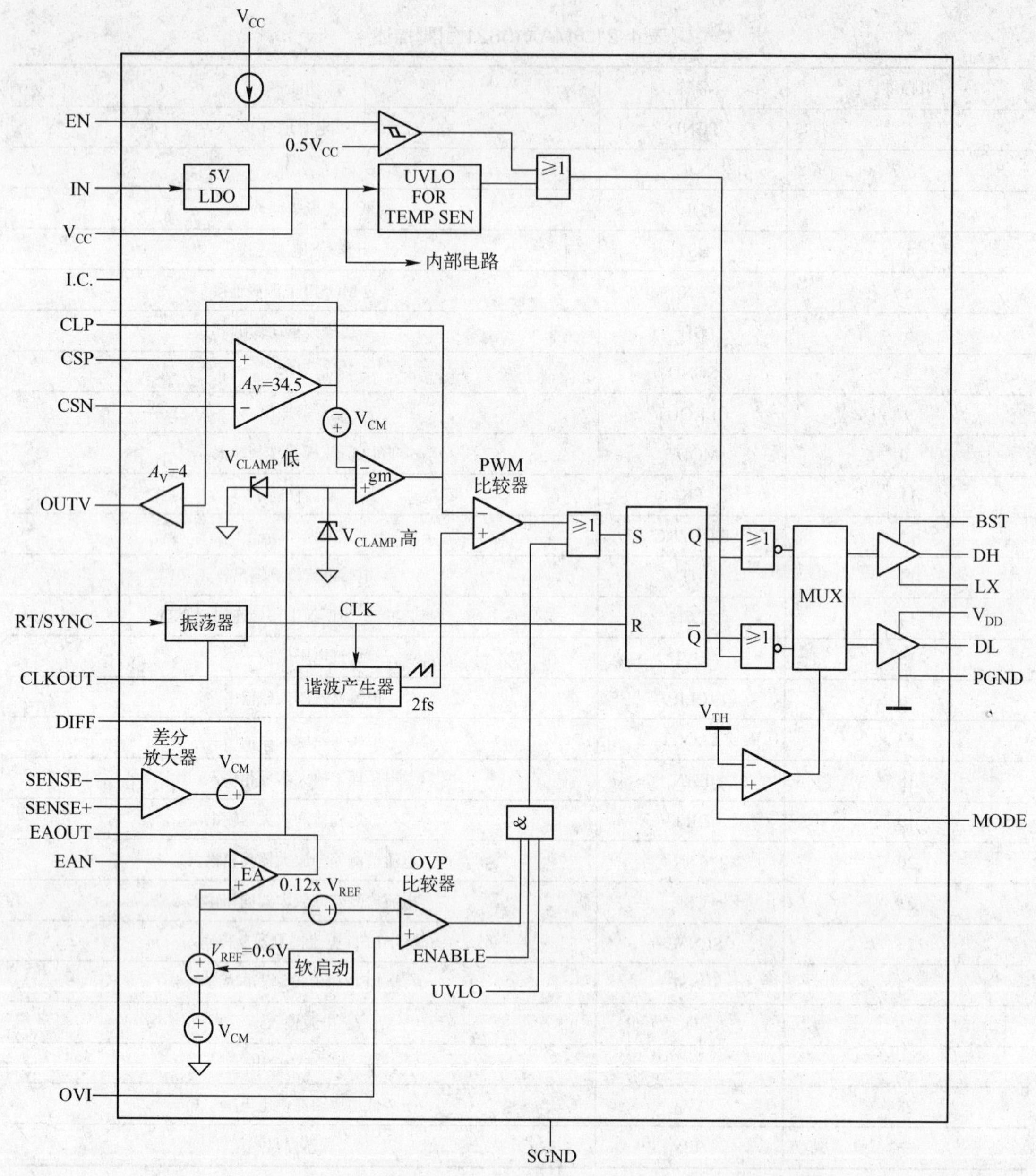

图 4-70　MAX16821 内部结构

MAX16821 包括一个由外部环路控制的内部平均电流调节环路。内部电流环路和外部电压环路联合纠正 LED 电流误差，通过调整电感电流来严格调整 LED 电流。差分放大器（SENSE+和 SENSE−输入）通过一个与 LED 串接的电阻检测 LED 电流，在 DIFF 引脚产生一个经放大的检测电压。经放大的检测电压在误差放大器的输入端与内部 0.6V 基准电压进行比较。

MAX16821 使用平均电流模式控制方案以调整输出电流，如图 4-71 所示。主控制环路包括一个控制电感电流的内部电流调节环路和一个调节 LED 电流的外部电流调节环路。内部电流调节环路吸收电感和输出电容的双极点，并降低外部电流调节环路的阶数，把外部环路变成单一极点系统。内部电流调节环路包括电流检测电阻 R_S、一个电流检测放大器（CSA）、一个电流误差放大器（CEA）、一个提供斜坡的振荡器、一个 PWM 比较器（CPWM）（见图 4-71）。MAX16821 的外部 LED 电流控制环路包括差分放大器（DIFF），基准电压源和电压误差放大器 VEA。

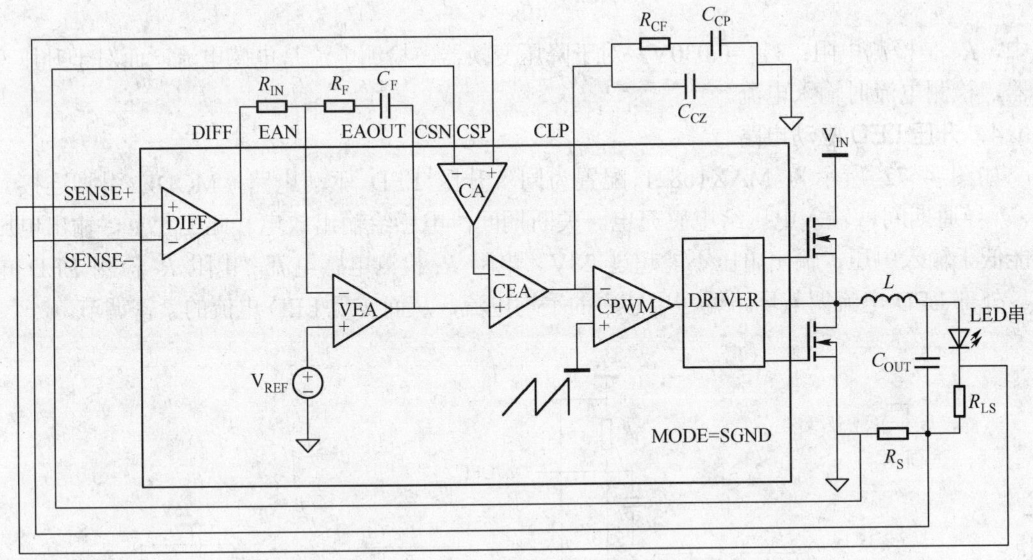

图 4-71　MAX16821 的平均电流模式控制方案

对于共模电压，误差放大器（VEA）的输出被钳位在-0.050～0.93V 之间。在出现故障时，平均电流模式控制通过变换器限制平均电流源。当发生故障时，对于 0.6V 的共模电压，VEA 输出钳位在 0.93V，以限制变换器的最大输出电流 I_{LIMIT}=0.275/R_S。

MAX16821 工作频率高达 1.5MHz。开关频率、峰值电感电流、输出允许波纹决定了电感的电感量和大小。选择更高的开关频率以降低需要的电感值，但是这种做法以效率为代价。开关管中的栅极循环充电/放电和漏极电容产生开关耗损，在输入电压较高时更为严重，因为开关耗损与输入电压的平方成正比。

在由不同生产商制造的标准高电流、表贴式电感系列中选择电感。特殊应用需要定制电感，定制电感要使用高频率磁心材料。高 ΔI_L 会使磁通量峰-峰值增大，从而增加更高频率时的磁心损失。高工作频率加上高 ΔI_L 降低了所需的最低电感值，使得平面电感器的使用成为可能。

断续升压、降压/升压和 SEPIC 拓扑结构在器件选择上有很大的不同。利用下面的公式可以计算最小电感值。

降压调节器

$$L_{MIN}=\frac{(V_{INMAX}-V_{LED})V_{LED}}{V_{INMAX}f_{SW}\Delta I_L} \tag{4-31}$$

升压调节器

$$L_{MIN}=\frac{(V_{LED}-V_{INMAX})V_{INMAX}}{V_{LED}f_{SW}\Delta I_L} \tag{4-32}$$

式中，V_{LED} 指 LED 串两端的电压。

平均电流模式控制的特点是 MAX16821 限制最大峰值电感电流，防止电感饱和。选择一个电感，要求饱和电流大于最大峰值电感电流。利用式（4-33）可以确定平均电流模式控制环路的最大峰值电感电流。

$$I_{LPEAK}=\frac{V_{CL}}{R_S}+\frac{\Delta I_{CL}}{2} \tag{4-33}$$

式中，R_S 是检测电阻；V_{CL}=0.030V。对于降压变换器，检测电流是电感电流；而对于升压变换器，检测电流时输入电流。

4．升压 LED 驱动电路

如图 4-72 所示为 MAX16821 配置为同步升压 LED 驱动电路，MODE 引脚连接到 V_{CC}。导通期间，输入电压给电感充电。关断期间，电感给输出放电。此配置下，输出电压不能低于输入电压，输出电压不能超过 28V。电阻 R_1 检测电感电流，电阻 R_2 检测 LED 电流。外部 LED 电流调节环路编程电感中的平均电流，从而实现 LED 电流的紧密调节。

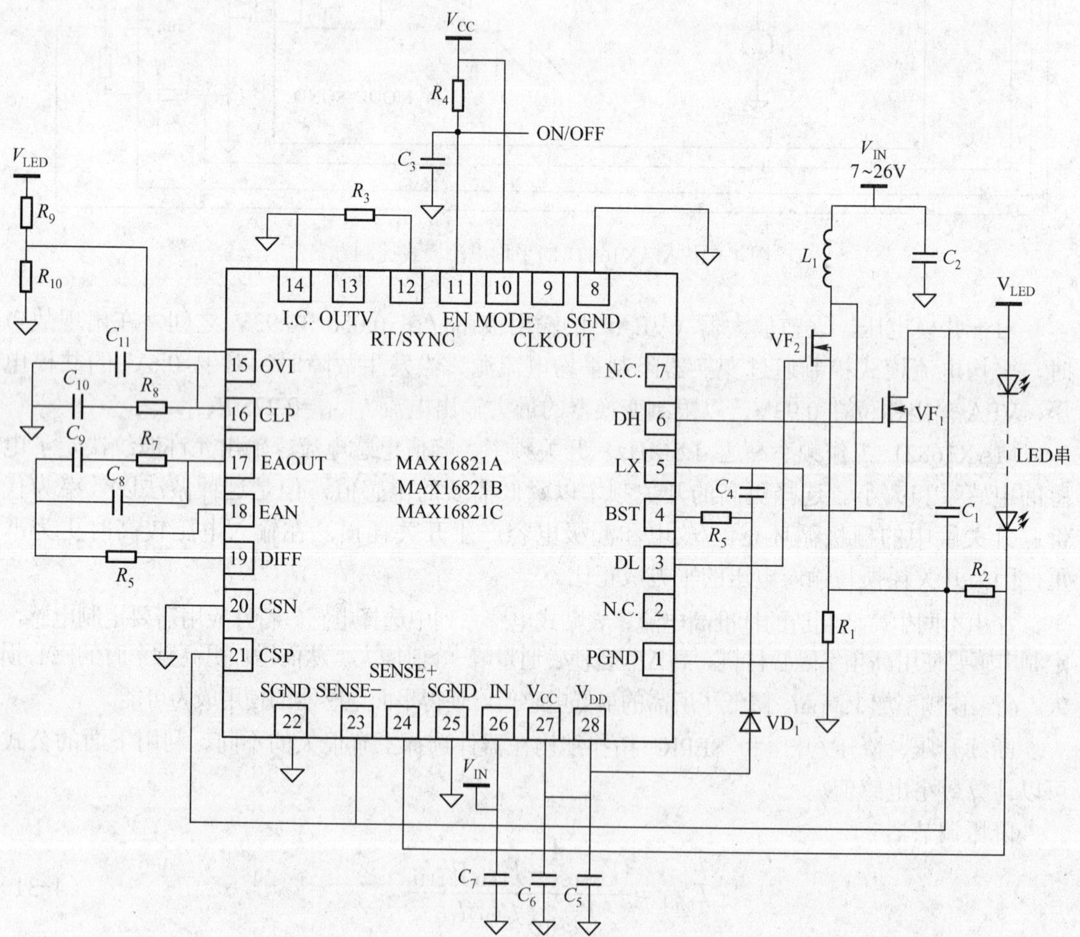

图 4-72　MAX16821 同步升压 LED 驱动电路

5. 输入参考型的降压/升压 LED 驱动器

如图 4-73 所示为一个降压/升压调节电路，输入电压为 7～28V。与图 4-72 所示升压转换器类似，电感连接到输入端，MOSFET 基本接地。但是，与 LED 接在输出端和地之间不同的是，LED 跨接在输出和输入端。这就有效地消除了在图 4-72 中只允许升压的限制，允许 LED 的电压大于或小于输入电压。LED 电流检测不是以地为参考的，所以一个高边电流检测放大器是用来测量电流的。

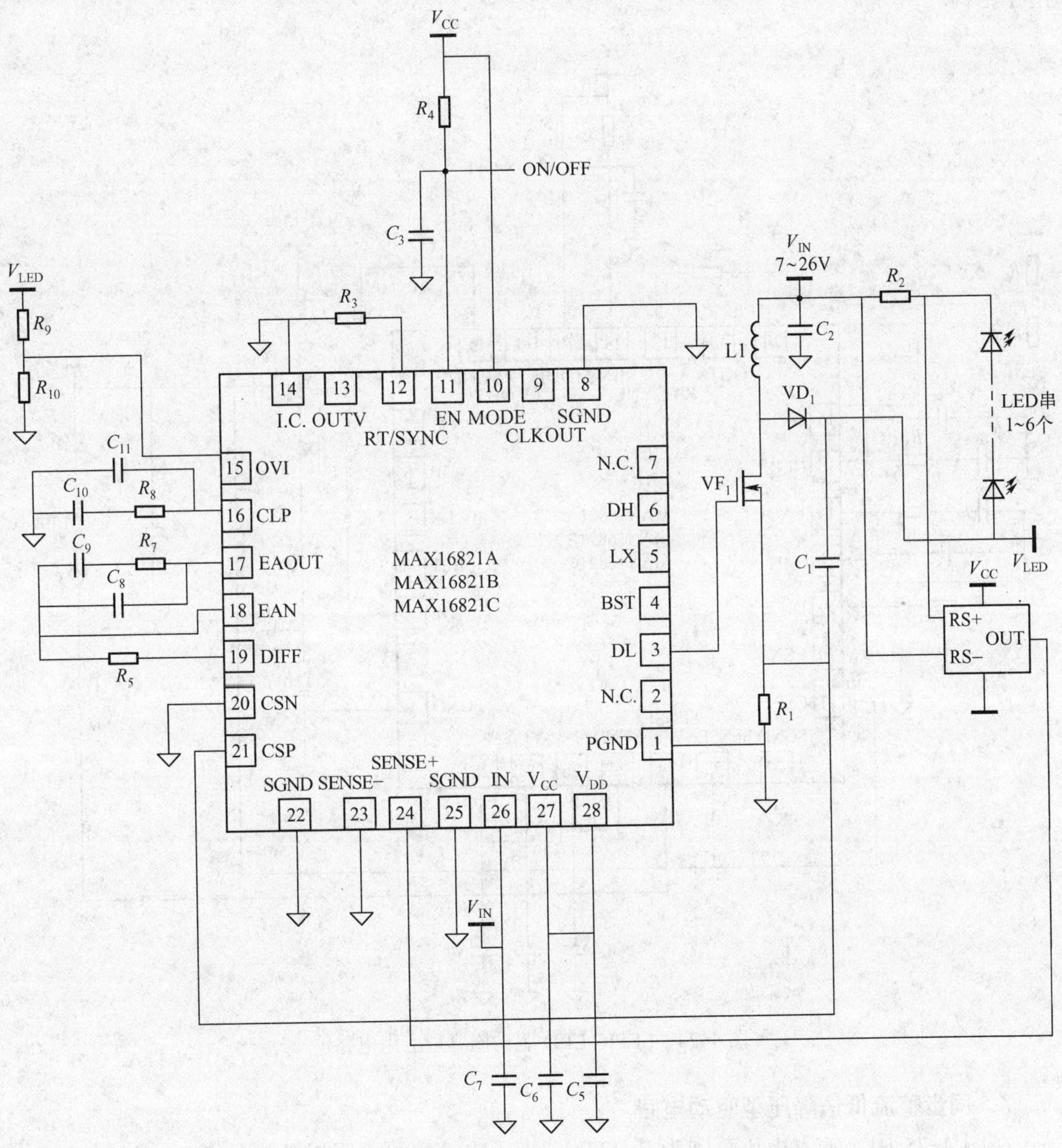

图 4-73　输入参考型降压/升压 LED 驱动器典型应用电路

6. SEPIC LED 驱动电路

如图 4-74 所示，将 MAX16821 配置为一个 SPEIC LED 驱动电路。SEPIC 拓扑允许输出电压高于、等于或低于输入电压。在 SEPIC 拓扑中，C_3 电压等于输入电压，L_1 和 L_2 有相同感抗。因此，当 VF_1 导通时，L_1 和 L_2 中的斜坡电流以相同的速率变化。在此期间，输出电容维持输出电压。当 VF_1 关断时，L_1 电流给 C_3 充电，并联合 L_2 给 C_1 提供充电电流，给负载提供电流。因为 L_1 和 L_2 的电压波形是完全相同，在同一磁心上缠绕这两个电感成为可能的耦合电感。尽管 L_1 和 L_2 上的电压相同，但电流有效值不同，所以绕组可能需要不同规格的导线。由于双电感器和分段能量转移，SEPIC 转换器的效率低于标准的 BUCK 和 BOOST 拓扑结构。

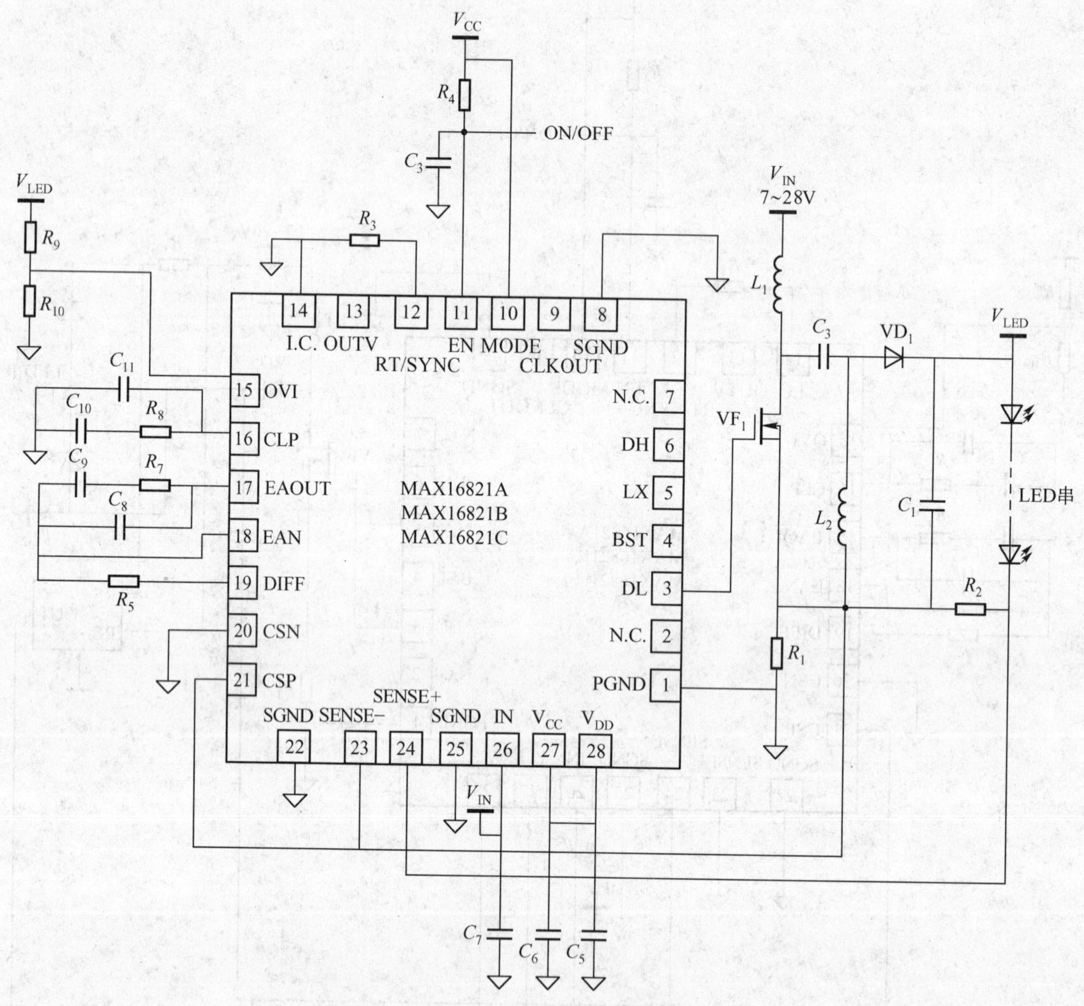

图 4-74　SEPIC LED 驱动器典型应用电路

7. 同步整流低边降压型驱动电路

在图 4-75 中，输入电压范围为 7～28V，由于电流检测电阻以地为参考，输出电压可以等于输入电压。同步 MOSFET 保持功耗为最小值，尤其当输入电压大于 LED 串上的电压时。对于内部平均电流环路电感，电流由电阻 R_1 检测。为了调节 LED 电流，电阻 R_2 产生一个电压，差分放大器将其与 0.6V 比较。电容 C_1 用来降低 LED 中的电流波纹。在 LED 可以承受更高波纹电流的情况下，电容 C_1 可以省去。

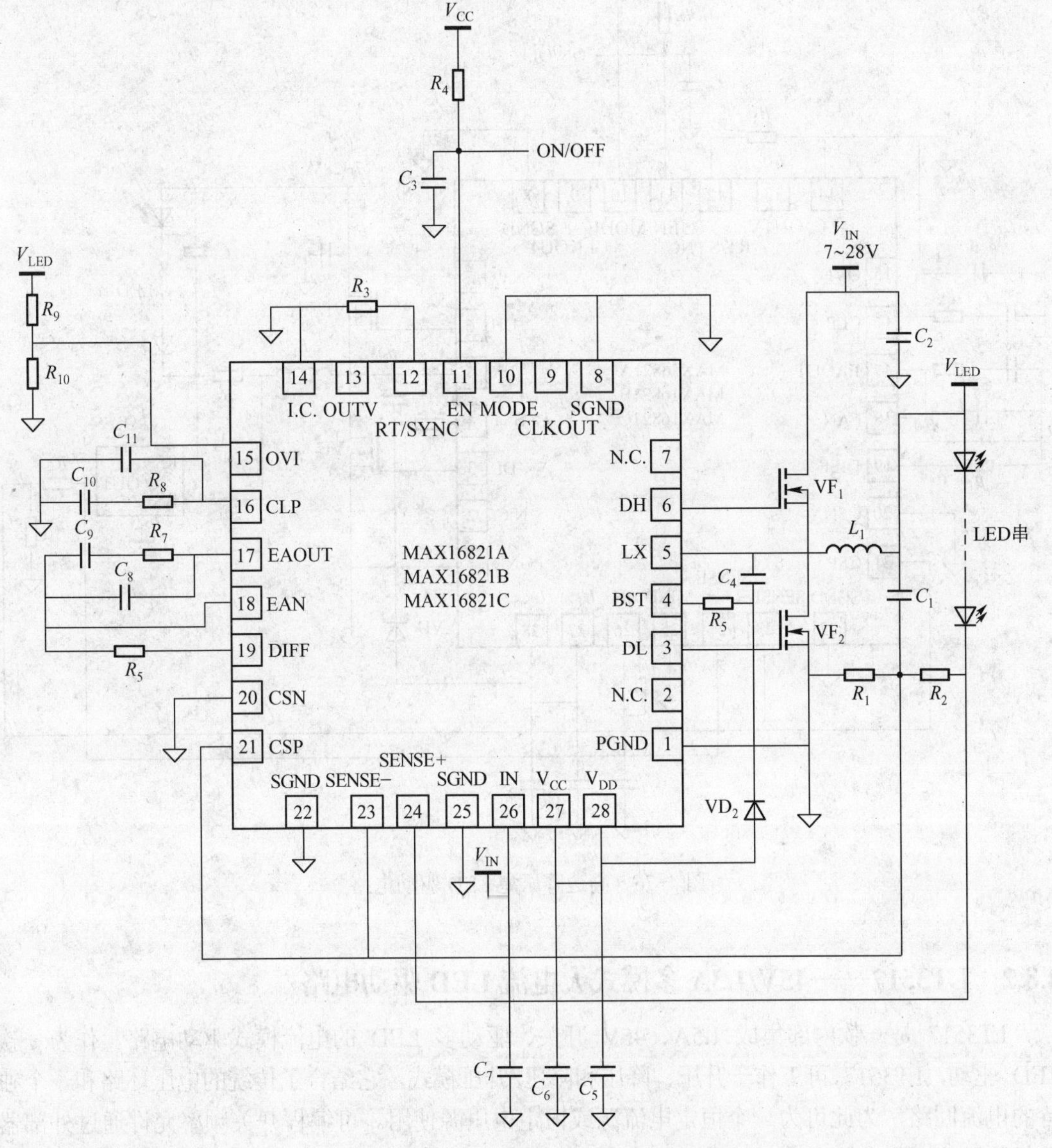

图 4-75　低边降压型 LED 驱动电路

8. 同步整流高边降压型驱动电路

在图 4-76 中，输入电压范围为 7～28V，LED 负载连接到正极和串接电感的检流电阻 R_1 之间，MODE 引脚连接到 V_{CC}。对于内部平均电流环路电感，电流由电阻 R_1 检测并通过高边电流检测放大器 V_2 传送到低边。电阻 R_{11} 的电压成为内部平均电流回路的平均电感电流检测电压。为了调节 LED 电流，R_2 产生一个电压，差分放大器用其与内部参考电压进行比较。电容 C_1 很小，用来降低 LED 中的电流波纹。在 LED 可以承受更高波纹电流的情况下，电容 C_1 可以省去。

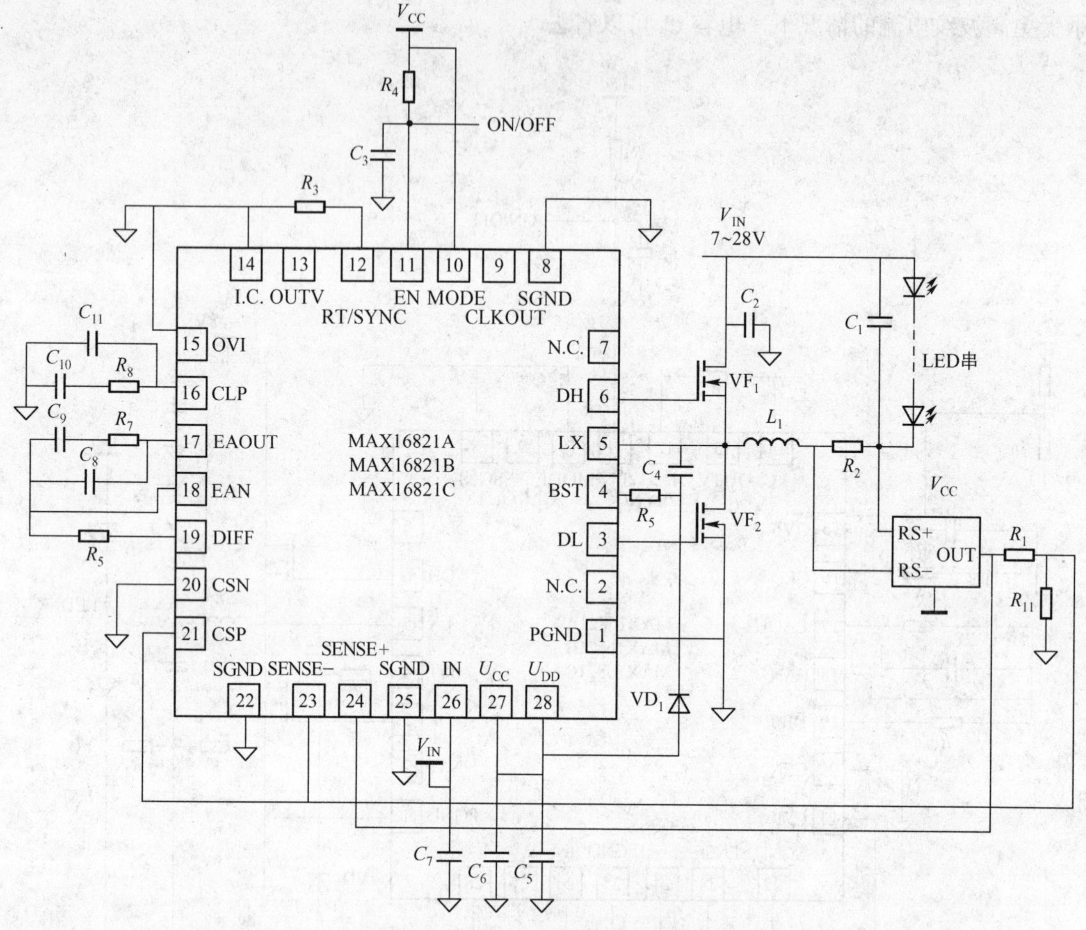

图 4-76　高边降压型 LED 驱动电路

4.8.2　LT3517——45V/1.3A 多模式大电流 LED 驱动电路

LT3517 是一款内部集成 1.5A、45V 开关、驱动多 LED 的电流模式驱动电路。作为一款 LED 驱动，LT3517 可工作于升压、降压和降压/升压模式。它结合了传统的电压环路和一个独特的电流回路，为此可为一个恒定电流源或恒定电压源使用。可编程开关频率允许通过外部器件优化效率和缩小器件尺寸，LT3517 的开关频率可以同步至一个外部时钟信号。通过对外部检测电阻编程可以实现对 LED 电流的调节，外部 PWM 输入提供高达 5000∶1 的 LED 调光，CTRL 引脚提供另外的 10∶1 的调光比。LT3517 主要应用于显示屏背光、汽车、工业和建筑照明、扫描仪。

1．特点

1）真彩色 PWM 5000∶1 调光比。

2）1.5A、45V 内部开关。

3）100mV 高边电流检测。

4）LED 开路保护。

5）可调频率为 250kHz～2.5MHz。

6）宽输入电压范围：3～30V，40V 的瞬态保护。

7）3 种工作模式：升压、降压和降压/升压模式。

8）PMOS 的栅极驱动器为 LED 断开。

9）恒定电流和恒定电压调节。

10）CTRL 引脚提供 10∶1 的模拟调光比。

11）低关断电流<1μA。

12）QFN-16 和 TSSOP-16 封装。

2．引脚排列和引脚功能

LT3517 的引脚排列如图 4-77 所示。

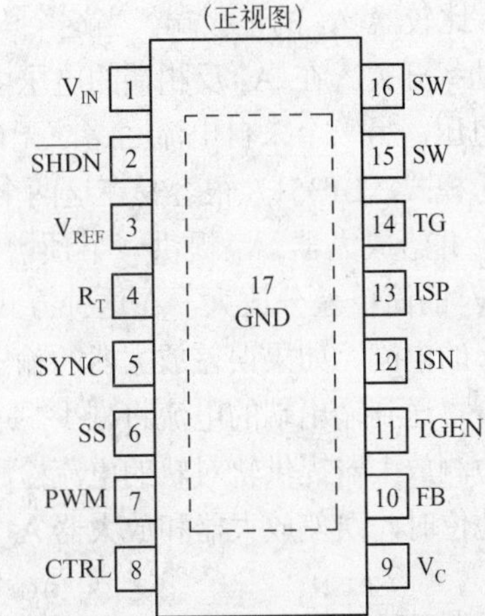

图 4-77　LT3517 的引脚排列图（TSSOP-16）

SW：开关引脚。连接到这个引脚的线一定要最短，以减小电磁干扰（EMI）。

V_{IN}：电源输入引脚。必须加旁路电容。

$\overline{\text{SHDN}}$：关断引脚。高于 1.5V，器件工作；低于 0.4V，器件不工作。

V_{REF}：基准输出引脚。

R_T：开关频率调节引脚。使用一个接地的电阻设置开关频率。对于同步功能，选择电阻器方案的频率低于 SYNC 脉冲频率的 20%。不要使这个引脚开路。

SYNC：频率同步引脚。连接一个外部时钟信号，选择一个 R_T 电阻，使开关频率低于 SYNC 脉冲频率的 20%。在 SYNC 上升沿后，同步（功率开关开启）产生一个固定的延迟。如果不使用此功能，连接 SYNC 到地。

SS：软启动引脚。在此引脚放置一个软启动电容。如果不使用此功能，悬空该引脚。

PWM：脉宽调制输入引脚。低信号关闭通道，禁止主开关工作并使 TG 脚处于高电平。如果此引脚没有使用，连接 PWM 引脚到 V_{REF} 引脚或 $\overline{\text{SHDN}}$ 引脚。在 PWM 和地之间，内部有一个 50kΩ的等效电阻。

CTRL：LED 电流调节引脚。通过 ISP 和 ISN 引脚间的电阻设置电压。直接连接到 V_{REF} 将得到 100mV 的阈值，或者使用 0～1V 之间的信号值调节 LED 的电流。如果不使用 V_{REF} 此引脚，连接 CTRL 引脚到 V_{REF}。

V_C：g_m 误差放大器输出引脚。

FB：电压反馈引脚，它对 LED 驱动器的过电压起保护作用。如果 FB 高于 1V，主开关将关闭。

TGEN：最高级别的栅极使能输入引脚。连接一个 1.5V 或更高的电压，将使 PMOS 驱动起作用。如果不使用 TG 功能，连接 TGEN 到地。在 TGEN 和地之间有一个 40kΩ的等效电阻。

ISN：电流检测（–）引脚。电流感应放大器的反相输入。

ISP：电流检测（+）引脚。电流感应放大器的正相输入，也可以作为 TG 引脚驱动的正端。

TG：最高级别的栅极驱动器输出。在 V_{ISP} 和（V_{ISP}–7）V 之间，一个反相 PWM 信号驱动串联的 PMOS 器件，一个内部 7V 钳位保护 PMOS 栅极。如果不使用则悬空。

GROUND：裸露焊盘。直接焊接到接地层。

3．工作原理

LT3517 是一个具有内部功率开关的固定工作频率电流模式稳压器。参考内部结构框图

4-78 可以很好地理解其工作原理。在每个振荡周期开始时，置位 SR 锁存器，打开 VT_1 功率开关，一个与开关电流成正比的电压叠加到一个稳定的锯齿信号上，这个叠加信号反馈到 PWM 比较器 A_4 的正极端。当这个电压超过 A_4 反相端输入电压时，SR 锁存器将被复位，并关闭功率开关。在 A_4 反相端的电压由误差放大器 A_3 确定。A_3 有两个输入，一个来自反馈回路的电压，另一个来自电流回路。无论哪一个反馈输入变为低，都使变换器进入恒定电流或恒定电压模式，LT3517 很容易在这两个工作模式之间转换。电流检测放大器检测 R_{SENSE} 两端的电压，并给放大器 A_1 提供一个预增益。A_1 的输出是 R_{SENSE} 两端的电压和低于 $V_{CTRL}/10$ 或 100mV 的简单差分放大。在这种方式下，误差放大器设置正确的峰值开关电流，以调节通过 R_{SENSE} 的电流。如果误差放大器的输出增加，更多的电流被送到输出端；如果误差放大器的输出减少，送到输出端的电流将减少。通过改变输入电压 V_{CTRL}，可以调整通过 R_{SENSE} 的电流。电流检测放大器提供轨对轨的电流检测操作。FB 电压回路通过放大器 A_2 实现。当电压回路占主导地位时，误差放大器和放大器 A_2 调节 FB 引脚到 1.01V（恒定电压模式）。

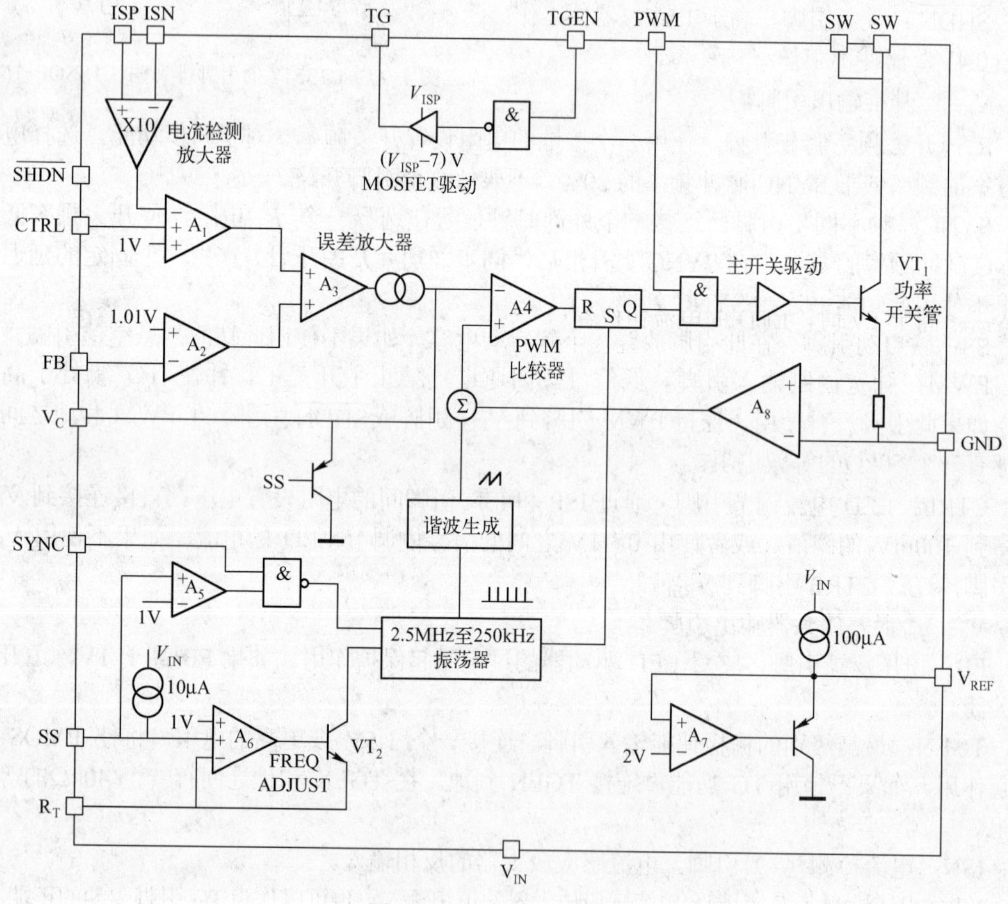

图 4-78　LT3517 内部结构

LED 阵列调光是通过采用 PWM 引脚的脉冲实现的，当 PWM 引脚为低电平时，开关关闭，误差放大器也关闭，所以它不能驱动 V_C 引脚。V_C 引脚上的全部内部负载被禁用，V_C 引脚的充电状态将保存在外部补偿电容中，此功能减少瞬态恢复时间。为了进一步减小瞬态恢复时间，当 PWM 低电平时，外部 PMOS 管用于断开 LED 阵列电流，阻止 C_{FILT} 放电。

4．调光控制

有两种方法可以实现 LT3517 的调光控制。第一个方法是使用 PWM 引脚来调制电流源在“零”电流和全电流之间转换，以实现精确的、可编程的平均电流。为了使这种电流控制方法更准确，在静态阶段，开关需求的电流存储在 V_C 节点上。当 PWM 信号变为高电平时，这最大限度地减少了恢复时间。为了进一步改善恢复时间，断开开关用于 LED 电流的路径，防止在 PWM 信号低相位时，输出电容放电。最小的 PWM 工作或关闭时间，将取决于通过 R_T 输入引脚或 SYNC 引脚工作频率的选择。当使用 SYNC 功能时，SYNC 和 PWM 信号必须上升沿对齐，以达到优化高的 PWM 调光比。为了达到最佳的电流精度，最小的 PWM 低或高时间，应至少有 4 个开关周期（f_{SW}=2MHz 时，为 2μs）。最大 PWM 周期是由系统决定的，不可能超过 12ms。最大的 PWM 调光比（PWM_{RATIO}）可以由最大的 PWM 周期（t_{MAX}），最小的 PWM 脉冲宽度（t_{MIN}）计算出，计算公式如下：

$$\mathrm{PWM_{RATIO}} = \frac{t_{\mathrm{MAX}}}{t_{\mathrm{MIN}}} \tag{4-34}$$

如已知 t_{MAX}=10ms，t_{MIN}=2μs（f_{SW}=2MHz），则

$$\mathrm{PWM_{RATIO}}=10\mathrm{ms}/2\mu\mathrm{s}=5000:1$$

调光控制的第二种方法是使用 CTRL 引脚，在 PWM 高状态期间，线性调整电流检测阈值。当 CTRL 引脚电压低于 1V 时，LED 的电流为

$$I_{\mathrm{LED}} = \frac{V_{\mathrm{CTRL}}}{10R_{\mathrm{SENSE}}} \tag{4-35}$$

当 V_{CTRL} 高于 1V 时，LED 的电流钳位在

$$I_{\mathrm{LED}} = \frac{100}{R_{\mathrm{SENSE}}} \tag{4-36}$$

LED 电流的可编程特性可增加点的调光范围（10：1）。

CTRL 引脚不应悬空（如果不使用时，连接到 V_{REF}），CTRL 引脚还可以与正温度系数（Positive Temperature Coefficient，PTC）热敏电阻一起使用，为 LED 负载提供过温保护，如图 4-79 所示。

5．设置输出电压

对于升压应用，通过选择 R_1 和 R_2 的值可设置输出电压（见图 4-80），按下列公式设置：

$$V_{\mathrm{OUT}} = \left(\frac{R_1}{R_2}+1\right)\times 1.01 \tag{4-37}$$

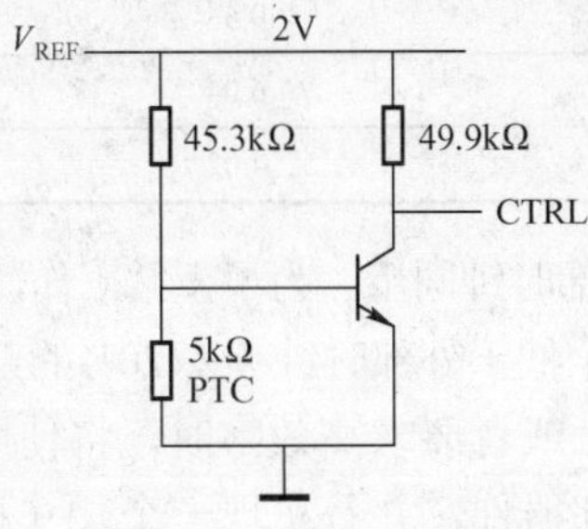

图 4-79　过温保护电路

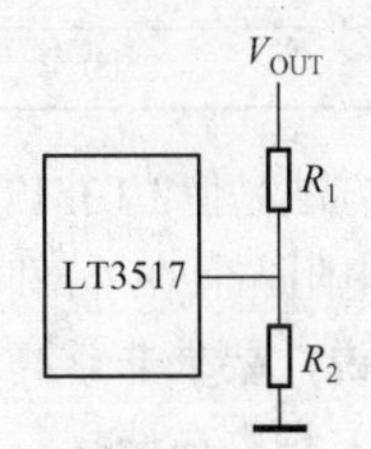

图 4-80　输出电压的设置

对于降压或降压/升压配置，输出电压通常是平移到相对于地的一个信号值，如图 4-81 所示。输出由下式给出：

$$V_{OUT} = \frac{R_1}{R_2} \times 1.01 + V_{BE(Q1)} \tag{4-38}$$

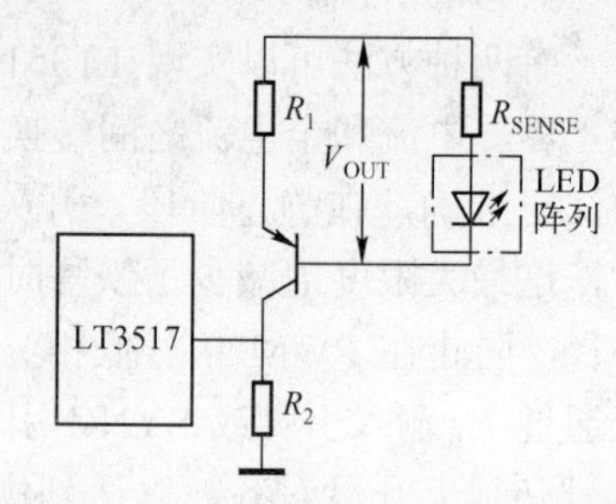

图 4-81　降压或降压-升压的电压设置

6．电感的选择

LT3517 使用的电感，应该有一个 2A 或更大的饱和额定电流。对于降压模式 LED 驱动器，电感电流纹波"ΔI"应为 LED 电流的 30%～40%。在降压模式，电感值可以使用下式进行估计：

$$L = \frac{D_{BUCK} t_{SW} \left(V_{IN} - V_{LED}\right)}{\Delta I} \tag{4-39}$$

式中，$D_{BUCK} = \frac{V_{LED}}{V_{IN}}$；$V_{LED}$ 是 LED 串两端的电压；V_{IN} 为转换器的输入电压；t_{SW} 是开关周期。

当配置为升压模式时，电感可使用下式进行估计：

$$L = \frac{D_{BOOST} t_{SW} V_{IN}}{\Delta I} \tag{4-40}$$

式中，$D_{BOOST} = \frac{V_{LED} - V_{IN}}{V_{LED}}$。

7．开关频率

有两种方法来设置 LT3517 的开关频率，这两种方法都需要在 R_T 引脚上连接一个电阻，不要使 R_T 引脚开路，也不能在引脚上加载电容。必须始终在 R_T 引脚连接一个电阻，以便正常工作。一个简单的方法是在 R_T 引脚和地之间外接一个电阻来设置频率。表 4-22 给出了电阻值与开关频率之间的关系。

表 4-22　R_T 与开关频率之间的关系

开关频率/kHz	R_T/kΩ
250	90.9
500	39.2
1000	16.9
1500	9.53
2000	6.04
2500	4.02

另一种方法是使 LT3517 与通过 SYNC 引脚的外部时钟同步。为了正常工作，应在 R_T 引脚上连接一个电阻，且在外部时钟缺少时，能够产生一个低于外部时钟频率 20%的开关频率。

一般来说，要求非常高或非常低的开关占空比，或者要求高效率时，将使用较低的开关频率。高开关频率在选择时将允许使用值较小的外部器件，并且实现一个尺寸和外形较小的解决方案。

8．应用电路

1）降压模式 1A LED 驱动器。如图 4-82 所示为 LT3517 降压型 1A LED 驱动电路。

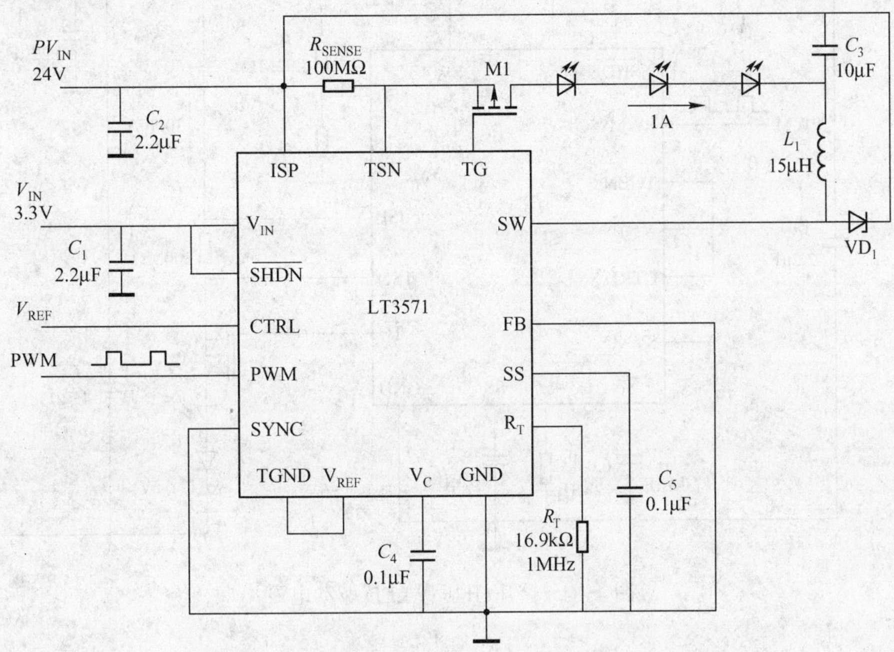

图 4-82　LT3517 降压型 1A LED 驱动电路

2）升压型 LED 驱动电路。如图 4-83 所示为 LT3517 升压型 LED 驱动电路。5V 输入，12V 输出，350mA 驱动电流，具有精确的输入电流限制。

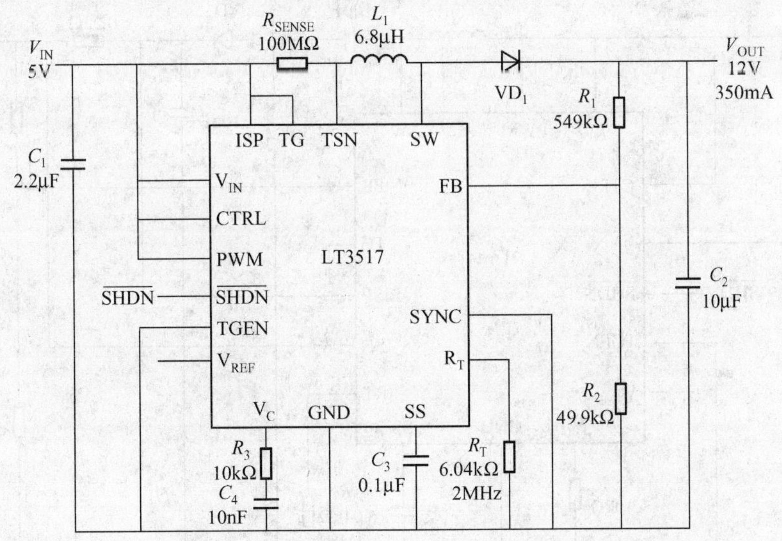

图 4-83　LT3517 升压型 LED 驱动电路

3）降压/升压型 LED 驱动电路。如图 4-84 所示为降压/升压型 LED 驱动电路，输入电压为 8～16V，驱动电流为 300mA。

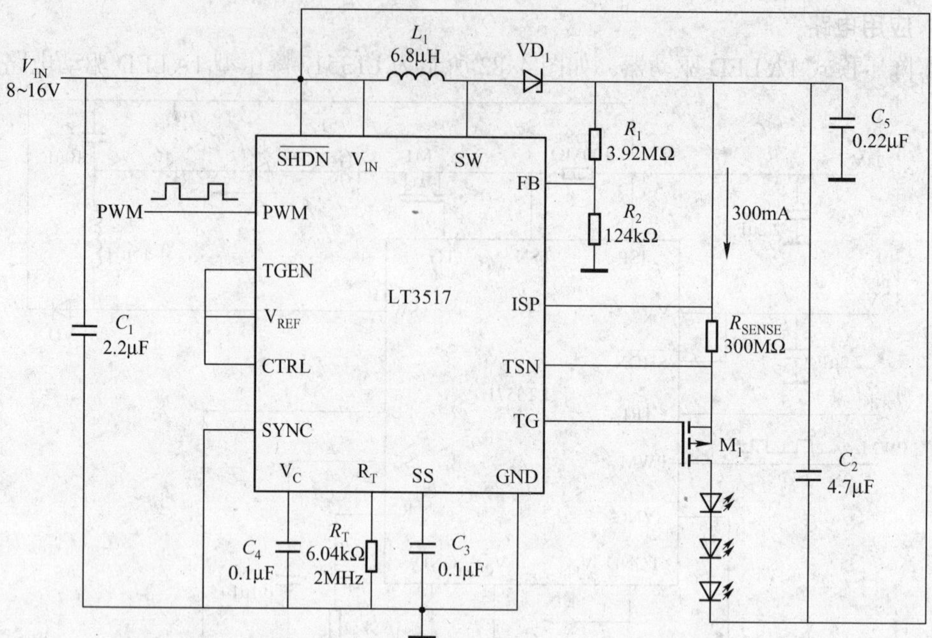

图 4-84　降压/升压型 LED 驱动电路

4）SEPIC 变换器电路。

如图 4-85 所示的变换电路是一个 3V 输入、5.5V 输出、驱动电流 350mA、具有短路保护功能的驱动电路。

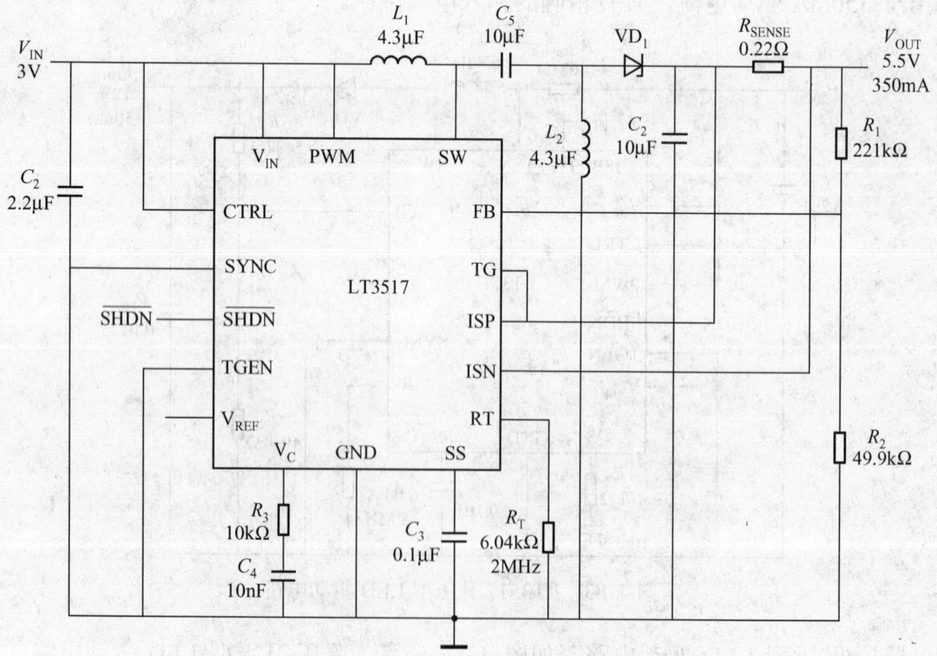

图 4-85　LT3517 SEPIC 驱动电路

4.8.3　多拓扑结构 LED 驱动电路

表 4-23 列出了凌特公司多模式 LED 驱动电路的主要参数和封装形式。

表 4-23　凌特公司多模式 LED 驱动电路

参数和封装 / 型号	拓　　扑	V_{IN}/V	调光类型	V_{OMAX}/V	I_{SW}/A	封装形式
LT3476	四路降压、升压、降压/升压	2.8～16	PWM/1000：1	36	4 × 1.5	QFN-38
LT3477	SEPIC、降压、升压、降压/升压、反激	2.5～25	线形调光	40	3	QFN-20, TSSOP-20
LT3478	降压、升压、降压/升压	2.8～36	PWM/3000：1	42	4.5	TSSOP-16
LT3517	降压、升压、降压/升压	3～30	PWM/5000：1 模拟/10：1	40	1.5	QFN-16, TSSOP-16
LT3518	降压、升压、降压/升压	3～30	PWM/3000：1 模拟/10：1	45	2.3	QFN-16
LTC3783	SEPIC、升压、反激	3～36	PWM/3000：1 模拟/100：1	由外部 FET 限制	外部 FET	DFN-16, TSSOP-16

美信公司多模式 LED 驱动电路除了 MAX16821 外，还有 MAX16801、MAX16802、MAX16807、 MAX16808、 MAX16809、 MAX168010 和 MAX16818。

第 5 章　交流电供电的 LED 驱动电路

220V 交流电源是日常生活中的通用电源，包括照明电器在内的各种电器都需要与之接口才能工作。也就是说，要想使 LED 光源得到广泛应用，必须设计 LED 与交流 220V 电源的接口电路，即交流驱动电路。

传统光源一般都采用有效值为 220V 的交流市电供电，所以是不需要专门设计接口电路的，而一般 LED 的工作电源是直流电，通常工作电压不会高于直流 4V，所以交流 220V 市电是不能直接给 LED 光源供电的，需要对交流供电电源进行变换。AC-DC LED 驱动器，就是把交流市电变换成 LED 照明灯需要的低压直流电，并提供恒定电流的驱动电路。本章主要介绍如何设计 AC-DC LED 驱动电路。

5.1　交流供电 AC/DC LED 驱动电路

LED 的特点是工作电压低，LED 的工作电压不会高于 4V，这样相对于有效值为 220V 的交流电来说，不仅需要降压，而且需要将交流电转换成直流电。一般是先通过工频变压器将高压变成低压，然后再通过整流将交流电变换成直流电，或通过开关电源将交流电降低到与 LED 工作电压相匹配的电压等级，这使得交流电供电的 LED 驱动电路比低压直流电 LED 驱动电路要复杂得多。因此，LED 要步入通用照明领域就必须降低驱动电路的成本。交流电整流后的电压很高，LED 驱动器须做好隔离技术，以确保人身安全。另外，由于整流电路含有大量的谐波干扰，为了减轻对电网的污染，AC/DC LED 驱动电路需要包含功率因数校正（PFC）电路。

交流电供电的 AC/DC LED 驱动器的电源变换结构主要有电容器降压、工频变压器降压和开关电源降压三种类型。

5.1.1　电容器降压

在交流电供电条件下，LED 驱动器最简单的实现方法是通过电容器降压后再整流，电路如图 5-1 所示，这种结构的电路具有非常低的成本。

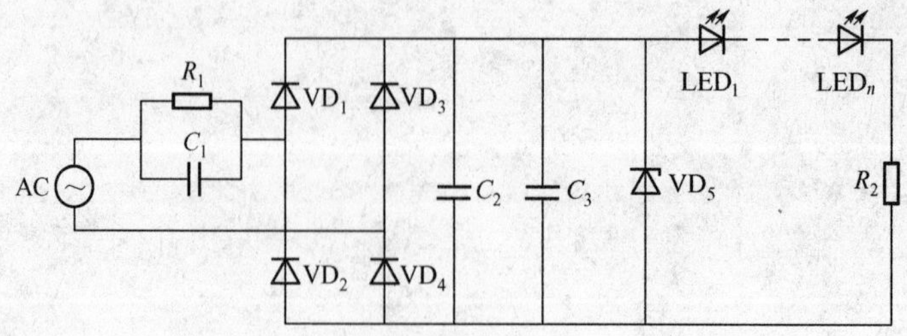

图 5-1　电容器降压 LED 驱动电路

在这个电路中，电容 C_1 承担降压功能，所以要求 C_1 的额定电压要很高。电容的特性是通交流、隔直流，当电容连接在交流电路中时，其容抗计算公式为

$$X_C = 1/(2\pi fC) \tag{5-1}$$

式中，X_C 为电容的容抗；f 为输入交流电源的频率；C 为电容的容量。如果加在电容器 C 上的电压为 V_{AC}，那么流过电容的电流为

$$I_C = V_{AC}/X_C \tag{5-2}$$

在 220V/50Hz 的交流电路中，当负载电压远远小于 220V 时，电容的容抗为

$$\begin{aligned} X_C &= 1/(2\pi fC) \\ &= \frac{1}{2\pi 50C} \\ &= \frac{1}{100\pi C} \end{aligned} \tag{5-3}$$

由式（5-3）得出，电流与电容的关系式为

$$\begin{aligned} I_C &= \frac{V_{AC}}{X_C} \\ &= 220\times(100\pi C) \\ &\approx 69C \end{aligned} \tag{5-4}$$

式中，电容的单位为μF；电流的单位为 mA。

对于如图 5-1 所示的电路，若只接一个 1W 的 LED 用于照明，由于其工作电压一般是 3.3V，工作电流为 350mA。那么根据式（5-4）可计算出电容 C 的值为

$$C = \frac{I_C}{69} = \left(\frac{350}{69}\right)\mu\text{F} \approx 5\ \mu\text{F}$$

电容的耐压值一般要求大于输入电源电压的峰值，在这个电路中可以选择耐压为 400V 以上的涤纶电容或纸介质电容。

图 5-1 中的电阻 R_1 为泄放电阻。若正弦波在最大峰值时被切断，则电容 C_1 上的残存电荷无法释放，会长期存在。在维修时如果人体接触到 C_1 的金属部分，有可能会触电，而电阻 R_1 能将残存的电荷泄放掉，以保证人机安全。泄放电阻的阻值与电容的大小有关，一般电容的容量越大，残存的电荷就越多，泄放电阻的阻值就要选小些。表 5-1 给出了电容与泄放电阻的参考值，供设计时参考。

表 5-1　电容与泄放电阻的参考值

电流/mA	10	15	30	70	150	300
电容 C_1/μF	0.15	0.22	0.47	1	2.2	4.7
泄放电阻 R_1/kΩ	1 500～2 000	820～1 500	470～820	360～510	200～300	82～150

图 5-1 中的 VD_1～VD_4 的作用是将交流电整流为带有纹波的直流电，VD_1～VD_4 可以选择 1N400X 系列的二极管。

C_2、C_3 为滤波电容，其作用是将整流后的、带有纹波的直流电压滤波成平稳直流电压。

滤波电容 C_2、C_3 的耐压值要大于整流后的直流电压。

VD_5 是瞬间抑制二极管，其作用是在出现瞬间的浪涌高压时，快速导通电路，释放浪涌电压，以避免电路被破坏，保护 LED 不被瞬间高压击穿。

LED 串联的数量应视其正向导通电压 V_F 的大小而定，在 220V 的交流电中，若选择 LED 作为照明光源，其正向工作电压一般为 3.3V，最大工作电压为 3.6V。若按 LED 的最大工作电压计算，最多可以串联几十个 LED。

为了避免上电时电容的浪涌电流对 LED 的冲击，需要在回路中串联电阻加以限制。

电容器降压 LED 驱动电路的特点是电路结构简单，但是效率极低，仅适用于小功率 LED 照明应用，不适用于大功率的 LED 照明，特别不适合大电流的 LED 驱动。

5.1.2 工频变压器降压

采用工频变压器降压，是较为通用的降压方法，它能把 220V 交流电压降低到几十伏、甚至几伏以下，再经过整流滤波电路，得到能给 LED 恒流驱动电路供电的直流电压。工作变压器降压 LED 驱动电路如图 5-2 所示。

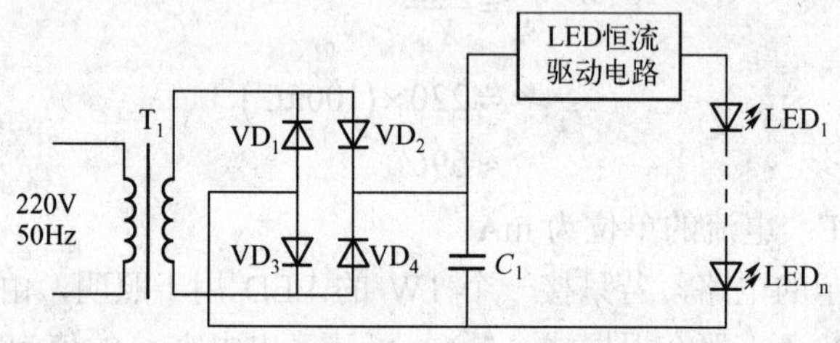

图 5-2　工频变压器降压 LED 驱动电路

LED 驱动电路可以是线性 LED 驱动电路，也可以是基于电感的直流/直流（DC/DC）开关变换器驱动电路。

1．线性恒流源 LED 驱动电路

交流电首先经工频变压器降压，再经整流滤波电路滤波后，输出直流低电压。在实际设计中，可以根据后续电路的实际耐压值来选择整流后的直流电压值，然后再确定变压器的降压比例。降压后的直流电压为集成线性 LED 驱动集成电路（IC）供电，组成线性恒流源 LED 驱动电路，来驱动 LED 串。

对于通用照明领域，可以采用小功率 LED 光源，也可以选用大功率 LED 光源。小功率 LED 光源的电流一般为 20mA，不需要 PWM（Pulse Width Modulation，脉冲宽度调制）调光，要求驱动集成电路简单，引脚少。大功率 LED 光源，其工作电流一般是 350mA 以上，要求驱动集成电路内部带有大功率场效应晶体开关管，以减少外围器件的数量。

下面介绍几款线性恒流源驱动集成电路，这些集成电路的共同特点是引脚很少，应用简单，恒定电流输出或外部电阻可调输出，驱动电流较小，一般为 10～50mA，输入电压范围广，价格便宜，可驱动一个至几十个 LED。

（1）BCR402R 线性恒流 LED 驱动电路

BCR402R 是英飞凌（Infineon）公司推出的线性恒流 LED 驱动电路，主要应用于广告字幕、装饰照明 LED 条、飞机/火车/船舶照明、普通照明改造、医疗照明。

BCR402R 的特点如下：

- 输出 20mA 的 LED 驱动电流。
- 通过外部电阻调节，输出电流高达 60mA。
- 供电电压高达 18V。
- 通过几个驱动器并联，可增加电流。
- 1.2V 低电压压降。
- 电源电压变化时，可高精确度地输出电流。

BCR402R 的引脚排列和内部结构如图 5-3 所示。

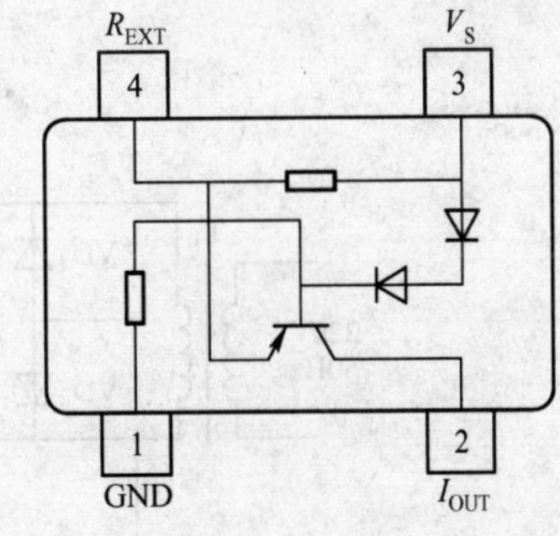

图 5-3　BCR402R 的引脚排列和内部结构

BCR402R 是一个驱动小功率 LED 的低成本高效驱动电源。不接外部电阻时，BCR402R 的典型输出电流为 20mA。在 R_{EXT} 引脚上外接一个电阻，可以增加输出电流，当外接电阻 R_{EXT}=82Ω时，输出电流为 29mA。当输入电压为 9V 时，BCR402R 上的最小电压降大约为 0.75V，可以驱动 4 个红光 LED。

BCR402R 的典型应用电路如图 5-4 所示。其中，R_{INT} 的典型值为 38Ω，V_{DROP} 为 V_S 与 V_E 的差值，V_S 是交流电压经整流后的直流电压，V_{DROP} 是外电电阻上的电压降，是根据外接 LED 的数量，用来调整输出电流的。

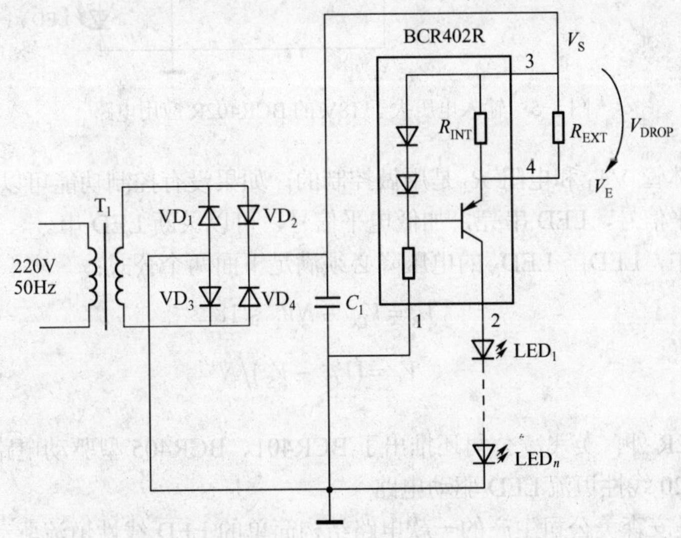

图 5-4　交流市电供电的 BCR402R 典型应用电路

外部调节电阻 R_{EXT} 可由式（5-5）计算：

$$R_{EXT} = \frac{V_{DROP}}{I_{OUT} - V_{DROP}/R_{INT}} \tag{5-5}$$

该驱动电源可驱动的最大 LED 数量可由式（5-6）计算：

$$N = \frac{V_{\mathrm{S}} - V_{\mathrm{DROP}}}{V_{\mathrm{F}}} \tag{5-6}$$

式中：V_F是LED的正向电压降

对于某些 LED 应用场合，如建筑照明需要很高的亮度时，就要串入较多的 LED，这就需要更高的输入电压才能使 LED 发光，此时输入电压会大于 BCR402R 的最高输入电压18V。为了在这种情况下也能使用 BCR402R 作为驱动电路，在确保引脚3的电压 V_S 小于18V的情况下，可以采用如图5-5所示的电路来实现。

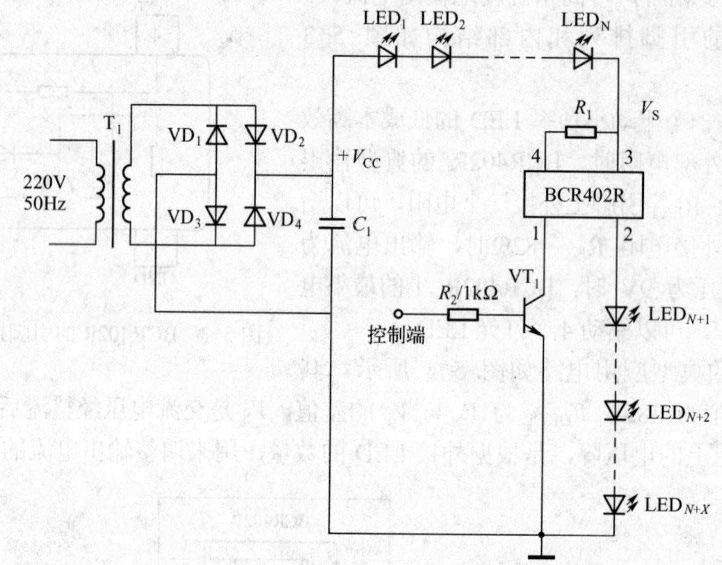

图5-5 输入电压大于18V的BCR402R应用电路

电路中的晶体管 VT_1 和电阻 R_2 是用做控制的，如果没有控制功能可以不必连接。在 R_2 的控制端加高电平信号，LED串亮，加低电平信号，可以关断LED串。

在这个电路中，LED_1～LED_N 的电压降必须满足下面两个公式：

$$V_{\mathrm{S}} = V_{\mathrm{CC}} - NV_{\mathrm{F}} \leqslant 18 \tag{5-7}$$

$$V_{\mathrm{F}} = \left(V_{\mathrm{CC}} - V_{\mathrm{S}}\right)/N \tag{5-8}$$

除了BCR402R外，英飞凌公司还推出了BCR401、BCR405型驱动电路。

（2）NSI 45020线性恒流LED驱动电路

NSI 45020是安森美公司生产的一款电路结构简单的LED线性恒流驱动电路，如图5-6所示，能够提供一个具有低成本、高效率的恒流驱动LED解决方案。NSI 45020采用自偏置晶体管技术，可在宽电压范围内调节LED电流。NSI 45020具有负温度系数，在极端电压和电流条件下，在热失控时保护 LED。NSI 45020 无需外部器件，高阳极-阴极耐压可以承受常见于汽车、工业、商业标志应用的浪涌电压。

它主要应用于汽车的显示器和仪表背光、汽车高位刹车灯、地图灯，以及交流照明面板、显示标牌、装饰照明。

NSI45020 的输出电流为 20mA，阳极-阴极耐压高达 45V，阳极-阴极最小压降 V_{ak} 为 3V，V_{ak} 与输出电流的关系如图 5-7 所示。

图 5-6　NSI45020 实物图

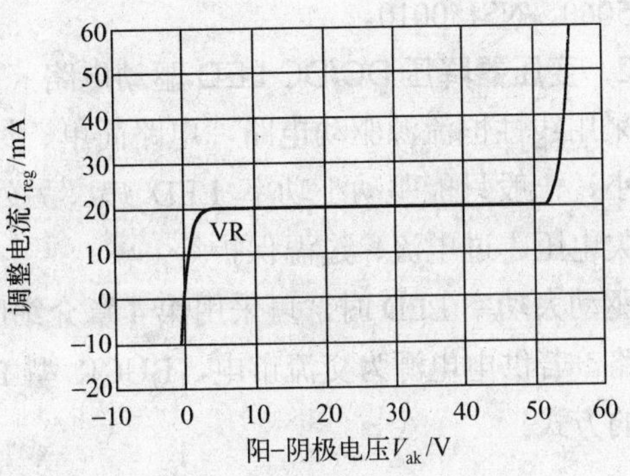

图 5-7　V_{ak} 与输出电流的关系

交流电供电的 NSI45020 线性恒流 LED 驱动电路的典型应用如图 5-8 所示。在这个电路中，一个 NSI45020 能驱动的最多 LED 数量为

$$N_{LED} = (V_{CC} - V_{ak})/V_F \tag{5-9}$$

式中，V_{CC} 为整流后电压；V_{ak} 为 NSI45020 的最小电压降；V_F 为一个 LED 的正向电压降。

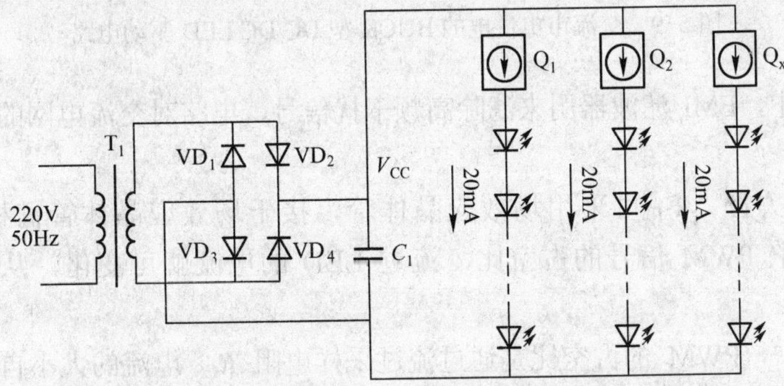

注：图中的 Q_1，Q_2 和 Q_x 是恒流源控制器

图 5-8　交流电供电的 NSI45020 线性恒流 LED 驱动电路

对于如图 5-8 所示的应用电路，如果变压器的输入输出比为 1∶1，LED 的正向工作电压全部为 3.3V，那么每一路可连接 LED 的最大数量和最少数量分别为

$$N_{LED(max)} = (V_{CC} - V_{ak})/V_F = \frac{311-3}{3.3} \approx 93$$

$$N_{LED(min)} = (V_{CC} - V_{ak})/V_F = \frac{311-45}{3.3} \approx 81$$

若实际照明需要的 LED 数量不在最大值和最小值之间，就需要改变变压器的输入输出

比，来满足实际需求。

除了 NSI45020 外，安森美公司的线性恒流源驱动电路还有 NSI45025、NSI45030、NSI45060、NSI50010。

2．变压器降压 DC/DC LED 驱动电路

采用线性恒流源驱动电路，电路简单、经济，但是效率较低，电流调节精度差，驱动电流较小，一般只能驱动小功率 LED 串。另外，电路对 LED 的保护功能较少，如缺少过电压、欠电压、过电流、过温保护等。

驱动大功率 LED 时，可采用第 4 章介绍的 DC/DC LED 驱动电路，如 BUCK 型 LED 驱动电路。若供电电源为交流市电，BUCK 型 DC/DC LED 驱动电路连接方式可采用如图 5-9 所示的方式。

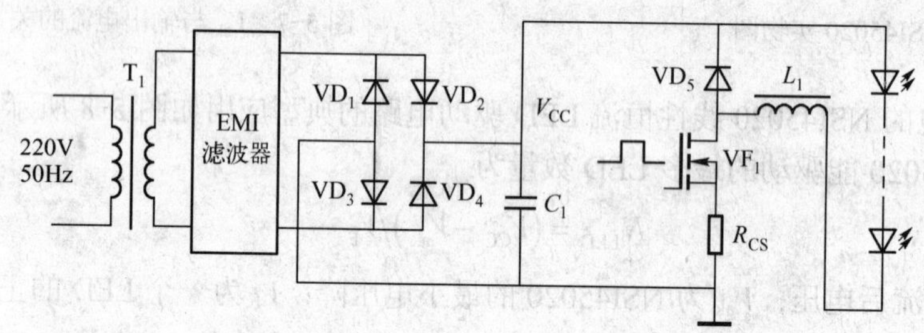

图 5-9　交流市电供电的 BUCK 型 DC/DC LED 驱动电路

在这个电路中，EMI 滤波器用来滤除高频干扰信号、电路对交流电网的干扰以及抗浪涌电流等。

电路中的开关管 VF_1 可采用场效应晶体管，接于场效应晶体管栅极的控制信号为 PWM 信号，调整 PWM 信号的占空比，流过 LED 的电流就可变化，从而实现 LED 亮度调整。

在实用电路中，PWM 的占空比是通过流过采样电阻 R_{CS} 电流的大小自动调整的，这样可以实现流过 LED 的电流为恒流。改变 R_{CS} 的大小，就可以改变流过 LED 的电流，也就可以改变 LED 的亮度。

交流市电供电的变压器降压 DC/DC LED 驱动电路，电路结构复杂，但驱动电流大，可达安培级，输出功率可达几十瓦，电路保护功能多，电流调节精度高。

DC/DC 型驱动电路是目前 LED 照明的主流驱动方式，很多公司研制出多种形式的控制芯片。对于采用变压器降压后，实现 LED 照明的芯片，可用第 4 章介绍的芯片来实现。

5.1.3　开关电源 LED 驱动电路

本节介绍直接整流后，通过 DC/DC 降压或升压，实现 LED 的驱动。由于省去了工频变压器，可使整个驱动电路的体积减小，并提高效率。

开关电源 LED 驱动电路主要是由 EMI 滤波器、整流电路、功率因数校正（Power Factor

Correction，PFC）电路、DC/DC 变换器组成，如图 5-10 所示。

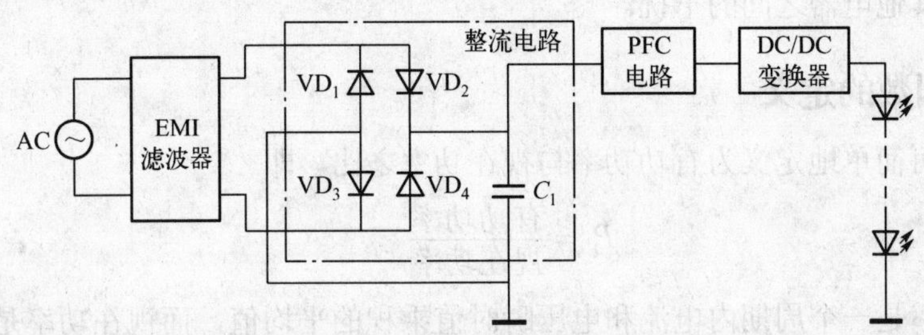

图 5-10　开关电源 LED 驱动电路

EMI 滤波器用来滤除高频干扰信号对电路的影响和电路对交流电网的干扰。PFC 电路用于提高电路的功率因数，增加有功功率。电路中的 4 个二极管，是用来将交流变成直流的整流电路。实际电路中，也可采用整流桥实现。

DC/DC 变换器可以采用多种拓扑结构，如反激、正激、LLC 谐振、推挽等。拓扑结构的选择，需要考虑成本、复杂程度以及功率大小等因素。

开关电源 LED 驱动电路可以做到 1W 至几百瓦的功率输出，并可以实现电源隔离。开关电源结构复杂，一般需要高频变压器。

5.2　功率因数校正

随着 LED 照明亮度的增加，驱动电源的功率将增加，功率因数校正变得越来越重要，本节将介绍功率因数校正的相关问题。

在交流电路中，电压与电流之间的相位差的余弦叫做功率因数。在数值上，功率因数是有功功率和视在功率的比值。

功率因数的大小与电路的负载性质有关，如白炽灯、电阻炉等电阻负载的功率因数为 1，一般具有电感或电容性负载的电路功率因数都小于 1。功率因数是电力系统的一个重要的技术指标，是衡量用电设备效率高低的一个重要标准。

交流输入电源经整流和滤波后，非线性负载使得输入电流波形畸变，输入电流呈脉冲波形，电流中含有大量谐波分量，使功率因数很低。由此带来的问题是，谐波电流污染电网，干扰其他用电设备；在输入功率一定的条件下，输入电流变大，就必须增大输入断路器和加粗电源线；三相四线制供电时中线的电流较大，由于中线无过电流防护装置，有可能过热甚至燃烧。为此，没有功率因数校正电路的开关电源逐渐被限制应用。因此，开关电源必须减小谐波分量，提高功率因数。提高功率因数对于降低能源消耗、减小电源设备的体积和重量、缩小导线截面积、减弱电源设备的辐射和传导干扰都具有重大意义。

功率因数校正电路通过对电源的输入电流波形进行整形，使负载吸取的有功功率最大化。在理想情况下，电器应该表现为一个纯电阻的负载，此时电器吸收的反射功率为零。电流是输入电压（通常是一个正弦波）的完美复制品，而且相位相同，负载从电网源吸收的电流最小，降低了与配电发电相关过程中基本设备的损耗。由于没有谐波，也减小了与使用相同电源供电的其他电器之间的干扰。

5.2.1 功率因数的定义

功率因数可简单地定义为有功功率与视在功率之比，即

$$P_{\mathrm{F}}=\frac{有功功率}{视在功率} \tag{5-10}$$

其中，有功功率是一个周期内电流和电压瞬时值乘积的平均值，而视在功率是电流的有效值与电压的有效值的乘积。

由式（5-9）可知，如果电流和电压是正弦波且同相，则功率因数是 1.0。如果两者是正弦波但不同相，电压与电流的相位角差为θ，则功率因数是相位角的余弦$\cos\theta$。

由于输入电路的原因，开关模式电源对于电网电源表现为非线性阻抗。输入电路通常由半波或全波整流器及其后面的滤波电容器组成，电容器将电压维持在接近输入正弦电压的波峰处，直至下一个峰值到来时对电容再进行充电。在这种情况下，只在输入波形的各峰值处从输入端吸收电流，而且电流脉冲必须包含足够的能量，以便在下一个峰值到来之前能维持负载电压。这一过程通过在短时间内将大量电荷注入电容，然后由电容缓慢地向负载放电来实现，之后再重复这一过程。电流脉冲为周期的 10%～20%是十分常见的，这意味着脉冲电流应为平均电流的 5～10 倍。图 5-11 即为不带 PFC 的典型开关模式电源的输入特性。

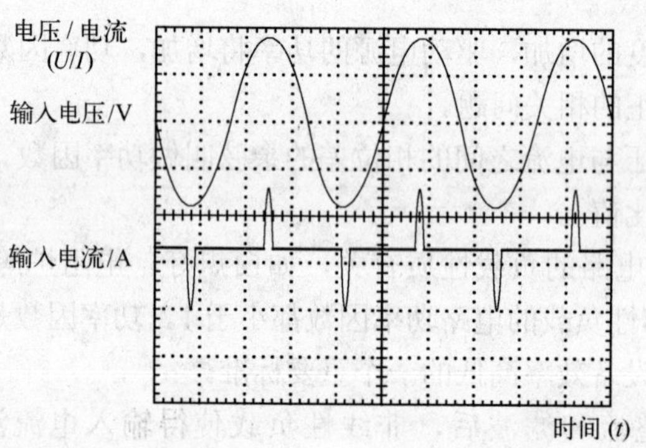

图 5-11 不带 PFC 的典型开关模式电源的输入特性

值得注意的是，输入电流的波形已经出现了严重的失真现象，但电流和电压的波形却保持了严格的同相关系。如果根据功率因数是电压与电流相位差的余弦这一结果，就会得出图 5-11 的功率因数为 1.0，显然这个结论是错误的。原因是什么呢？

通过傅里叶级数，很容易分析出图 5-11 中输入电流的基波及其谐波成分，图 5-12 给出了电流波形的谐波成分。图 5-11 中的基波频率为 50Hz，图 5-12 中的基波以 100%作参考，谐波的幅度则显示为基波幅度的百分比。如果波形包含无限窄和无限高的脉冲，则谐波成分会变得复杂些。通过实际计算，这个电源的功率因数大约为 0.6，而不是前面的结论 1.0。

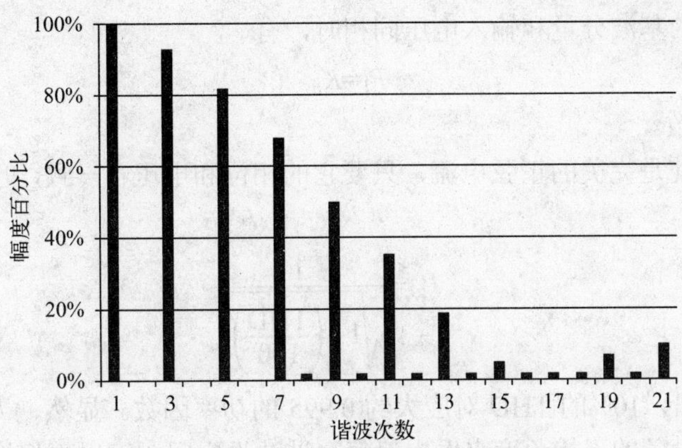

图 5-12　图 5-11 中电流波形的谐波成分

通过功率因数校正技术，可使图 5-11 的电源得到很好的校正，图 5-13 给出了功率因数校正完好的电源输入。它的电流波形和电压波形的形状和相位都极为相似。注意，它的电流谐波成分几乎为零。

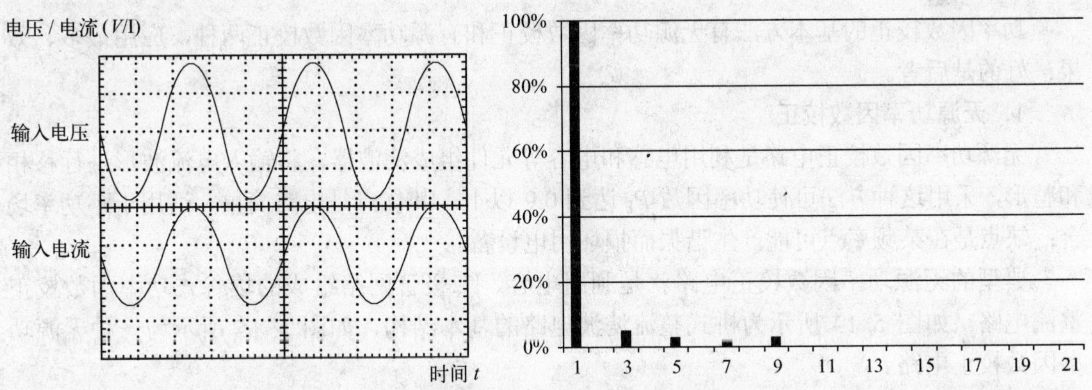

图 5-13　带接近完美的 PFC 的电源的输入特性

5.2.2　总谐波失真

总谐波失真是指输出信号比输入信号多出的额外谐波成分。谐波失真是由于系统不是完全线性造成的，所有附加谐波电平之和称为总谐波失真，它通常用百分数来表示。

从前面的描述可以清楚地看到，高功率因数和低谐波是一致的。但是，它们之间没有直接的关系，总谐波失真（Total Harmonic Distortion，THD）和功率因数的关系如下：

$$\mathrm{THD} = 100\sqrt{\frac{1}{K_{\mathrm{d}}^{2}} - 1} \tag{5-11}$$

式中，K_{d} 是失真系数，由式（5-11）可导出

$$K_{\mathrm{d}} = \frac{1}{\sqrt{1 + \left(\frac{\mathrm{THD}}{100}\right)^{2}}} \tag{5-12}$$

因此，当输入电流的基波分量和输入电压同相时，有

$$P_F=K_d \tag{5-13}$$

式中，P_F 为功率因数。

如前所述，即使是完美的正弦电流，只要它的相位和电压不一致，也会得出功率因数小于 1 的结论，即

$$P_F=\frac{1}{\sqrt{1+\left(\frac{THD}{100}\right)^2}} \tag{5-14}$$

由式（5-13）可得出，10%的 THD 对应大约 0.995 的功率因数。显然，无论是从电流的最小化还是减小对其他设备的干扰角度来看，对每个谐波设定限制可以更好地完成控制输入电流"污染"的任务。

5.2.3 功率因数校正的类型

功率因数校正就是将畸变电流校正为正弦电流，并使之与电压同相位，从而使功率因数接近于 1。

功率因数校正的基本方法有无源功率因数校正和有源功率因数校正两种，应用最多、效果最好的是后者。

1. 无源功率因数校正

无源功率因数校正电路是利用电感和电容等元件组成滤波器，将输入电流波形进行移相和整形，采用这种方法可使功率因数 P_F 达到 0.9 以上。其优点是电路简单，适用于小功率场合；缺点是在某频率点可能产生谐振而损坏用电设备。

典型的无源功率因数校正电路就是利用电容、二极管网络组成的填谷式功率因数校正整流电路。如图 5-14 所示为桥式整流滤波电路的基本结构，如图 5-15 所示为一种无源功率因数校正电路。

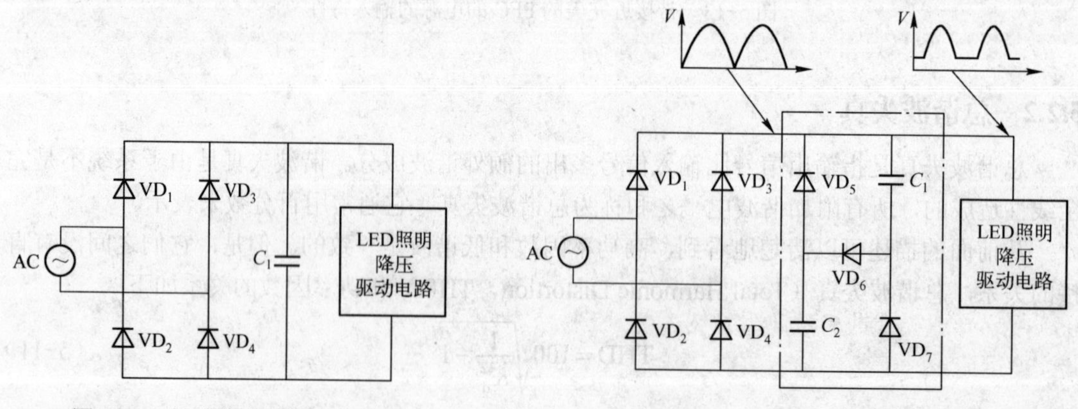

图 5-14　桥式整流电容滤波电路　　　图 5-15　无功功率因数校正电路

将图 5-14 中的电容 C_1，用图 5-15 所示的 3 个二极管（VD_5、VD_6 和 VD_7）和两个等值电容（C_1 与 C_2）来替代，则可以大大减小输入电流的失真。

由 VD_5～VD_7 和 C_1 与 C_2 组成的填谷式无源 PFC 电路，在 AC 线路电压较高时，由

于二极管 VD_6 的接入，电容 C_1 和 C_2 以串联方式被充电。只要 AC 电压高于 C_1 和 C_2 上的电压，线路电流将通过负载。一旦线路电压幅值降到每个电容上的充电电压以下时，VD_6 则反向偏置，而 VD_5 和 VD_7 导通，C_1 和 C_2 以并联方式通过负载放电，此时 AC 电流不再向负载供电。由于电容和二极管的串并联特性，增大了二极管的导通角，从而使输入电流波形得到了改善。采用填谷式电路能使线路功率因数达到 0.9 以上，3 次和 5 次谐波的电流分别降至 20%和 16%以下，总谐波失真（THD）降至 30%。

填谷式电路虽然使线路的功率因数达 0.9 以上，谐波电流被大大衰减，但因其产生的 DC 输出电压极不平滑，致使灯电流波峰比达 2.0 以上，超过标准规定≤1.7 的要求。

2．有源功率因数校正

有源功率因数校正电路的基本工作原理是利用控制电路强迫输入电流波形跟踪输入交流电压波形变化，实现交流电流正弦化，并与输入电压同步。

有源功率因数校正电路的特点如下：

1）功率因数高，P_F 可达 0.99 以上。

2）总谐波畸变率低，THD<10%。

3）交流输入电压范围宽，可达 90～270V。

4）输出电压稳定。

5）所需磁性元件小。

有源功率因数校正电路的缺点是电路比较复杂；优点是工作于高频开关状态，体积小、重量轻、效率高。

有源功率因数校正（Active PFC）技术具有功率因数高、性能指标好、电路形式多样、控制集成电路品种齐全等一系列优点，因此在实际应用中占有绝对优势。

有源功率因数校正电路的主电路常采用 DC/DC 开关变换器，其中输出升压型变换器由于电感电流连续，储能电感也可以用做滤波电感来抑制射频干扰（Radio Frequency Interference，RFI）和 EMI 噪声、电流波形畸变小、输出功率大及主动功率因数校正功率开关共源极工作和驱动电路简单等优点，所以使用较为广泛。除了采用升压型变换器外，Buck/Boost、Flyback、SEPIC 变换器都可用做有源功率因数校正的主电路。

按有源功率因数校正电路输入电流检测和控制方式，升压输出型有源功率因数校正电路可分为如下 3 类：

- 电感 L 电流 i_L 连续模式（Continaous Conduction Mode，CCM）。
- 电感 L 电流 i_L 临界导通模式（Critieal Conduction Mode，CRM）。
- 电感 L 电流 i_L 不连续模式（Discontinaous Conduction Mode，DCM）。

（1）临界导电模式(CRM)控制器

临界导电模式或者称为过渡模式控制器在照明和其他较低功率的应用中很常见，这些控制器使用简单，而且价格低廉。如图 5-16 所示为临界导电模式转换器的基本原理图。

带有 CRM 功率因数校正的转换器使用一种类似于图 5-16 的控制方案，具有低频极点的误差放大器向参考乘法器提供一个误差信号，乘法器的另一个输入是经整流的交流输入电压的比例信号，乘法器输出是误差放大器的近似直流信号与交流输入端的全波整流正弦波形的乘积，而且被用做输出电压的参考信号，此信号的幅度经调整后可保持正确的平均功率，以使输出电压能保持其稳压值。

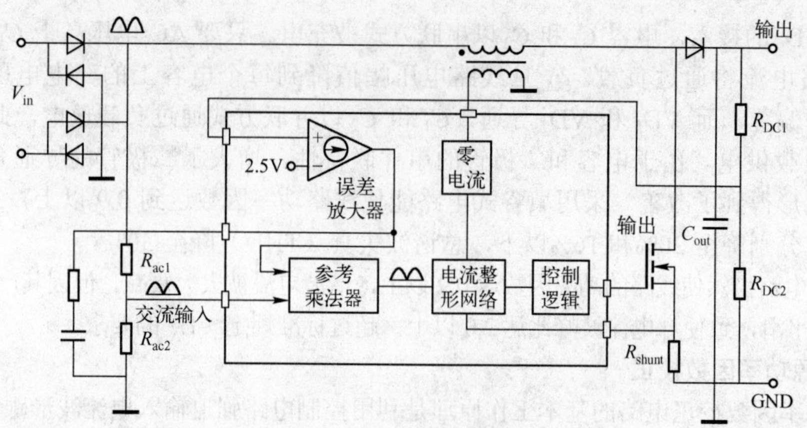

图 5-16　临界导电模式转换器的基本原理图

电流整形网络强制电流跟随乘法器的波形，尽管线路频率电流信号（检测后）是参考幅度的一半。电流整形网络的功能如下：在如图 5-17 的波形中，V_{ref} 是乘法器的输出信号。此信号被送到比较器的一个输入端，另一个输入端则连接电流波形。当功率开关接通时，电感电流斜升，直到分路上的信号达到 V_{ref} 的电平。在此点上，比较器会改变状态并断开功率开关。断开开关后，电流斜降直到降为零。零电流检测电路测量电感两端的电压，当电流达到零时，电压也会降到零。在此点上，开关接通，电流再次斜升。

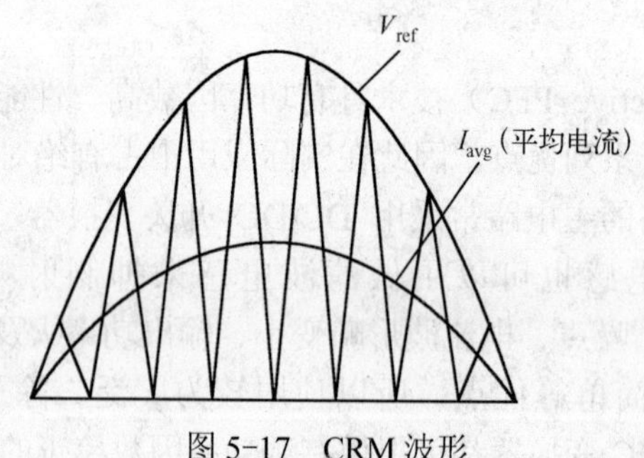

图 5-17　CRM 波形

这种控制方案叫做临界导电，而且就像其名称一样，可将电感电流保持在连续和不连续导电的边界。由于波形总是已知的，所以平均电流和峰值电流之间的关系也是已知的。对于三角波形，平均值就是峰值的一半，这意味着平均电压信号位于参考电压一半的水平。

这类稳压器的频率随着线路和负载的变化而变化，在大线高电压和负载轻时达到最大值，而且在线路周期中频率也会有所变化。

优点：芯片廉价，便于设计，没有开关导通损耗，升压二极管的选择并非起决定性作用。

缺点：存在频率变化。由于存在潜在的 EMI 问题，需要一个设计精巧的输入滤波器。

上面介绍的是一种带乘法器的临界导通电路，下面介绍一种不带乘法器的临界导电电路。如前所述，CRM 控制器的电流波形从零斜升至参考信号，然后再斜降回零。参考信号是整流输入电压的比例变换，这可以表示为 kV_{in}，其中 k 是经典电路中的交流电压分压器和乘法器的比例常数。有了这个条件，并且在电感斜率和输入电压的关系已知的情况下，由如

图 5-18 所示的电路便可得出下列公式：

$$I_{pk} = kV_{in}(t) \tag{5-15}$$

且

$$I_{pk} = \Delta I = \frac{V_{in}(t)}{L} t_{on} \tag{5-16}$$

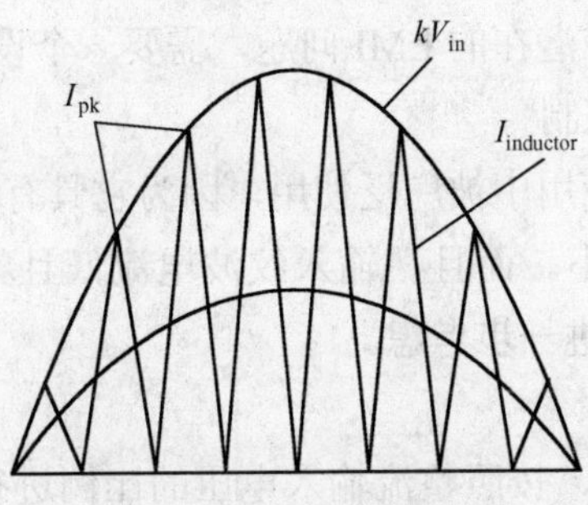

图 5-18　CRM 电流包络

由式（5-15）和式（5-16）两式便可得出

$$kV_{in}(t) = \frac{V_{in}(t)}{L} t_{on} \tag{5-17}$$

因此

$$t_{on} = kL \tag{5-18}$$

式（5-18）表明对于一个给定的参考信号 kV_{in}，t_{on} 为一个常量，T_{off} 会在周期中变化，这是临界导电时的频率变化所引起的。在线路电压和负载条件给定的情况下，导通时间为常数。

在如图 5-19 所示的电路中，可编程单稳态定时器决定了功率开关的导通时间。当导通周期结束时，PWM 切换状态并且断开电源开关。零电流检测器将检测电感电流，而且当电流达到零时，开关会再次接通。这会产生稍稍不同的电流波形，但和经典方案的直流输出相同，且无须使用乘法器。

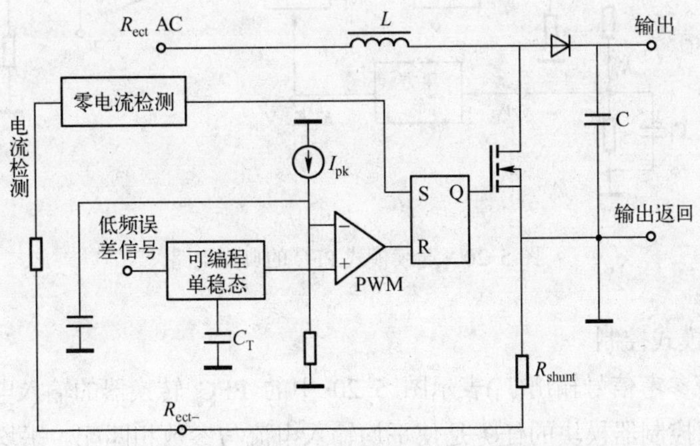

图 5-19　不带乘法器的 CRM 控制器的简化原理图

因为导通时间的给定值仅在给定负载和线路电压的条件下有效，且直流环路的低频误差放大器连接到单稳态电路。误差信号改变了充电电流，同时改变了控制电路的导通时间，使其在一个较宽的负载和线路电压条件范围内保持稳压。

优点：芯片廉价，便于设计，没有导通切换损耗，可以工作在跟随升压模式下，电感更小、更廉价。

缺点：频率变化，由于存在潜在的 EMI 问题，需要一个设计精巧的输入滤波器。

（2）连续导电模式(CCM)控制

连续导电模式控制在各种应用中被广泛使用，因为它具有如下几个优点：峰值电流小，从而使开关和其他元件损耗较小。而且，输入纹波电流低且频率恒定，从而使滤波简单易行。CCM 工作的下列属性需作进一步考虑。

1）有效电压控制

与大多数 PFC 控制器一样，按照整流输入电压的比例进行变换，并用做电流整形电路的参考信号，基本上都使用乘法器来实现这个功能。但这种乘法器比传统的两输入乘法器复杂。

图 5-20 给出了连续模式 PFC 的典型电路，升压转换器由一个根据电流命令信号 V_i 对电感电流（转换器的输入电流）进行整形的平均电流模式脉冲宽度调制器(PWM)驱动，信号 V_i 是对输入电压 V_{IN} 进行了 $V_{SIN}V_{DIV}$ 幅度变换后得到的。

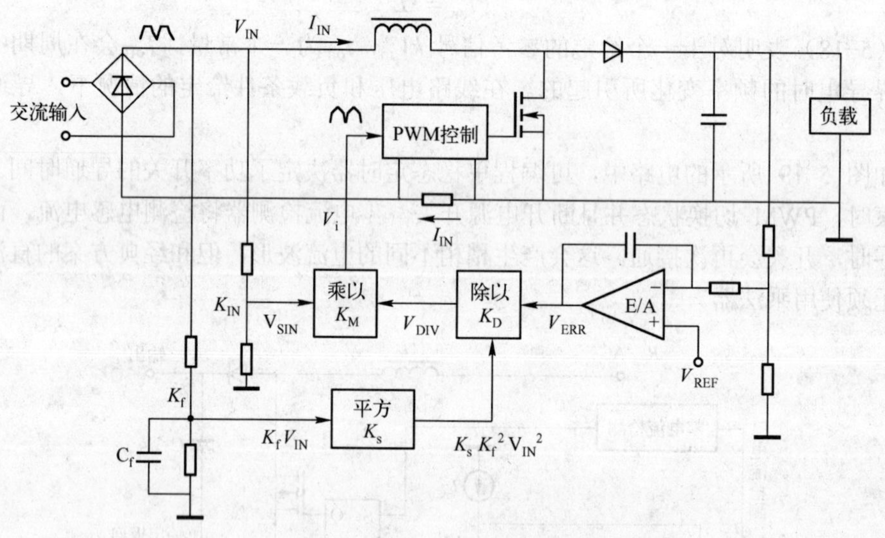

图 5-20　连续模式 PFC 的典型电路

2）平均电流模式控制

乘法器的交流参考信号输出(V_i)表示图 5-20 中的 PFC 转换器的输入电流波形、相位和比例系数，PWM 控制器模块的任务是使平均输入电流与参数相匹配。平均电流模式控制应用在这些控制器中，如图 5-21 所示。

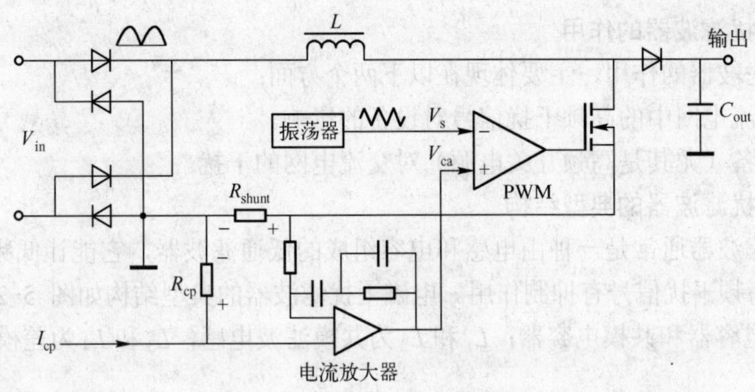

图 5-21　平均电流模式控制电路

平均电流模式控制电路根据控制信号 I_{cp} 来稳定平均电流（输入或输出）。对于 PFC 控制器来说，I_{cp} 由低频直流环路误差放大器产生。图 5-21 中的电流放大器是电流信号的积分器和误差放大器。它控制波形调整，而 I_{cp} 信号控制直流输出电压。电流 I_{cp} 在 R_{cp} 上产生了一个电压。为保持电流放大器的线性状态，它的两个输入必须相等。因此，在 R_{shunt} 上的电压必须等于 R_{cp} 上的电压。

与电压模式控制电路的情形一样，将此信号同振荡器的锯齿波信号进行比较，PWM 比较器根据这两个输入信号生成一个占空比的 PWM 信号。

优点：对高于 200W 的功率时效果好。固定频率工作，比用其他方法产生的高频电流具有更低的峰值。

缺点：比临界导电电路更复杂而且成本更高。

5.3　电磁干扰滤波

电磁干扰（Electro Magnetic Interference，EMI）通常由电子设备产生，是器件中的电压或电流快速变化的结果。电压或电流变化速率越快，电磁干扰就越严重。在典型的开关电源中，如反激式开关电源，功率 MOSFET 的频繁开关会产生不规则的电压和电流脉冲，每个脉冲在它的基频上都带有谐波，所有谐波在高频范围内形成噪声，这些噪声就会对周围仪器设备等产生干扰。

大多数电子电路都会辐射某种类型的射频信号，尽管这些信号很微弱，但当它对临近区域的其他设备形成干扰时，就会造成大问题。干扰的程度有大有小，小到使电视机屏幕上出现雪花，大到使自动化控制系统停机。

电源线是干扰传入和传出设备的主要途径。通过电源线，电网的干扰可以进入设备，使设备工作不正常。同样，设备自身产生的干扰也可能通过电源线传到电网上，干扰其他设备的正常工作。因此，通常在设备的电源进线处加入电磁干扰滤波器。

5.3.1　电磁干扰（EMI）滤波器的基本概念

电磁干扰滤波器是低通滤波器的一种，其作用是在设备正常工作时，使有用信号进入设备（一般就是工频 50Hz 的电源），而对无用的干扰信号有较大阻碍作用。

1．电磁干扰滤波器的作用

电磁干扰滤波器的作用，主要体现在以下两个方面：

1）抑制交流电网中的高频干扰信号对设备的影响。

2）抑制设备（尤其是高频开关电源）对交流电网的干扰。

2．电磁干扰滤波器的典型结构

电磁干扰滤波器通常是一种由电感和电容组成的低通滤波器，它能让低频的有用信号顺利通过，而对高频干扰信号有抑制作用。电磁干扰滤波器的典型结构如图 5-22 所示，C_x 和 C_y 分别为差模电容器和共模电容器；L_1 和 L_2 为共模滤波电感，L_3 和 L_4 为差模滤波电感。

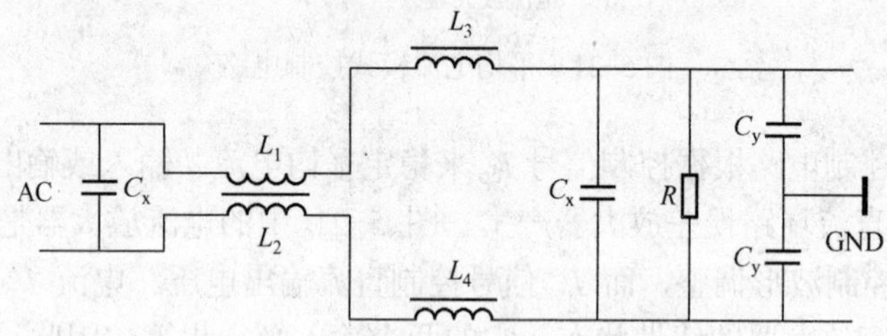

图 5-22　电磁干扰滤波器的典型结构

3．电磁干扰滤波器的元件选择

（1）滤波电容的选择

与一般的滤波器不同，电磁干扰滤波器中的电容有两种，接于两相线之间的称为差模电容，如图 5-22 所示的 C_x；接于相线与地之间的称为共模电容，如图 5-22 所示的 C_y。在设计或选用滤波器时都必须充分考虑这两类电容的安全性能，因为它直接关系到滤波网络的安全性能。

（2）差模电容的选择

差模电容的选择原则是，当电容失效后，不会出现电击穿现象，不会危及人身安全。

除了要承受电源相线间的电压之外，还要承受相线之间各种干扰源的峰值电压。根据差模电容应用的最坏情况和电源断开的条件，电容的安全等级分为两个等级，具体规定见表 5-2。在设计滤波器时应根据不同的应用场合来选择不同安全等级的电容器。

若差模电容的安全性能欠佳，在出现上述的峰值电压时，它有可能被击穿，虽然不危及人身安全，但会使滤波器的功能下降或丧失。通常电磁干扰滤波器的差模电容必须通过 1500～1700V 直流电压 1min 耐压测试。

表 5-2　差模电容安全等级的分类

C_x 电容等级	峰值电压 V_P	应 用 场 合	在电强度试验期间所加的峰值电压 V_P
C_{x1}	V_P>1.2kV	出现瞬态浪涌峰值的场合	C<0.33μF，V_P=4kV C>0.33μF，V_P=6kV
C_{x2}	V_P<1.2kV	一般场合	1.4kV

（3）共模电容及其漏电流控制

用于电子设备电源的电磁干扰滤波器共模滤波性能常常受到共模电容的制约。此电容即跨接在相线与安全地之间的电容，如图 5-22 中的 C_y 流过的电流由电源电压、电源频率和电容值共同决定。

由于漏电流的大小对人身安全至关重要，不同国家对不同电子设备接地漏电流都做出了严格的规定。根据最大漏电流可求出最大允许接地电容值。

另外，要求电容在电气和机械安全方面有足够的余量，避免在极端恶劣的条件下出现击穿短路的现象。因为这种电容要与安全地相连，而设备的机壳也要跟安全地相连，所以这种电容的耐压性能对保护人身安全有至关重要的作用，一旦设备或装置的绝缘失效，可能危及人身安全。因此，电容要进行 1min 的 1500～1700V 交流耐压测试。

（4）滤波电感的选择

电感的取值、材料的选取原则从以下几个方面考虑：第一，磁心材料的频率范围要宽，要保证最高频率在 1GHz，即在很宽的频率范围内有比较稳定的磁导率；第二，磁导率高，但是在实际中很难满足这一要求，所以磁导率往往是分段考虑的。磁心材料一般是铁氧体或者铁粉芯，更好的材料如微晶等。

（5）共模电感

共模电感是一个以铁氧体为磁心的共模干扰抑制器件，它是由两个尺寸相同、匝数相同的线圈对称地绕在同一个铁氧体环形磁心上而制成的一个四端器件，对共模信号呈现出的大电感量具有抑制作用，而对差模信号呈现出很小的电感量，几乎不起作用。原理是流过共模电流时磁环中的磁通相互叠加，从而具有相当大的电感量，对共模电流起抑制作用，而当两线圈流过差模电流时，磁环中的磁通相互抵消，几乎没有电感量，所以差模电流可以无衰减地通过。因此，共模电感在平衡线路中能有效地抑制共模干扰信号，而对线路正常传输的差模信号无影响。

（6）共模电感在制作时应满足以下要求：

1）绕制在线圈磁心上的导线要相互绝缘，保证出现瞬时高压时线圈匝间不发生击穿短路。

2）当线圈流过瞬时大电流时，磁心不出现饱和现象。

3）线圈中的磁心应与线圈绝缘，防止出现瞬时高压时两者之间被击穿。

4）线圈应尽可能绕制单层，这样做可减小线圈的寄生电容，增强线圈对瞬时高压的承受能力。

通常情况下，根据选择所需滤波的频段，共模阻抗越大越好，因此在选择共模电感时需要查阅器件资料，根据阻抗频率曲线选择共模电感。另外，选择时还要考虑差模阻抗对信号的影响，特别要关注差模阻抗。

5.3.2　EMI 滤波器的设计

开关电源以其体积小、重量轻、效率高等优点在各种电器设备中得到越来越广泛的应用。但是，由于功率开关管的高速开关动作，开关电源会产生较强的电磁干扰信号。同时，开关电源本身也处于周围的电磁环境中，对于来自外界的干扰也很敏感。防电磁干扰主要有 3 项措施，即屏蔽、滤波和接地。往往只采用屏蔽和接地是不能提供完全的电磁干扰防护的，因为设备的电缆是最主要的干扰接收与发射源。许多设备单台做电磁兼容实验时都能正常工作，但当两台设备连接起来以后就不满足电磁兼容的要求了，这就是电缆起了接收和辐射的作用。唯一的措施就是加装 EMI 滤波器，切断电磁干扰沿信号线或电源线传播的路径，与屏蔽和接地共同构成完美的电磁干扰防护，无论是抑制干扰源、消除耦合或提高接收电路的抗干扰能力，都可以采用滤波技术。

1. EMI 滤波器的主要技术参数

EMI 滤波器的主要技术参数有额定电流、额定电压、漏电流、使用温度范围、插入损耗、外形尺寸、重量等。上述参数中最重要的是插入损耗，它是评价 EMI 滤波器性能优劣的重要指标，设 IL 为插入损耗（单位为 dB），P_1 为没有接入滤波器时，从噪声源传到负载的功率；P_2 为接入滤波器后，噪声源传到负载的功率，则

$$IL = 10\lg\left(\frac{P_1}{P_2}\right) = 20\lg\left(\frac{V_1}{V_2}\right) \tag{5-19}$$

式中，V_1 为未接入滤波器时的噪声源传到负载的电压值；V_2 为接入滤波器时噪声源传到负载电压。

在分析和设计 EMI 滤波器时，经常采用转移矩阵 $\boldsymbol{A}$，应用转移矩阵 $\boldsymbol{A}$ 可以方便地分析 EMI 滤波器的插入损耗。

对于单个串联器件，转移矩阵参数如图 5-23 所示。

根据

$$\begin{cases} V_1 = V_2 - I_2 Z, \\ I_1 = -I_2 \end{cases}$$

转移矩阵

$$\boldsymbol{A} = \begin{pmatrix} 1 & Z \\ 0 & 1 \end{pmatrix}$$

对于单个并联器件，转移矩阵参数如图 5-24 所示。

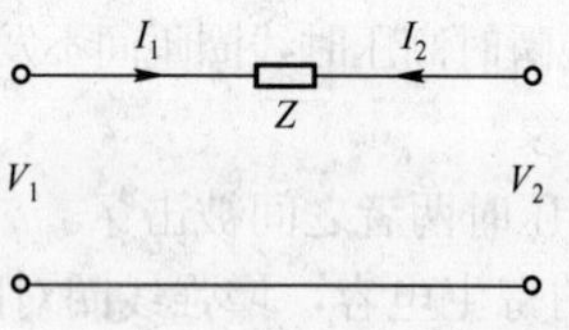

图 5-23　单个串联器件的电路

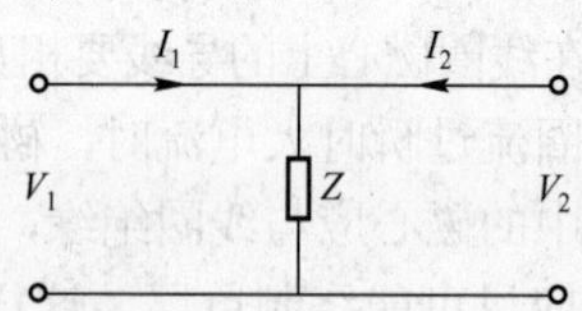

图 5-24　单个并联器件的电路

根据

$$\begin{cases} V_1 = V_2 \\ I_1 = \dfrac{U_2}{Z} - I_2 \end{cases}$$

转移矩阵

$$\boldsymbol{A} = \begin{pmatrix} 1 & 0 \\ \dfrac{1}{Z} & 1 \end{pmatrix}$$

EMI 滤波器总是由若干个电感或电容器件串、并联组成的。先分别求出每个器件的转移矩阵 $\boldsymbol{A}_n$，再根据转移矩阵的级联特点，即可求出整个 EMI 滤波器的转移矩阵 $\boldsymbol{A}$：

$$\boldsymbol{A} = \boldsymbol{A}_1 \boldsymbol{A}_2 \cdots \boldsymbol{A}_n \tag{5-20}$$

EMI 滤波器可以看做一个二端口网络，如图 5-25 所示。

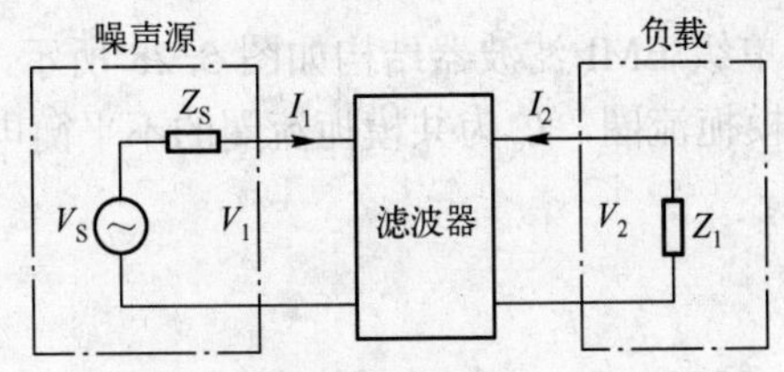

图 5-25　滤波器的插入损耗

未加入 EMI 滤波器时，负载两端电压

$$V_1 = \frac{Z_1 V_S}{Z_1 + Z_S} \tag{5-21}$$

加入 EMI 滤波器后，由

$$\begin{cases} U_1 = A_{11}V_2 - A_{12}I_2 \\ I_1 = A_{21}V_2 - A_{22}I_2 \end{cases} \tag{5-22}$$

和

$$V_2 = \frac{Z_1 V_S}{A_{11}Z_1 + A_{12} - A_{21}Z_S Z_1 - A_{22}Z_S} \tag{5-23}$$

根据插入损耗定义，根据式（5-20）、式（5-21）得

$$IL = \frac{A_{11}Z_1 + A_{12} - A_{21}Z_S Z_1 - A_{22}Z_S}{Z_S + Z_1} \tag{5-24}$$

从式（5-24）可以看出，对于一个参数 A_{ij} 已知的滤波器，只要知道源阻抗和负载阻抗就能够计算出插入损耗。

2．EMI 滤波器的结构

EMI 滤波器本质上是低通滤波器，理想情况下按照阻抗最大不匹配原则，当源阻抗为高阻时，滤波器的输入阻抗应为低阻，反之亦然。当负载阻抗为高阻时，滤波器的输出阻抗应为低阻，反之亦然。一般来说，在高阻抗电路中电容在静噪方面更有效，而在低阻抗电路中，电感器则更有效。通过阻抗的最大不匹配，将不需要的电磁能量反射回源端来达到滤波效果。但是，由于寄生参数以及集肤效应的存在，实际上一部分是利用了电阻损耗，这样可以提高插入损耗。无论是哪种滤波机制，最重要的一点就是要保证对有用信号的衰减必须保持在可接受的范围之内。简单的单级 EMI 滤波器结构如图 5-26 所示。

在高电平模拟和数字电路中，简单的单级滤波器通常就足够了。但是在低电平模拟和数字电路以及在特别敏感的电子电路中，为了达到更佳的抑制效果，可以采用两级或多级滤波器。典型的两级 EMI 滤波器结构如图 5-27 所示。多级滤波器可以显著提高滤波效果，但是其体积和成本也会随之增加。

EMI 噪声根据噪声产生的机理不同可以分为共模噪声和差模噪声两种。共模噪声又称为不对称噪声，差模噪声又称为常模噪声、串模噪声或对称噪声。共模噪声就是相-地或中-地噪声，在线间流动方向相同。而差模噪声就是相-中或相-相噪声，在线间流动方向相反。

要同时抑制共模噪声和差模噪声，需要将抑制共模的简单滤波器和抑制差模的简单滤波器组合在一起使用，常用的单级 EMI 滤波器结构如图 5-28 所示，C_x 用于滤除差模噪声，C_y 用于滤除共模噪声，L 是共模扼流圈，L_e 为共模扼流圈的不平衡电感。一般 $L_e<L/100$ 时，对差模噪声有一定的抑制能力。

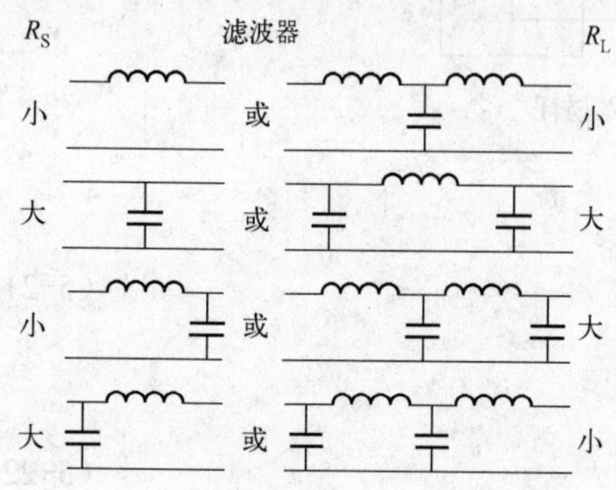

图 5-26 简单的单级 EMI 滤波器结构

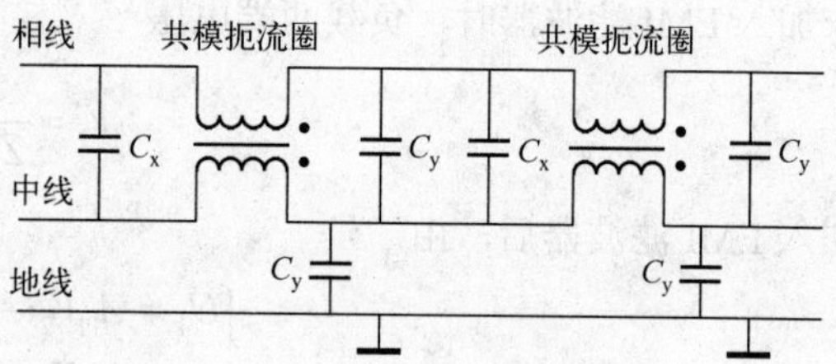

图 5-27 两级 EMI 滤波器结构

3. EMI 滤波器的设计

对开关电源产生的 EMI 噪声进行精确预测是解决 EMI 问题的首要步骤。测量噪声的设备包括线路阻抗稳定网络（LISN）、噪声分离器（Noise Separator）、频谱分析仪（Spectrum Analyzer）、计算机和被测设备（EUT）几个部分。

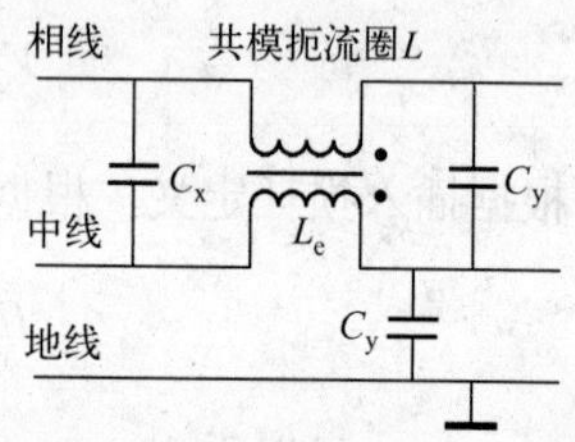

图 5-28 常用的单级 EMI 滤波器结构

就 EMI 滤波器而言，LC 的谐振频率就是其转折频率，转折频率之外的其他频率下滤波器开始衰减或者说有插入损耗。以如图 5-28 所示的常用单级 EMI 滤波器为例，其共模等效电路如图 5-29 所示。

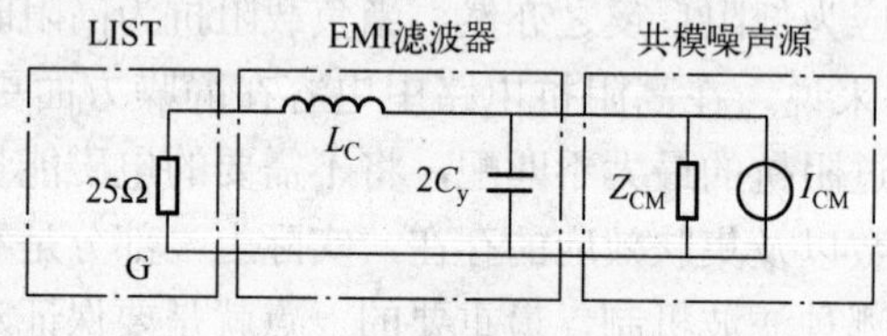

图 5-29 共模等效电路

此等效电路为 LC 二阶低通滤波电路，其转折频率为

$$f_{CMR}=\frac{1}{2\pi\sqrt{2C_yL_C}} \tag{5-25}$$

其插入损耗随着噪声频率以 40dB/dec（40 分贝每十倍频）的斜率增加。

共模扼流圈的等效差模电感为 L_p，即共模扼流圈的不平衡电感。两个共模电容 C_y 串联，电容值变为原来的一半，由于差模噪声源阻抗一般较小，因此可将 C_y 忽略，简化的差模等效电路图如图 5-30 所示。

差模等效电路图也是 LC 二阶低通滤波电路，其转折频率为

$$f_{RDM} = \frac{1}{2\pi\sqrt{C_x L_D}} \tag{5-26}$$

其插入损耗随着噪声频率以 40dB/dec 的斜率增加。

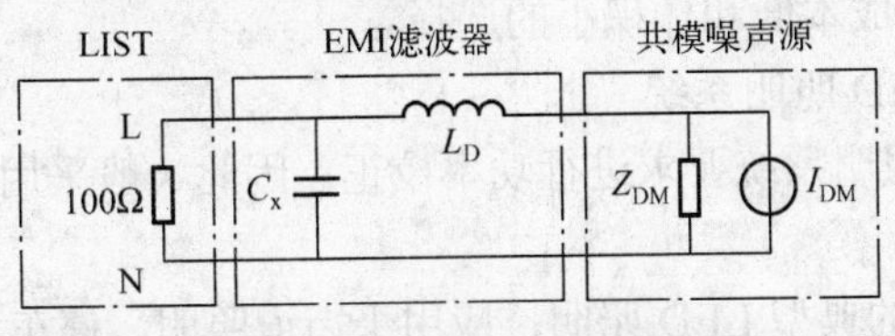

图 5-30　差模等效电路图

根据上面得到的所需衰减的噪声频率段与衰减量，可求得共差模滤波器的转折频率，然后计算滤波器各个元器件的参数。电容器一般都有固定的电容值，与电感值相比缺乏弹性，而且电容对体积的影响较电感小，故在决定电感、电容值时，应优先考虑电容。差模电容 C_x 的典型值为零点几微法到 1μF，基于漏电流的限制，Y 电容值不能太大（参考 GJB151 规定）。确定了 C_x、C_y 后，根据式（5-25）、式（5-26）即可得出电感 L_C、L_D 的值，同时滤波器元器件的选择应考虑 EMI 滤波器与开关电源匹配过程中可能引起的不稳定性问题。

在工程设计和制造过程中，电磁兼容问题越来越重要。合理地设计和应用 EMI 滤波器，使电源线上的 EMI 信号电平抑制在相关标准规定的限值内，对于改善开关电源的电磁兼容性，以及提高运行设备的可靠性有重大的意义。

5.4　LED 照明方案选择

5.4.1　驱动器的选择

目前生产的绝大部分 LED 是低压器件，在使用交流市电供电时，需要将高压交流电转换为 LED 使用的低压恒流电。为保证 LED 照明的优势，LED 的电气驱动电路必须是可靠的、高效率的、安全的、长寿命的和低成本的。因此，针对不同的应用，首先需要选择正确的驱动电路。

无论是大功率还是小功率 LED 照明的应用，一般都是由电源、LED 驱动电路、LED 和基板几部分构成，其中，LED 驱动电路是关键部分，它必须恒流输出才能保证 LED 发出的光不会忽明忽暗，不会出现 LED 色偏现象。对于照明灯具来说，一般接受 12～48V 的直流输入电压，但也有一些先进的 LED 驱动器可直接接受 220V 市电交流输入电压。

5.4.2　LED 照明系统架构的选择

LED 照明系统架构的选择取决于设计的重点是低成本、高效率还是最小 PCB 面积等。

1．根据 LED 照明功率选择

（1）小于 25W 的 LED 照明系统

一般来说，小于 25W 的 LED 照明系统不要求进行功率校正，因此可以采取简单的拓扑结构。小于25W的LED灯具主要应用在室内、庭院和草坪照明，它们主要采用低成本的反激拓扑结构。

对于非隔离型小于25W的LED照明系统，如果从输入到输出的转换比低，那么采用简单的降压转换器就是一个成本低和体积小的选择。

（2）25～100W的LED照明系统

25～100W的LED照明系统要求进行功率校正，因此一般采用单级PFC、准谐振PWM或反激式拓扑。

25～100W功率范围的典型LED照明，应用于街道照明、停车场、小广场、隧道照明和广告灯箱等，由于其功率较高，在设计时就需要考虑功率转换效率、功率因数校正的性价比、更长的使用寿命和更低的维护成本等。25～100W的LED照明系统有功率因数的要求，因此需要增加功率因数校正电路。

这个范围的功率因数校正电路可以采用传统的两段式结构，即有源非连续模式功率因数校正电路加DC/DC PWM变换电路。对于高效率、低成本和小体积的LED方案而言，采用单段式PFC电路是比较合适的，它可以同时实现功率因数的校正和隔离的低压直流输出，并具有显著的成本优势，是中等功率LED照明的主流方案。

对于要求在一个很宽的输入和负载范围内，25～100W功率的LED照明应用，可采用带一个独立PFC级准谐振反激式拓扑结构，其典型电路的效率可达90%以上。

（3）100W以上LED照明系统

100W以上LED照明系统一般采用效率更高的LLC拓扑和双级PFC。

100W以上应用包括主要道路和高速公路照明和专业应用，如大型广场照明、舞台灯光照明和建筑泛光灯照明。在高功率应用中使用LED的一个关键因素是高可靠性、高性价比和低功耗，其系统效率可与金属卤化物和低压钠灯相比。

对于功率在100W以上的LED照明系统，通常采用传统的有源非连续模式功率因数校正电路和半桥谐振DC/DC转换电路。这个功率范围的LED照明系统，由于功率的增加，使效率变得更加重要，应使用LLC谐振拓扑结构，它的效率可达到90%以上。

2．LED驱动电路的选择

无论LED照明需要的功率有多大，LED驱动电路的选择在很大程度上取决于输入电压的范围、LED串本身所需要的电压，以及驱动LED所需的工作电流。因此就有多种LED驱动器的拓扑结构，如降压型、升压型、降压升压型和SEPIC型，可供选择。

每种拓扑结构都有其优点和缺点，其中，标准降压型转换器是最简单和最容易实现的，升压型和降压/升压型转换器次之，而SEPIC型转换器最难实现，这是因为它采用了复杂的磁性设计原理，而且需要设计者拥有较强的开关电源设计技术。

3．LED调光方案的选择

LED调光解决方案及规范一直在不断变化，直到现在还未确定下来，目前使用比较多的有PWM、模拟及晶闸管3种调光方案。PWM调光和模拟调光方法是其中较为简单的，但需要构建调光基础架构和新的调光控制器。

（1）模拟调光

模拟调光较PWM调光更容易实现一些，因为它只需要一个DC电压就可以无闪烁地对LED进行调光，这种调光方法简单，但调光范围较窄。模拟调光方案的缺点是，LED电流的调节范围局限在某个最大值至最小值之间（调光范围通常为 10∶1）。由于 LED 的色谱与电流有关，因此这种方法应用范围较小。

（2）PWM 调光

PWM 调光的原理是以某种快至足以掩盖视觉闪烁的速率（通常高于 100Hz），在零电流和最大 LED 工作电流之间进行切换。该占空比改变了有效平均电流，从而可以实现高达 3000∶1 的调光范围（受限于最小占空比）。由于 LED 电流要么处于最大值，要么被关断，所以该方法还具有能够避免在电流变化时发生 LED 色偏的优点，但这种方法实现起来，比模拟调光要复杂一些。

与模拟调光方法相比，LED 的 PWM 调光方法的优点如下：

1）效率更高。

2）无论调光程度有多大，允许 LED 一直在优化的和恒定的电流下工作。

3）在整个调光范围内 LED 颜色色调保持一致（颜色色调随 LED 工作电流的变化而变化）。

（3）调光方式的选择

调光方式的选择不应取决于 LED 的功率，而应取决于终端产品的应用要求，如显示背光或者 LED 装饰灯可能会选用 PWM 调光方式，因为这种应用要求的颜色一致性好，亮度级别高；但是对于一般的家用照明或者商业照明，也可以采用模拟调光方式，不过会产生色偏，并且调光的级别很低。

对于多个 LED 构成的大功率照明系统，确保每个 LED 具有均匀的亮度且不发生任何闪烁，用 PWM 方法就能很好地实现调光。

用户要求的调光方法在很大程度上要由 LED 的用途来决定。例如，LED 用于汽车信息娱乐系统中，要求环境照明的亮度变化范围是非常宽的。由于人眼对环境照明条件的变化极其敏感，因此要在 3000∶1 的宽范围内调光，这将要求 LED 驱动器电路采用 PWM 调光方法。

在 LED 街灯中，这种灯只有接通、关断和几种半关断状态，因此只需要一个有限的调光范围即可。在这种应用系统，仅需采用一种简单的模拟调光法便能满足要求。

5.5　Supertex LED 电源解决方案

美国 Supertex 公司提供了一系列高性能的 LED 建筑照明、显示器背光和通用照明应用产品的驱动电源解决方案。LED 驱动电路从简单、低成本的线性稳压器到丰富的开关稳压器，如降压、升压、降压/升压和 SEPIC 拓扑结构稳压器。这些 LED 驱动电路具有高效率、卓越的 LED 电流匹配，极低的噪声和较宽的亮度调节范围。此外，它们有一个很宽的输入电压范围（0～450V）。其产品有用于汽车 LED 驱动的 AT9933；通用照明的 HV9918/19、HV9921/2 等；通用和背光照明的 HV9910、HV9961、HV9980 等；离线式 PFC HV9931；低电压 HV9903；线性调节器 CL 系列。

5.5.1　通用高亮度 LED 驱动器 HV9910B

HV9910B 是一个开环、电流模式的 LED 驱动器，它可以通过编程工作在固定频率或恒定关断时间模式；它包含一个8～450V的线性稳压器，允许直接输入较宽的电压范围而无需外部提供低电压电源；包含一个占空比为0～100%的PWM调光输入，PWM的频率可高达数千赫兹；还包含一个0～250mV的线性调光输入，可用于LED的线性调光。

HV9910B是一个理想的降压型LED驱动器，由于是在开环电流模式控制下工作，不需要任何循环补偿，控制器就能实现良好地调节输出电流。PWM调光的响应时间受限于电感电流上升和下降的速率，因为PMW的频率很高，所以需要非常短的上升和下降时间。它仅需要3个外部元件就能控制LED的电流，典型应用电路如图5-31所示。

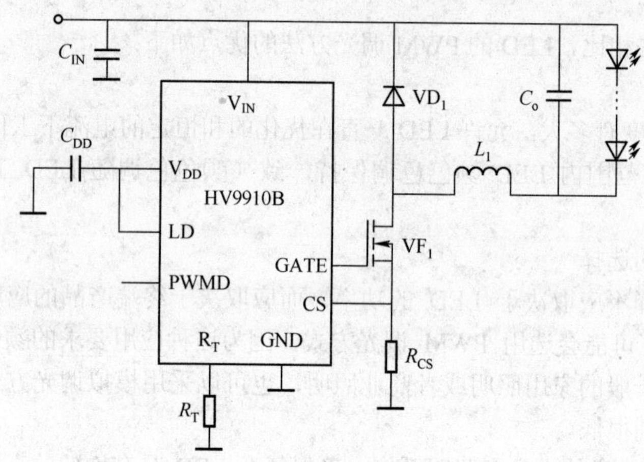

图5-31　HV9910B的典型应用电路

1. HV9910B的特点

1）单开关模式的LED驱动器。

2）开环峰值电流控制器。

3）内部8.0～450V的线性稳压器。

4）恒定频率或恒定关断时间的操作。

5）具有线性和PWM调光能力。

6）需要很少的外接元件。

2. HV9910B的应用范围

1）DC/DC或AC/DC LED驱动器应用。

2）RGB背光LED驱动器。

3）平板显示器的背光驱动。

4）可作为通用恒流源使用。

5）标志和装饰照明的LED驱动。

6）充电器。

3. 引脚排列与描述

HV9910B的引脚排列如图5-32所示，其引脚功能如表5-3所示。

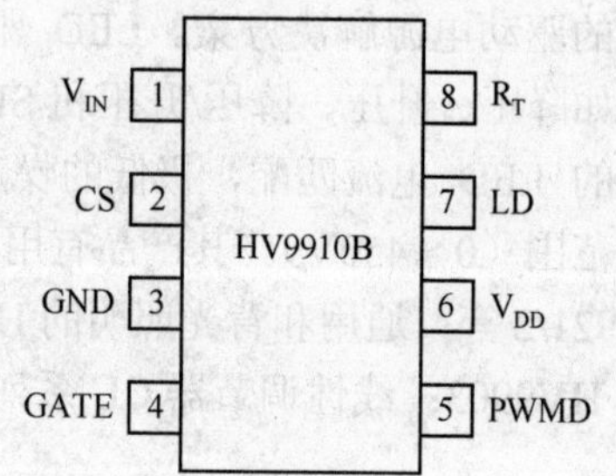

图5-32　HV9910B的引脚排列（SOIC-8）

表 5-3　HV9910 的引脚功能

序　号	名　称	功　能
1	V_{IN}	8～450V 线性调压器的输入电压
2	CS	电流检测端，通过一个外部电阻检测流过外部 MOS FET 的电流，当这个引脚超过内部 250mV 或 LD 引脚的值时，GATE 输出低
3	GND	器件地
4	GATE	驱动外部 MOSFET 栅极
5	PWMD	PWM 调光输入。当这个引脚为低时，关闭 GATE 驱动器。当这个引脚高时，正常工作
6	V_{DD}	给所有内部电路供电，必须用一个小 ESR 的电容接地（≥0.1μF）
7	LD	线性调光输入，只要该引脚电压小于 250mV，则设置电流检测阈值
8	R_T	此引脚用来设置振荡频率。当在 R_T 和地之间接一电阻时，工作于固定频率。当在 R_T 与 GATE 之间接一电阻时，工作于固定关断时间模式

4. HV9910B 的典型应用

HV9910B 的内部结构如图 5-33 所示。

HV9910B 是采用了开环峰值电流控制方式优化的 BUCK 型 LED 驱动器。这种方式不需要高侧端的电流检测，也不需要设计闭环控制器，就可以实现对 LED 电流的精确控制。此芯片外围器件少，可以对 LED 电流进行线性控制或 PWM 调光控制。

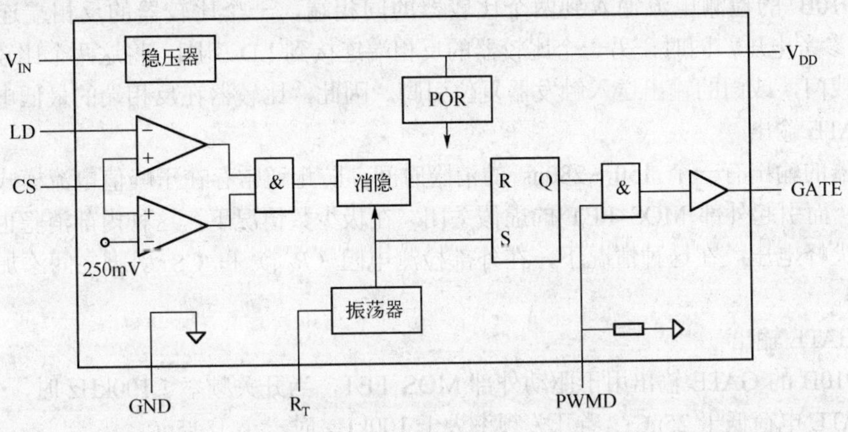

图 5-33　HV9910B 的内部结构

系统的工作频率（或者关断时间）由连接在 R_T 引脚上的电阻设定，振荡器提供具有固定时间间隔的脉冲，此脉冲可以使 HV9910B 中的 SR 触发器置位，从而使 MOS 管栅极导通。同时，内部消隐定时器开启，此定时器能抑制 SR 触发器的复位输入，并避免由于导通时出现的尖峰电压导致虚假关断。外部 MOS FET 导通时，流过电感的电流开始逐步增大，此电流流过外部检测电阻 R_{CS}，在 CS 引脚上产生一个尖峰脉冲。CS 引脚的电压经过两个比较器分别跟 LD 引脚电压和内部 250mV 电压进行比较，一旦消隐定时器结束，这些比较器的输出将复位触发器。任何一个比较器的输出为高时，触发器将被复位，GATE 引脚的输出为低，直到 SR 触发器被振荡器再次置位。假设电感存在 30%的纹波电流，电流检测电阻 R_{CS} 的值可以由式（5-27）计算得到，即

$$R_{CS}=\frac{0.25}{1.15I_{LED}} \text{或} R_{CS}=\frac{V_{LD}}{1.15I_{LED}} \tag{5-27}$$

式中，I_{LED}为流过LED串的电流

恒定频率模式存在一个固有缺陷，即占空比大于 0.5 时，控制波形将进入次谐波振荡状态。为了避免出现这种情况，可以在电流检测波形中添加一个斜坡。此斜坡补偿图形将会影响现有表格中 LED 电流的准确度。然而，恒定关断时间模式的控制波形不存在这样的问题，并且很容易工作在占空比大于0.5的状态，提供固定电压的抑制，从而使LED电流总是对输入电压的变化很敏感。但是此模式会导致变频操作，频率范围主要取决于输入输出电压的变化。通过改变R_T引脚电阻的连接方式，可以方便地使HV9910B在两种模式之间转换。

（1）输入电压稳压器

HV9910B 可以直接从 V_{IN} 引脚供电，工作电压范围为 8.0～450V。当一个电压加在 V_{IN} 引脚上时，HV9910B 在 V_{DD} 引脚上维持一个恒定的 7.5V 电压，这个电压为电路的工作电源电压。

HV9910B 还可以通过在 V_{DD} 引脚提供一个大于内部稳压器电压的电压来工作，这将关闭电路的内部线性稳压器，HV9910B 将脱离 V_{DD} 引脚提供的电压而直接工作，此时输入到V_{DD}引脚的电压不能超过12V。

（2）检测电流

HV9910B 的检测电流输入到两个比较器的同相端，一个比较器的反相端连接到内部250mV的参考电压，同时，另一个比较器的反相端连接到LD引脚。将这两个比较器的输出送入一个或门，或门的输出送入触发器复位引脚。因此，比较器在反相端的最低电压决定何时关闭GATE输出。

比较器的输出有一个 150～280ns 的消隐时间，防止通常存在于峰值电流模式控制中的尖峰电压，而引起外部 MOS FET 的虚假关闭。在极少数情况下，这种内部消隐也许不能足够过滤掉尖峰电压。在这种情况下，在外部检测电阻（R_{CS}）和 CS 引脚之间添加一个外部*RC*滤波器。

（3）GATE 输出

HV9910B 的 GATE 输出用于驱动外部 MOS FET，当开关频率≤100kHz 时，外部 MOS FET 的 GATE 电荷低于 25nC；当开关频率大于 100kHz 时，小于 15nC。

（4）线性调光

线性调光引脚是用来控制LED电流的。若需要线性调光时，有如下两种情况：

1）在某些情况下，当使用内部 250mV 电压时，可能找不到一个精确的 R_{CS} 值，以获得 LED 电流。在这种情况下，可以在 V_{DD} 引脚和 LD 引脚之间，用一个分压器得到一个电压（小于250mV），获得希望从R_{CS}上得到的电压。

2）当希望利用线性调光调整电流值以减小 LED 的亮度时，可连接一个外部 0～250mV 电压到 LD 引脚，用以调整 LED 的电流。若使用内部 250mV 电压，则需要 LD 引脚与 V_{DD} 引脚相连。

（5）PWM 调光

用一个低频方波信号驱动 PWMD 引脚，可以实现 PWM 调光。当 PWM 信号为零时，GATE 关闭；当 PWMD 信号高时，GATE 启用。由于 PWMD 信号不会关闭电路的其他部

分，HV9910B 对 PWMD 信号的响应几乎是瞬间完成的。LED 电流的上升和下降速度完全由电压、电流的上升和下降时间决定。

连接 PWMD 引脚到 V_{DD}，可以禁止 PWM 调光，并允许 HV9910B 永久工作。

5. 应用实例

（1）带功率因数校正的应用

应用 HV9910B 实现的带 PFC 的 40W LED 驱动电路如图 5-34 所示。本电路中的 PFC 回路中包含 3 个二极管和两个电容，它可以校正输入的交流电，改善本电路中的谐波畸变量，从而使功率因数达 0.85 以上。这两个一样的电容上的电压为输入电压的一半，容量是输入电容容量的两倍。

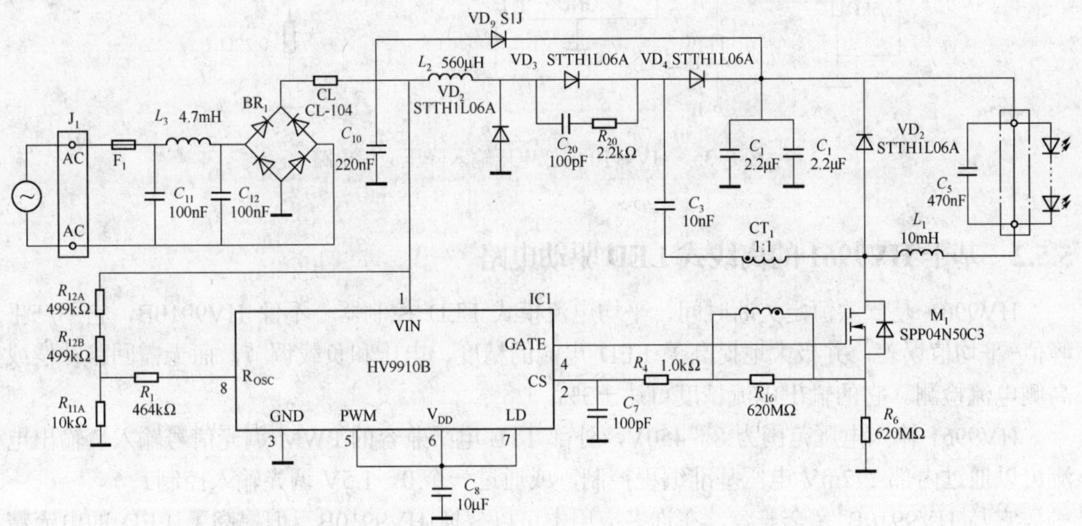

图 5-34　带 PFC 的 HV9910B 典型应用电路

（2）DC/DC 低压应用

当 LED 负载的工作电压比输入电压低的时候，就可以选用降压型的能量转换拓扑结构，在 LED 负载输出回路中的一些计算方法在这里同样适用。然而，在应用时必须注意，HV9910B 工作在恒定频率模式时，输入电压必须是负载 LED 电压的两倍以上，这种限制关系到 LED 的工作电流的稳定性。当 HV9910B 工作在降压转换状态时，它输出波形的占空比如果大于 0.5，LED 工作电流的稳定性就降低了，表现为输出电流以开关频率的分频谐波方式出现波动。把 HV9910B 配置为固定关断时间模式就可以改正这种缺点。如图 5-35 所示是 HV9910B 应用于低压降压电路，V_{IN}=8～30V，驱动一个或两个串联的 HB LED，驱动电流高达 1A。

这种驱动电路可接受的输入电压范围为 8～30V，输出电压为 4.0～8.0V，最大输出电流为（1.0±10%）A。

如图 5-35 所示的驱动电路可以配置为恒定频率模式（驱动一个 LED），或者固定关断时间模式（驱动两个 LED）。连接 J_1 的 1 和 2，HV9910B 配置为恒定频率模式；连接 J_1 的 3 和 2，HV9910B 配置为固定关断时间模式。

如果不需要 PWM 调光，把 JP 点接到 V_{DD}；如果需要 PWM 调光，在 JP 点加载一个不大于 1kHz 的 PWM 信号。

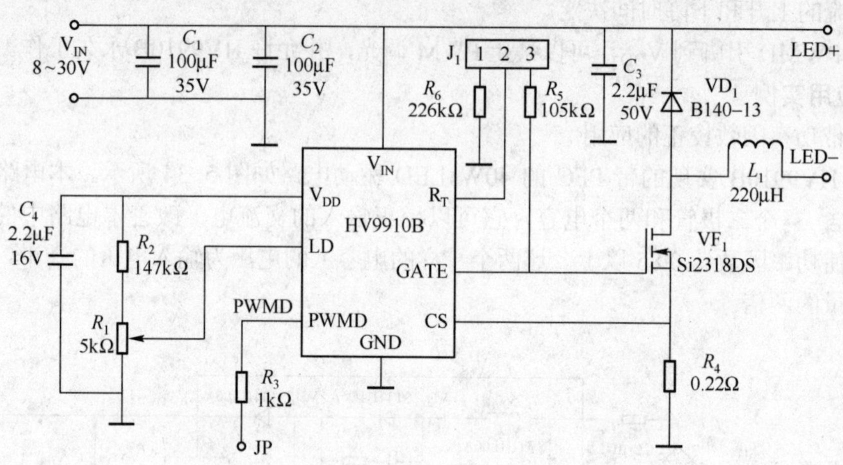

图 5-35 HV9910 的低电压输入降压应用电路

5.5.2 基于 HV9961 的离线式 LED 驱动电路

HV9961 是一款恒定关断时间、平均电流模式 LED 控制器。不像 HV9910B，它不产生峰值-平均值误差，并极大地提高了 LED 电流的精度、电压和负载调节，而无需回路补偿或高侧电流检测。它的输出电流精度可达±3%。

HV9961 输入电压范围为 8～450V，外部 TTL 电平兼容的 PWM 调光信号输入，输出电流可以通过内部 272mV 电压基准编程控制，或通过一个 0～1.5V 调光输入控制。

它与 HV9910B 完全兼容，在许多应用中可以替换 HV9910B，但提高了 LED 的电流精度和稳压值。典型应用如图 5-36 所示。

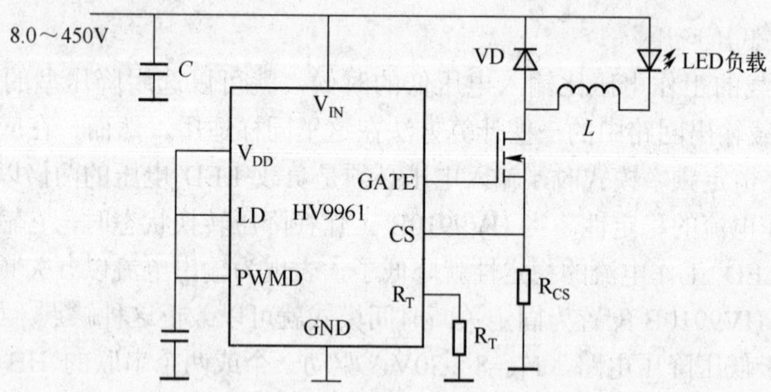

图 5-36 HV9961 的典型应用电路

1. HV9961 的特点

1）快速平均电流控制。

2）可编程固定停机时间开关。

3）线性调光输入。

4）PWM 调光输入。

5）跳过模式输出短路保护。

6）环境工作温度-40～125℃。

2．HV9961 的应用领域

1）DC/DC 或 AC/DC LED 驱动器应用。

2）LCD 显示器的 LED 背光驱动器。

3）一般用途的恒流源。

4）LED 指示牌和显示。

5）建筑和装饰 LED 照明。

6）LED 街道照明。

3．HV9961 的工作原理

（1）一般性描述

HV9961 内部结构如图 5-37 所示。

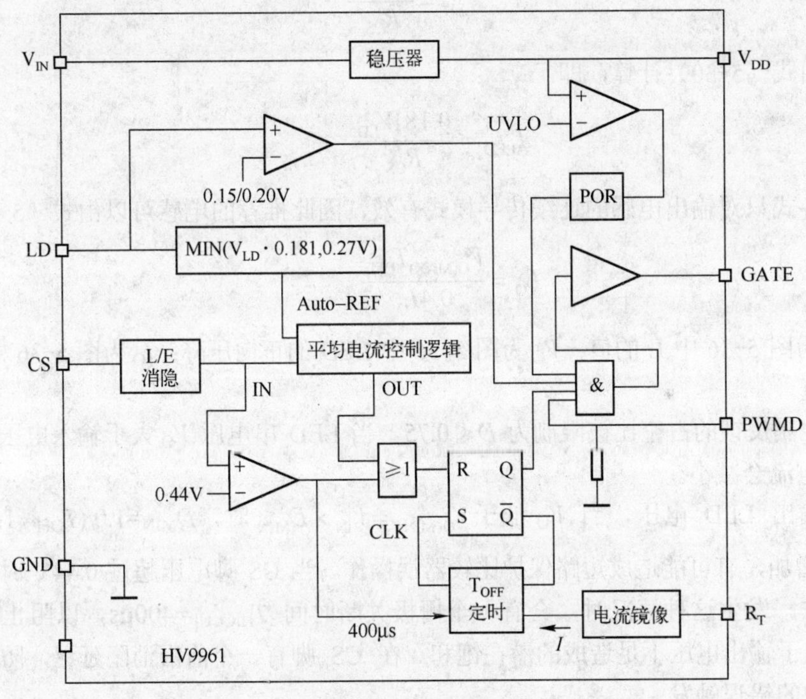

图 5-37　HV9961 内部结构

降压转换器的峰值电流控制是调节其驱动电源输出电流最经济、最简单的方法。不过，由于峰值-平均值电流误差，此方法在调节能力和调节精度方面有一定问题，误差是由输出电感电流波纹和电流检测比较器的传播延迟造成的。由于采用低边检测电感电流，开关关断时不能检测电感电流，不能检测完整的电感电流信号。采用高边检测电感电流可以避免这个问题，但在离线 AC 或其他高电压 DC 应用中，电路会变得相当复杂和昂贵。

HV9961 采用 Supertex 公司专有的控制方案，通过只检测开关管电流，来快速并精确控制降压转换器中电感的平均电流，且无需电流控制回路补偿。电感电流纹波振幅对该控制方案影响并不显著，因此，LED 电流独立于电感变化、转换频率或输出电压。降压转换器的恒定关断时间控制，在一个很宽的输入电压范围内稳定和改善 LED 电流。

（2）关断时间

连接到 R_T 引脚的定时电阻决定了栅极驱动器的关断时间，该电阻必须接地。关断时间由式（5-28）决定，即

$$T_{OFF}=\frac{R_T}{25}+0.3 \tag{5-28}$$

式中，R_T 的范围为 $30k\Omega \leqslant R_T \leqslant 1.0M\Omega$；$T_{OFF}$ 的单位为μs；R_T 单位为 kΩ。

（3）平均电流控制反馈和输出短路保护

流过开关 MOSFET 源极的电流是平均值，并用于恒流反馈，该电流利用 CS 引脚的检测电阻来检测。反馈工作在一个快速开环环路模式，无需补偿。当 LD 引脚的电压 $V_{LD} \geqslant 1.5V$ 时，输出电流由式（5-29）计算，即

$$I_{LED}=\frac{0.272}{R_{CS}} \tag{5-29}$$

其他情况由式（5-30）计算，即

$$I_{LED}=\frac{0.181V_{LD}}{R_{CS}} \tag{5-30}$$

以上各式只对输出电感的连续传导模式有效，因此推荐的电感可以由式（5-31）计算

$$L_O=\frac{V_{O(MAX)}T_{OFF}}{0.4I_O} \tag{5-31}$$

式中，L_O 为图 5-36 中 L 的值；V_O 为图 5-36 中 LED 的正向压降；I_O 为图 5-36 中 LED 的正向导通电流。

电流控制反馈的占空比被限制为 $D \leqslant 0.75$。当 LED 串电压 V_O 大于输入电压 V_{IN} 的 75% 时，LED 电流会减小。

减小输出 LED 电压，当 V_O 低于 $V_{O(MIN)}=V_{IN} \times D_{MIN}$ 时，$D_{MIN}=1.0/(T_{OFF}+1.0)$，会导致 LED 电流增加，有可能造成短路保护比较器误操作。当 CS 脚电压超过 0.44V 时，短路保护比较器动作。发生这种情况时，会有一个栅极关断时间 $T_{HICCUP}=400\mu s$，以阻止电感电流阶梯上升和由于输出电压不足造成的潜在饱和。在 CS 脚有一个前沿消隐延迟，防止电流反馈和短路保护的错误触发。

（4）线性调光

当 V_{LD} 低于 1.5V 时，内部 272mV 的恒流反馈电压基准被 $0.181V_{LD}$ 取代。只要电感电流依然是连续的，LED 电流由式（5-29）给出。然而，当 V_{LD} 低于 150mV 时，栅极驱动输出禁止。当 V_{LD} 超过 200mV 时，栅极驱动输出恢复。在某些应用中，经常用控制 LED 亮度的输入信号来关闭 LED 灯。典型线性调光响应如图 5-38 所示。线性调光输入也可以被用于固定模式调光，以扩展调光比例。这种情况下，需在 LD 引脚添加一个幅值低于 1.5V 的 PWM 信号。

（5）PWM 调光

HV9961 的 PWM 调光性能与 HV9910B 十分接近。电感电流波形比较如图 5-39 所示，

波形的上升和下降沿受电感电流的转换速率的限制。在波形电压达到 CS 引脚电压 272mV（V_{LD}×0.181）时，第一个开关周期结束。在 3～4 开关周期内，该电路进一步达到稳态，与开关频率无关。

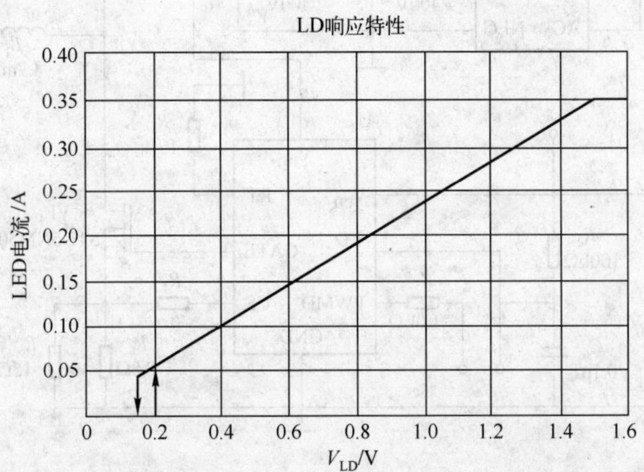

图 5-38　HV9961 LED 驱动器的典型线性调光响应

图中 CH_2 为 PWMD；CH_4 为电感电流；CH_3 为作为比较的 HV9910B 电感电流。

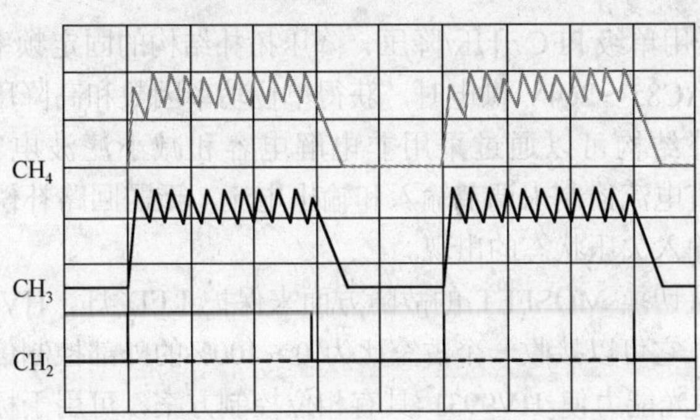

图 5-39　HV9961 与 HV9910B 的电感电流波形比较

（6）应用电路

如图 5-40 所示为 HV9961 的 21W 通用 AC/DC LED 驱动电路，输入电压为 90～265V、50/60Hz，输出电压为 20～60V，正常输出电流 350mA，固定关断时间 T_{OFF}=20μs。

把 V_{DD} 引脚与 PWMD 引脚相连，LED 电流为正常值；把 V_{DD} 引脚与地相连，栅极驱动输出禁止，VF_1 关断，LED 不亮。

在 LD 引脚上施加一个电压，可以实现线性调光。当施加电压大于 1.5V 时，LED 电流输出为 350mA；当施加电压为低于 1.5V 时，LED 电流变为

$$I_{LED}=\frac{0.181V_{LD}}{R_6+R_{6a}}$$

在 PWMD 引脚添加一个 PWM 信号，则可以实现 PWMD 调光。

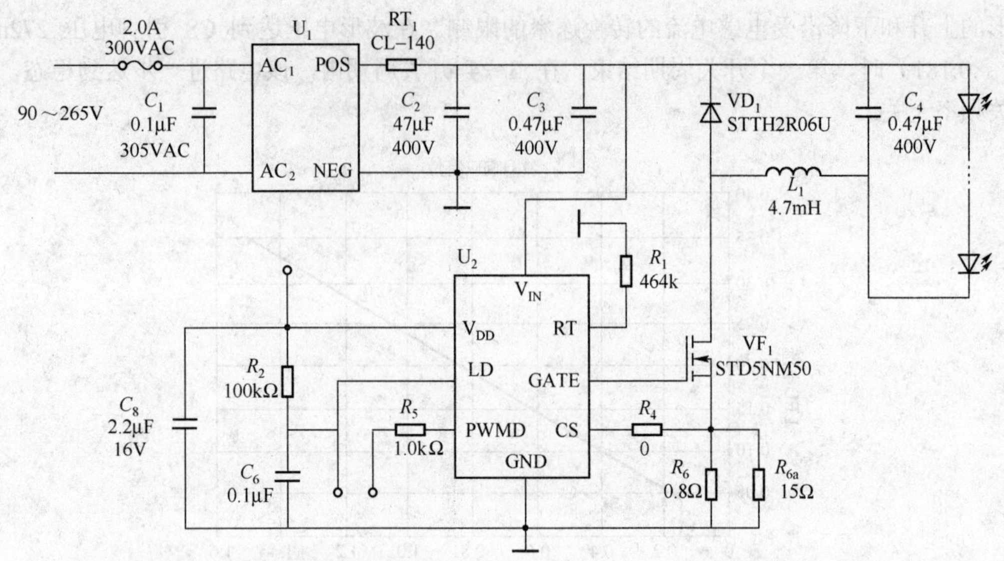

图 5-40　基于 HV9961 的 21W 通用 AC/DC LED 驱动电路

5.5.3　HV9931——单级 PFC AC/DC LED 驱动电路

HV9931 是一款采用单级 PFC 升压/降压、降压拓扑结构的固定频率 PWM 控制器。此芯片无需变压器即可在 AC85～264V 供电时，获得单位功率因数和高降压比，从而驱动单个高亮度 LED。这种拓扑结构可以通过采用非电解电容和减小滤波电容值来提高可靠性。HV9931 采用开环峰值电流控制来调节输入和输出电流，无需回路补偿，限制了输入浪涌电流，从本质上预防了输入欠压状态的出现。

电容式隔离技术从切换 MOSFET 的故障方面来保护 LED 灯，HV9931 提供了一个低频率的 PWM 调光输入，它可以接收一个占空比为 0～100%的外部控制信号，此信号的频率可达几千赫兹。PWM 调光能力使 HV9931 具有相位控制方案，可用于标准的墙壁式调光器。典型应用如图 5-41 所示。

1．HV9931 的主要特点

1）恒定输出电流。

2）较大的降压比。

3）获得单位功率因数和低输入电流谐波。

4）固定频率或固定关断时间操作。

5）内置 450V 的线性稳压器。

6）输入和输出电流检测，输入电流限制。

7）使能，PWM 和相位调光。

2．功能与工作原理

基于 HV9931 的离线 PFC LED 驱动器电路原理如图 5-42 所示。

HV9931 利用单级 PFC 降压/升压（Buck/Boost）和降压（Buck）拓扑结构控制 LED，无需电源变压器，无需滤波电容和电解电容（可选择），从而减小控制器的体积，并增加了可靠性。AC 线路输入电压通常为 85～264V，经全波桥式整流后直接加至 V_{IN} 脚（该脚上的 DC 输入电压为 8～450V），经内部高压稳压器电路，产生 7.5V 的 U_{DD} 电压，U_{DD} 电压可作为电流检测比较器的参考电压。内部稳压器带有欠压保护电路，只要 U_{DD} 低于 6.2V，HV9931 即关断。V_{DD} 引脚必须接一个低 ESR 的旁路电容（≥0.1μF）。在 V_{DD} 引脚外部施加一个高于 7.5V 的电压也可使 HV9931 工作，在此情况下，内部线性稳压器将截止。连接在 R_T 脚与 GATE 脚之间的电阻 R_T 用于设置恒定关断时间 T_{OFF}，即

$$T_{OFF}=\frac{R_T+22}{25} \tag{5-32}$$

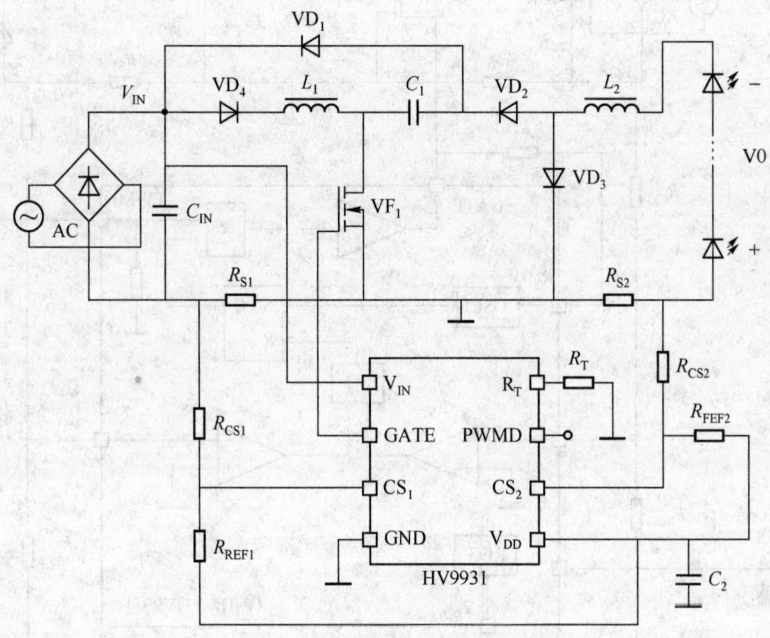

图 5-41　HV9931 典型应用电路

如果电阻 R_T 连接在 R_T 脚与地之间，R_T 值将设置关断频率 F_S

$$F_S=\frac{25000}{R_T+22} \tag{5-33}$$

R_{S1} 和 R_{S2} 为电流检测电阻，R_{S1} 和 R_{S2} 上的电压（V_{S1} 与 V_{S2}）分别经 R_{CS1} 与 R_{REF1}、R_{CS2} 与 R_{REF2} 组的分压器分压，输入到电流感测比较器的反相端（CS_1 和 CS_2）。比较器的电流检测门限由负电流检测信号来编程，当 CS_1 引脚或 CS_2 引脚上的电压低于地电平时，GATE 脚上的输出脉冲将终止。CS_2 引脚内部的比较器负责输出电流调节。通过 LED 的输出电流 I_O 可利用式（5-34）计算，即

$$R_{CS2}=\frac{I_O+0.5\Delta I_{L2}}{7.5}R_{REF2}R_{S2} \tag{5-34}$$

式中，ΔI_{L2} 为 L_2 的峰-峰值电流纹波。通常 $\Delta I_{L2}=0.3I_{L2}$。

CS_1 脚内部比较器限制输入电感 L_1 的电流 I_{L1}，其电流门限可按式（5-35）计算，即

$$R_{CS1} = \frac{I_{L1(PK)}}{7.5} R_{REF1} R_{S1} \tag{5-35}$$

式中，$I_{L1(pk)}$ 为 L_1 的最大峰值电流。

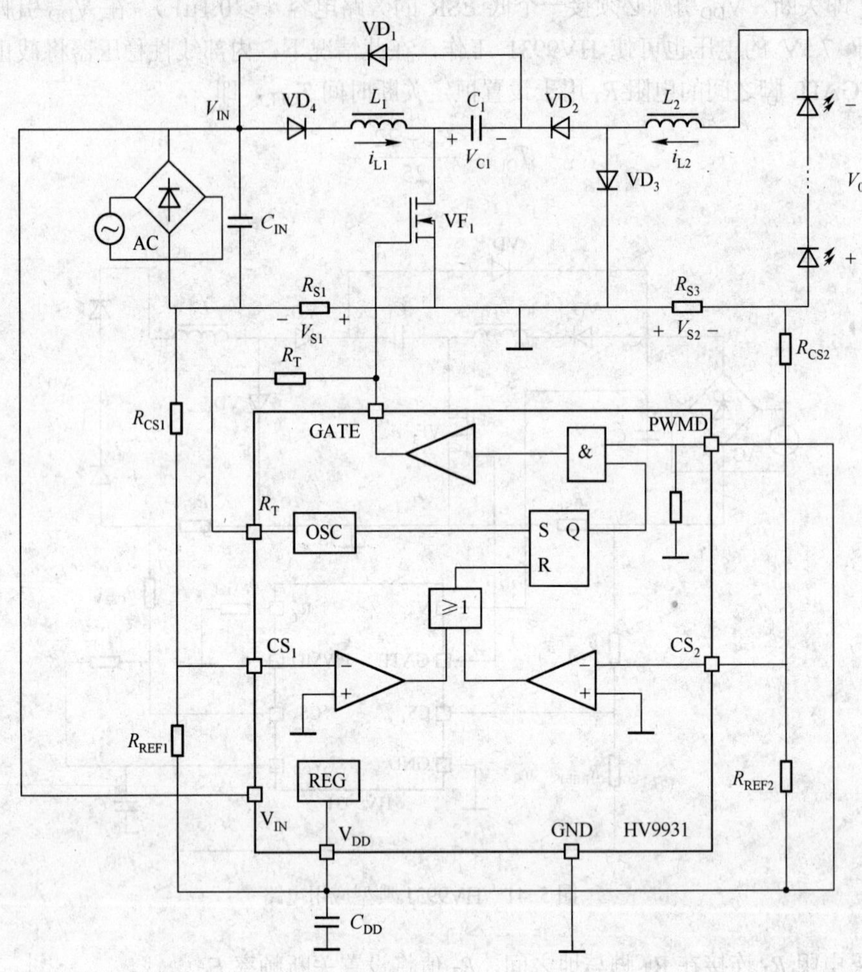

图 5-42　基于 HV9931 的离线 PFC LED 驱动电路原理

把 HV9931 的 PWMD 引脚连接到 V_{DD}，栅极驱动器使能，电路正常工作。若 PWMD 引脚接地或开路，栅极驱动器截止，MOSFET（VF_1）关断。若在 PWMD 引脚施加一个 TTL 兼容方波信号，可以获得 PWM 调光。HV9931 还能实现相位调光。

单级单开关非隔离无变压器降压/升压和降压电源拓扑由两部分组成，即 L_1、C_1、VD_1 和 VD_4 组成输入降压/升压级，它与 L_2、VD_2 和 VD_3 组成的输出降压级相级联，两个变换器级共用一个功率开关 VF_1。输入降压/升压级工作在不连续导电模式（DCM），输出级则在连续导电模式（CCM）运行。系统步降（Step-down）比为两个变换器步降比的乘积，于是不用变压器就可获得高降压比。

系统上电后，桥式整流电压使 VF_1 导通，L_1 中的电流线性增加。同时，电容 C_1 为输出降压级加电，流过 L_2 的电流也线性增加。I_{L1} 的电流通路为 $VD_4 \rightarrow L_1 \rightarrow VF_1 \rightarrow R_{S1}$；$I_{L2}$ 的电流

通路为 C_1 正端→VT_1→R_{S2}→LED→L_2→VD_2→C_1 负端。

当 VF_1 关断时，VD_1 正向偏置，输入电感电流 I_{L1} 到 C_1，电流通路为 VD_4→L_1→C_1→VD_1。同时，流过 L_2 的电流流过 VD_3，I_{L2} 通路为 L_2→VD_3→LED。L_1 中的电流线性下降，只要降为零，VD_1 则反向偏置，阻止 I_{L1} 流动。在 VF_1 再次导通之前，I_{L1}=0 的时间为 L_1 的死区时间。此时，I_{L2} 继续流动，直到降至零后新的周期开始，VF_1 导通。在 AC 线路周期之内，可以认为占空比 D 和开关频率 f_s 不变，于是峰值 L_1 电流 $I_{L1(PK)}$ 和平均输入电流直接与输入电压成正比，即

$$I_{L1(pk)} = \frac{DV_{IN}}{L_1F_s} \tag{5-36}$$

$$I_{IN} = \frac{1}{2}DI_{L1(pk)} = \frac{D^2}{2L_1F_s}V_{IN} = \frac{V_{IN}}{R_{EFF}} \tag{5-37}$$

式中，R_{EFF} 为有效输入电阻。

L_1 中的峰值电流 $I_{L1(pk)}$ 正比于输入电压，平均输入电流波形为正弦波，因此可获得单位功率因数和低输入电流谐波失真。

5.6　安森美 AC/DC LED 电源解决方案

美国安森美（ONsemi）公司的 LED 驱动方案中，已有多种芯片供应。下面对几种主要芯片进行介绍。

5.6.1　NCP1015——1～8W LED 电源方案

在 1～8 W AC/DC LED 照明应用中，要求的输入电压为 90～264V，效率达 80%，同时提供短路保护、过电压保护等功能，并具有 350mA、700mA 恒流，包括型号为 G13、GU10、PAR16、PAR20 的灯具以及嵌灯（Down Light）等。这类应用中可以采用安森美公司生产的半导体 NCP1015 自供电单片开关稳压器，器件集成了固定频率电流模式控制器和 700V 的高压 MOSFET，具有构建强固的低成本电源所需的全部特性，如软启动、频率抖动、短路保护、跳周期、最大峰值电流设定点及动态自供电功能（无需辅助绕组）等。

1．特点

1）内置典型 11Ω的 RDS(on)、耐压 700V 的场效应晶体管。

2）在高压引脚之间有很大的漏电距离。

3）电流模式、固定频率工作范围为 65～100kHz。

4）在低峰值电流只跳过周期运行，无声频噪声。

5）动态自供电，不需要辅助绕组。

6）内部 1ms 软启动。

7）自动恢复内部输出短路保护。

8）频率抖动可有效减小 EMI。

9）如果使用辅助绕组，待机功耗低于 100mW。

10）内置温控关机功能。

11）直接光耦连接。

12）具有瞬态分析和交流分析的 SPICE 模型。

2．典型应用电路

NCP1015 为隔离型 1～8W LED 电源提供一个很好的解决方案，典型应用图如 5-43 所示。值得一提的是，NCP1015 同样可用于非隔离型（电路中不含高频变压器）1～8W 范围的 AC/DC LED 照明应用，电路中可以采用抽头（Tapped）电感来提高 MOSFET 工作的占空比，并改善系统效率及电路性能。

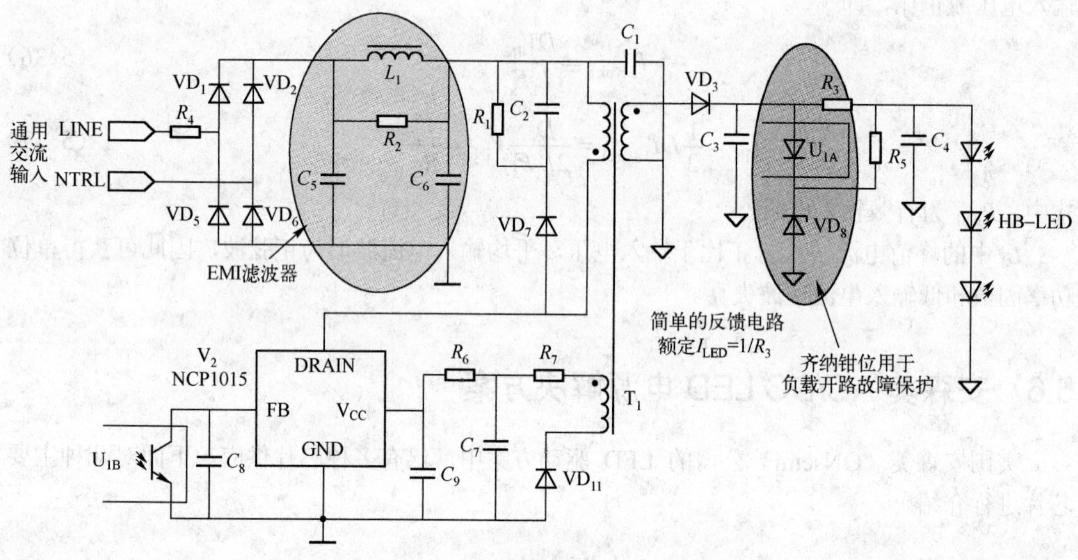

图 5-43　NCP1015 隔离型 1～8W LED 驱动方案

3．引脚及功能

NCP1015 的封装分为双列直插式（PDIP-7）和贴片式（SOT-223）两种，表 5-4 是 NCP1015 的引脚功能。

表 5-4　NCP1015 的引脚功能

引脚号		引脚名称	功能
贴片式	直插式		
1	1	V_{CC}	此引脚需外接一个 10μF 的电容。叠加于 V_{CC} 引脚上的外部纹波可以作为频率抖动成分使用。在此引脚处添加一个辅助电源，可以改善待机的性能。此引脚内置一个有源分流器，起到光电失效保护作用
-	2	NC	
2	4	FB	在此引脚连接一个光耦，最大峰值电流设定点就可以按照输出功率的需求设定
3	5	DRAIN	接内部 MOSFET 的漏极
4	3、7、8	GND	地

4．功能与工作原理

NCP1015 与内部的高压 MOSFET 一起，提供一个电流模式控制方案（实际是一个增强的 NCP1200 控制器部分）。此芯片集成度高，待机功耗低，可以作为可靠、低成本的开关模式供电电源（SMPS）。

（1）动态自供电

芯片上电后，内部电流源（通常为 8mA）偏置，并经由 DRAIN 引脚给 V_{CC} 端的电容充电。当 V_{CC} 端的电容电压达到 $V_{CC(off)}$（电流源关断电压，通常为 8.5V）时，电流源关断，输出脉冲，激活 MOSFET，开始工作。此时，V_{CC} 端的电容电压开始下降。当动态自供电（Dynamic Self-Supply，DSS）控制器检测到 V_{CC} 电压达到 7.5V 时，即开启电源，内部电流源被激活，并使 V_{CC} 升至 8.5V，这样就完成了一个供电周期。这个周期的频率取决于 V_{CC} 端电容和芯片的功耗。V_{CC} 引脚有 1V 的脉动，引脚电压的均值为$(V_{CC(off)}+V_{CC(on)})/2$，其中 $V_{CC(on)}$为电流源开启电压。动态自供电的典型运行模式如图 5-44 所示。

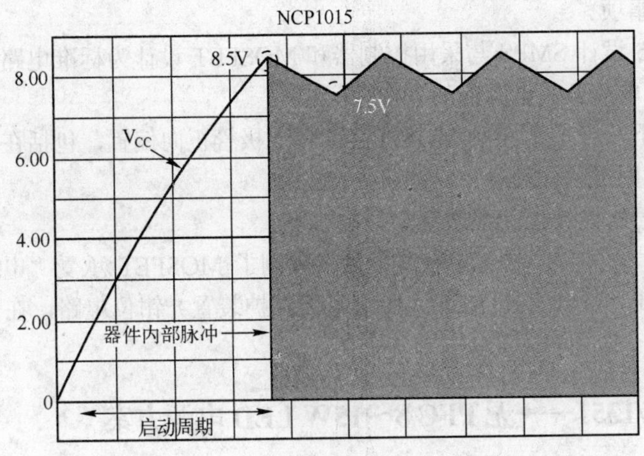

图 5-44　动态自供电的典型运行模式

由图可知，为了得到足够的开启时间，需要计算所需电容的大小。如果内部功耗电流 I_{CC1} 为 1.2mA，ΔV 为 1V，电容值可由下式计算得到：

$$C \geqslant \frac{I_{CC1}t_{startup}}{\Delta V} \tag{5-38}$$

（2）内部保护电路

NCP1015 的内部具有一个专用电路，能持续监测并判断内部故障标识。当电路达到峰值电流时，此故障标识将发送信号给控制器。此类故障通常发生在两种情况下，一是开机阶段，因为此时 V_{out} 并不是稳定地达到目标值的；二是光耦 LED 不再偏置的情况，如在短路或者反馈网络断开时。在 DSS 正常工作时，在每次 V_{CC} 到达 $V_{CC(on)}$时，电路逻辑将检查当前的故障标识。如果故障标识为低，则芯片工作正常；如果故障标识为高，则 NCP1015 迅速停止输出脉冲，降低内部电流损耗，并禁止电源。然后 V_{CC} 开始下降，直到达到所谓的闭锁状态。此时，电流源再次被激活。如果故障排除，芯片将自动恢复操作。如果故障一直存在，脉冲将从 8.5V 降为 7.5V，并进入一个新的闭锁状态。NCP1015 的这种快速反应使得耗散功率降低，并使 SMPS 一直保持短路状态。

（3）频率抖动

NCP1015 内置频率抖动，可有效改善 EMI 性能。频率抖动是一种从分散谐波干扰能量解决 EMI 问题的新方法。它是指开关电源的工作频率并非固定不变，而是周期性地由窄带变为宽带，从而降低 EMI，减小电磁干扰。NCP1015 通过将 V_{CC} 脉冲（包括 DSS 产生的部分）送至内部晶振实现 EMI。因此，开关频率在 DSS 频率上下浮动，通常偏离正常频率的 ±4%。

（4）软启动

NCP1015 内部的 1ms 软启动在上电时即被开启。当 V_{CC} 达到 $V_{CC(off)}$时，峰值电流开始由近乎于零上升至内部最大钳位值（350mA）。这个状态持续 1ms 之后，峰值电流达到最大值，直到供电电源进入正常状态。软启动在瞬间过电流（OCP）时也处于开启状态，每次重启都会激活软启动。通常，V_{CC} 从 0V（新上电周期）或 4.5V 上升时，软启动都会被激活，闭锁电压出现在 OCP 时。

5. 使用注意事项

采用 NCP1015 设计 SMPS 与采用控制器和 MOSFET 设计为标准电路没有区别。但是在设计时需要注意此单片开关电源的如下特性：

1）任何情况下，绝不允许使 MOSFET 的体二极管正向偏置，包括在开启阶段（此时有很大的漏电感）和正常运行阶段。

2）电流模式对次谐波振荡很敏感。

3）横向 MOS 管的体二极管中杂质很少，限制了 MOSFET 承受“电子雪崩”的能力。为了保护 MOSFET，可以安装 RCD（残余电流保护装置）钳位电路，在低功率需求的情况下，也可以只采用一个电容。

5.6.2 NCP1028/1351——无 PFC 8～15W LED 电源方案

在 8～25 W AC/DC LED 照明应用中，需要考虑两种情况，一种是应用没有功率因数要求，即不需采用 PFC 控制器的情况；另一种是要求采用 PFC 控制器。在不需要使用 PFC 的应用中，假定输入电压范围为 180～264V，效率要求达到 85%以上，提供短路保护及开路保护等功能，输出电流为 350mA、700mA 及 1A 恒流，那么可以采用安森美公司生产的半导体产品 NCP1028 或 NCP1351。

1. NCP1028 及 NCP1351 的特点

NCP1028 提供了一个新的解决方案，针对输出功率从几瓦到 15W 通用反激式应用。它包括一个功率 MOSFET 连同一个启动电流源，全部与一个大容量电容直接连接。为防止在低输入电压下失控，一个可调节的欠压复位电路在电路失控时阻止器件工作，直到输入电压达到器件正常工作的要求。内部集成一个 700V 的高压 MOSFET，导通阻抗 $R_{DS(on)}$=5.8Ω，T_J=25℃；电流模式固定频率工作模式为 65kHz 和 100kHz；固定峰值电流 800mA；在低峰值电流时，跳周期工作；带定时检测的自恢复输出短路保护；可编程欠电压恢复输入，低输入电压检测；可编程的过功率保护。

NCP1351 是一款电流模式控制器，是一种低功率离线反激开关模式电源（SMPS），较为经济。基于固定峰值电流技术，当电路中负载变小时，该控制器降低其开关频率。因此，利用 NCP1351 的电源即可无负载功率耗损，在其他负载条件下也优化了电源效率。当工作频率降低时，峰值电流也逐渐地降低到大约最大峰值电流的 30%，防止变压器机械共振，这样就大幅度地减少了音频噪声。

NCP1351 的特点是准恒定 T_{ON}，可变 T_{OFF} 电流模式控制；启动时电流消耗极低；峰值电流压缩降低变压器噪声；原边或副边调节；具有为过热保护、过电压保护的专有锁存输入；

可编程电流检测电阻峰值电压；欠电压锁定；标准过电流保护，锁存或自恢复。

如图 5-45 所示为 90～264V 输入条件下，基于 NCP1028 的 8～15W LED 照明方案。

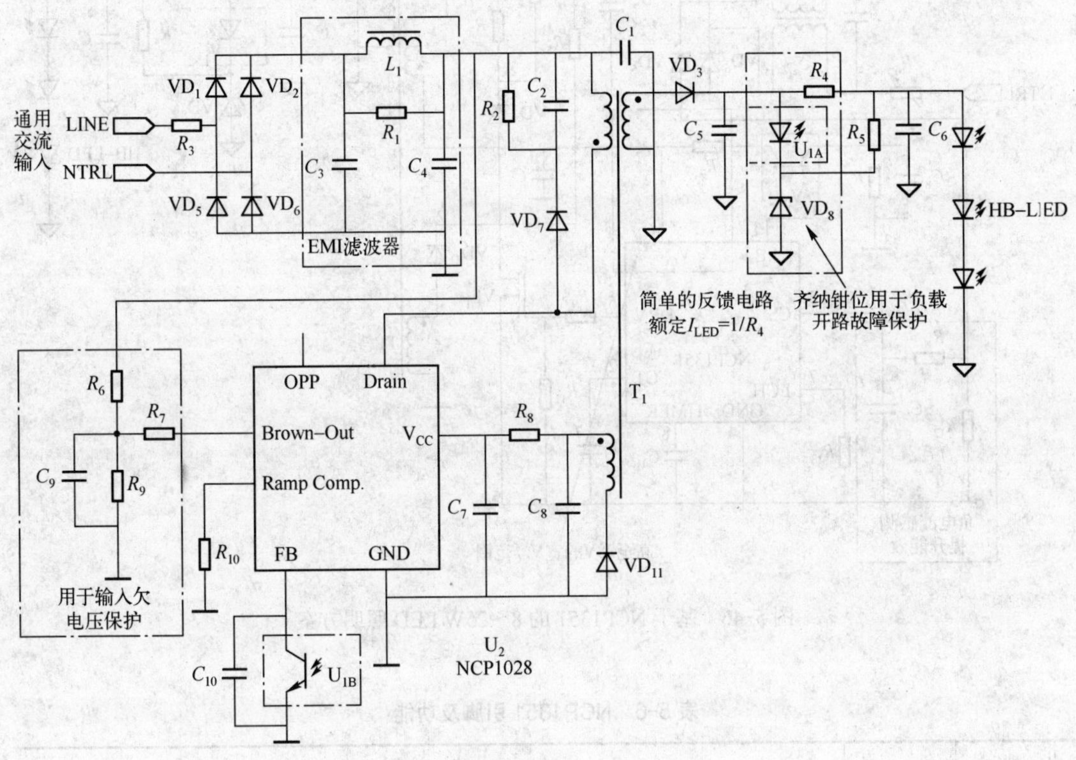

图 5-45　基于 NCP1028 的 8～15W LED 照明方案

如图 5-46 所示为 90～264V 输入条件下，基于 NCP1351 的 8～25W LED 照明方案。

2．NCP1028 与 NCP1351 引脚分布及功能

NCP1028 为 7 引脚芯片，采用 8 引脚的直插式封装，其引脚功能见表 5-5。

表 5-5　NCP1028 引脚及功能

引脚号	名　称	功　能
1	V_{CC}	此引脚外接一个典型值为 22μF 的电容
2	Ramp Comp.	为了扩展连续导通模式（CCM）的占空比，2 引脚为控制器提供了斜坡补偿的功能，如果不需要此功能，须将引脚接到 V_{CC}
3	Brown-Out	采用电阻电路监控动力电源，低电压时电路将进行自我保护。如果外部干扰导致此引脚电压高于 4.0V，电路将闭锁
4	FB	在此引脚连接一个光耦，最大峰值电流设定点就可以按照输出功率的需求设定
5	Drain	内部漏开关电路
-	-	此未连接的引脚，能保证足够的漏电距离
7	OPP	驱动此引脚可以降低高线性状态下的电源供电能力。如果不需要过载保护，将此引脚与地连接

NCP1351 为 8 引脚芯片，封装分为贴片式和双列直插式两种，其引脚功能见表 5-6。

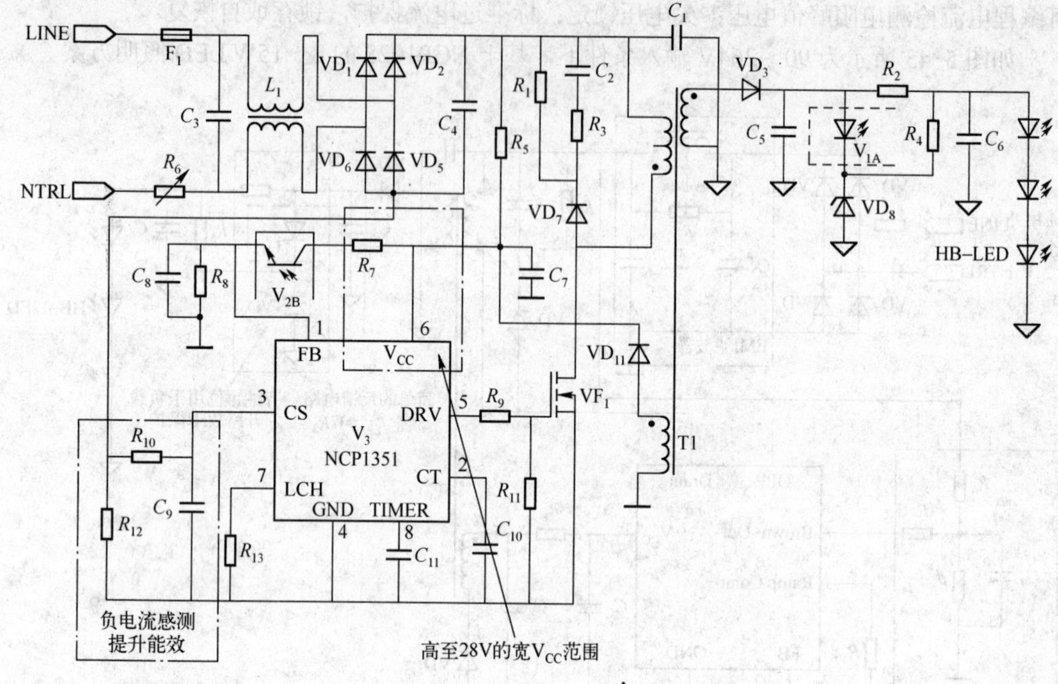

图 5-46　基于 NCP1351 的 8～25W LED 照明方案

表 5-6　NCP1351 引脚及功能

引脚号	名称	功能
1	FB	此引脚的注入电流可降低频率
2	CT	在没有反馈电流时，此引脚的电容可以设定最大开关频率
3	CS	检测初始电流
4	GND	接地
5	DRV	给功率 MOSFET 提供驱动脉冲
6	V_{CC}	供给控制器最高 28V 的电源
7	LCH	高于 V_{LATCH} 的正电压出现时可以完全锁住控制器
8	TIMER	在故障确认之前设定时间长度

3. NCP1028 功能及工作原理

（1）启动周期

NCP1028 包含一个高压启动电路，由动力电直接给 V_{CC} 引脚的电容充电。

芯片上电后，内部电流源发生偏置，并给 V_{CC} 引脚的电容充电。当此电容的电压充到 $V_{CC(on)}$（通常为 8.5V）时，电流源关断，降低功率损耗。此时，V_{CC} 端的电容只给控制器供电，辅助电源要在 V_{CC} 降到 $V_{CC(min)}$之前继续供电。在计算 V_{CC} 引脚电容（C_{VCC}）值时，要满足电容储存的能量始终使 V_{CC} 大于 $V_{CC(min)}$（通常为 7.3V），直到完全由辅助电源供电。

添加一个辅助绕组，使 V_{CC} 达到稳定，实现芯片的自供电。V_{CC} 引脚电容只用来供电，其值不会影响到系统其他参数，如故障持续时间、频率扫描周期等。此电容值可以由如下条件来确定：

1）电容上需要储存能量的大小。

2）维持电源工作之前 C_{VCC} 持续工作的时间。

3）此期间控制器消耗的时间。

如图 5-47 所示为在启动时，V_{CC} 引脚电容上电压随时间的变化情况。

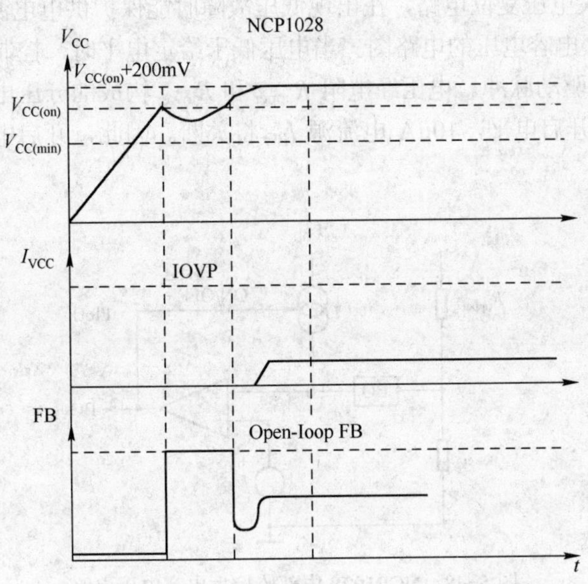

图 5-47　NCP1028 一个启动周期中 V_{CC} 引脚电容电压随时间的变化

（2）V_{CC} 短路故障

出现故障时，短路可能发生在电源和地之间。在大电压（V_{HV}=370V）情况下，器件承载的电流将会使节点的温度迅速升高。例如，若 I_{C1}=3.0mA（最高结温 T_J 所对应的最小电流），器件消耗的功率为 1.1W。为了避免这种情况，控制器内部添加了一个具有两个启动电平的电路，I_{C1} 和 I_{C2}。在启动时，当 V_{CC} 低于 1.3V 时，电源给 I_{C1} 充电；当 V_{CC} 升到 1.3V 时，电源开始给 I_{C2} 充电，直至额定值。因此，在电源和地出现短路时，功率损耗降为 240mW。

（3）输出短路故障

当 V_{CC} 升至 $V_{CC(ON)}$时，内部将产生驱动脉冲。如果一切正常，随着输出电压的升高，辅助绕组将提高 V_{CC} 引脚的电压。在控制器启动期间，电流将平缓上升到设定的峰值电流值 I_{MAX}，此过程持续 1.0ms。一旦峰值电流设定点达到最大值（出现在启动阶段或者过载时），系统将发出一个内部故障标识 Ipflag，指示电流达到了最大设定界限值。此标识触发计时器计时 55ms，如果计时结束时 Ipflag 仍然存在，系统驱动脉冲将停止工作，电路在 440ms（8 个 55ms）内处于关断状态。之后将重启，如果故障仍存在，重启将持续 55ms。故障一直不能消除时，进入安全突发模式，产生一个低占空比（11%）的脉冲。当故障消除时，电源迅速恢复工作。

（4）输出电压过低

将双环控制结果传送到反馈电路时，这个操作模式即出现，此双环控制基于输出电压恒定（CV）或输出电流恒定（CC）。在 CC 模式下，输出电压低于初始目标值，但是由于 CC 控制器的作用，反馈仍为闭环。因此，Ipflag 不会被激活，控制器不能检测到短路故障。连接一个较好的耦合线圈，原边将通过内部低压锁存输出（UVLO）电路确保故障检测正常。

（5）输入电压过低

NCP1028 内置欠电压复位电路，在出现低压故障时能保护供电电源。如图 5-48 所示为 NCP1028 内部监控大电容电压的电路图。当电压低于给定电平时，控制器中断驱动脉冲；高于给定电平时，输出驱动脉冲。电压经电阻 R_{upper} 和 R_{lower} 构成的分压电路分压之后，送至引脚 3。若此电压低于开启电平，10μA 电流源 I_{BO} 将关断。因此，开启电平完全取决于分压电路的分压情况。

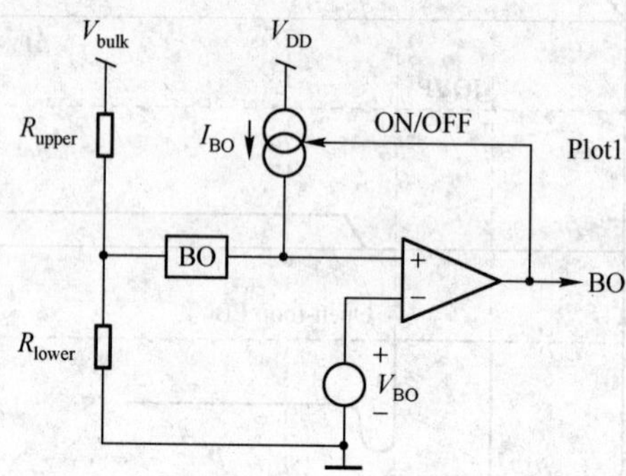

图 5-48　NCP1028 内部监控大电容电压电路

相反，当内部 BO 信号为高时，I_{BO} 被激活，产生磁滞现象。因此，采用以下方法计算开启或关断电平。

I_{BO} 关断时

$$V_+=\frac{V_{bulk1}R_{lower}}{R_{lower}+R_{upper}} \tag{5-39}$$

I_{BO} 开通时

$$V_+=\frac{V_{bulk2}R_{lower}}{R_{lower}+R_{upper}}+I_{BO}\left(\frac{R_{lower}R_{upper}}{R_{lower}+R_{upper}}\right) \tag{5-40}$$

由式（5-38）可以计算出 R_{lower}，将其代入式（5-39）可以推导出 R_{upper}

$$R_{upper}=R_{lower}\left(\frac{V_{bulk1}-V_{BO}}{V_{BO}}\right) \tag{5-41}$$

$$R_{lower}=V_{BO}\left[\frac{V_{bulk1}-V_{bulk2}}{I_{BO}(V_{bulk1}-V_{BO})}\right] \tag{5-42}$$

如果设定 V_{bulk1}=100V 时，使器件工作。在 V_{bulk2}=70V 时，使器件关断，可得到 R_{upper}= 3.0MΩ，R_{lower}=18KΩ。

（6）闭锁保护

出现中级过电压（此时闭环反馈发生漂移）或检测到过热时，整流器会完全停止工作，保持在锁定状态。当辅助电源和绕组之间的耦合达不到检测精确初始值的要求时，将进行中级监控。在 BO 引脚添加一个比较器，此引脚的电压将高于 V_{LATCH}，从而禁止脉冲输出。V_{CC} 恢复至 3.5V 以下时可重启控制器。

（7）过载补偿

当整流器输入电压达到额定值时，过载补偿/保护（OPP）可以削弱传输延迟的影响。电路的传输延迟会增大限流整流器的输出功率，如图 5-49 所示，斜线 S_{on} 代表电源关闭时电感电流增长的速度。此斜线由式（5-43）得到

$$S_{on}=\frac{V_{in}}{L_p} \tag{5-43}$$

式中，L_p 为变压器的初级电感线圈；V_{in} 为输入电压。

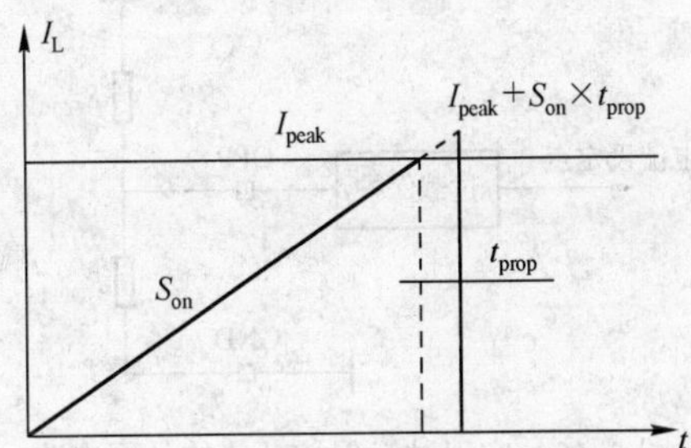

图 5-49　过电流时 NCP1028 电感电流随时间变化曲线

由于内部电路处理需要一段时间，当达到最大功率的极限时（在过载保护电路开启之前），开关并没有立即关断。也就是说，从检测比较器检测到故障信号传输到各逻辑门电路，到达功率开关并最终关断开关之前，需要至少 100ns。这就是传输延迟，记为 t_{prop}。但是，在这段时间内，电流按照如图 5-49 所示的曲线继续增长。最终的电流值可由式（5-44）计算得

$$I_{peak(final)}=\frac{V_{in}}{L_p}t_{prop}+I_{peak(max)} \tag{5-44}$$

低电压时，S_{on} 相对较低，不会影响最终的峰值；高电压时 S_{on} 却会增大峰值电流。因此，电源的输出功率会随着输入电压增大而增大。

假设峰值电流为 700mA，且 L_p=1.0mH，V_{in}=100V（低压输入电压），$V_{inhighline}$=350V（高压输入电压），$I_{peak(max)}$= 700mA，t_{prop}=100ns。

$$P_{out}=\frac{1}{2}I^2{}_{peak(final)}F_{sw}L_p\eta \tag{5-45}$$

式中，F_{sw} 为开关频率；η 为效率。通常，高电压时的效率要高于低电压。反激式不连续导电模式也利用式（5-45）。

由式（5-44）可以计算出两种情况下的最终峰值电流：

低电压时，$I_{peak(final)}=710\text{mA}$；高电压时，$I_{peak(final)}=735\text{mA}$。

设低电压时的效率为 78%，高电压时的效率为 82%。根据式（5-44），可以计算最大输出功率如下：

低电压时，P_{out}=12.8W；高电压时，P_{out}=14.4W。

由此可以看出，二者的差值可以忽略。但是有的设计对最大输出电流容量要求比较严格，而忽略电压输入大小，因此需要添加 OPP。

将高电压时的功率限制在 12.8W，依据式（5-44）计算所需的峰值电流为

$$I_{peak} = \sqrt{\frac{2P_{out}}{F_{sw}L_p\eta}} = 693\text{mA}$$

对照原来的 735mA，在 V_{in} 为 350V 时，需要将设定值降低 6%。

NCP1028 内置专用电路检测引脚 7 上的耦合电压和电流。如图 5-50 所示为实现过载保护功能的外围电路。

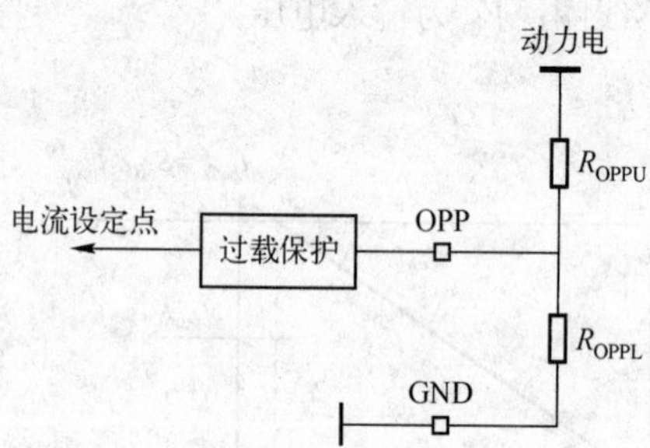

图 5-50　实现过载保护功能的外围电路

设计中不需要 OPP 功能时，须将此引脚通过铜线接地。

（8）斜坡补偿

当 NCP1028 工作于连续导通状态时（CCM），电流模式下的电源供电将出现次谐波振荡。为了避免出现这种情况，设计时必须添加斜坡补偿。斜坡补偿可以添加到当前的检测信息中，也可以直接从反馈信号中去除。图 5-51 为内部反馈和斜坡补偿电路。

如图 5-51 所示的斜坡补偿的原理如下：选择合适的电阻 R，通过引脚 2 接地，然后在晶体管的集电极将会产生电流 I_{RR}。

（9）其他

NCP1028 同样采用了 1.0ms 的软启动，减小了上电应力，也降低了输出过冲。此控制器采用了一种新型的电路结构，能产生更好的软启动斜坡，几乎消除了传统的电流供电模式特有的启动电压。

另外，NCP1028 提供了开关频率范围为 ± 6%的频率抖动，以减小 EMI。

4．NCP1351 功能及工作原理

（1）负检测技术

标准电流模式控制器采用如图 5-52 所示的正检测技术。在此技术中，检测电阻检测到正压降，此压降表明了电流的方向。

但是，此方法具有以下缺陷：

1）难以精确校对峰值电流。最大检测电平为 1V 时，为了达到所需极限，必须采用小阻值的电阻。

2）检测电阻的电压值来自栅极的电压差。若 $V_{CC(min)}$为 7V，晶体管导通后满负载电路的

栅极电压为 7V−1V=6V。

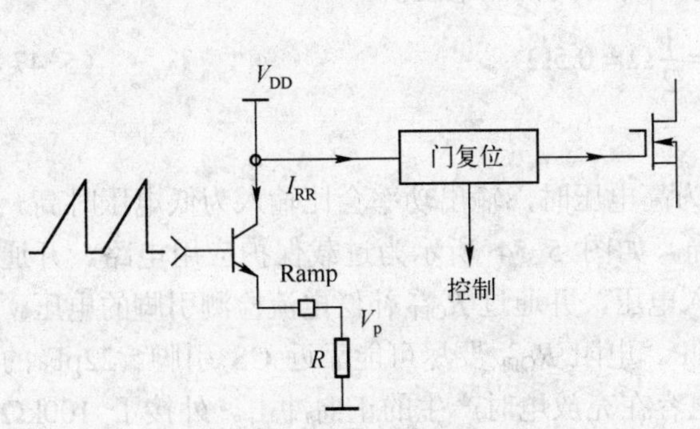

图 5-51　NCP1028 内部反馈和斜坡补偿电路

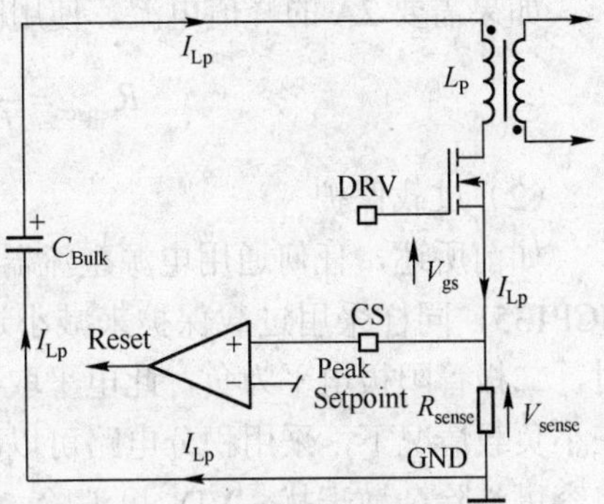

图 5-52　正电流检测技术电路

3）开通时的检测电阻电流包含 C_{iss}。此窄尖峰脉冲常常干扰控制器的正常工作，利用 LEB（消隐）电路可以得到改善。

LEB 电路是指前缘消隐（LEB）电路。在开关电源电路中，在 MOS 管源极串接一个小阻值的电路，检测变压器原边电流。在 MOS 管导通的瞬间，含有一个 C_{iss} 的电流，该电流是一个窄尖峰脉冲，会干扰电流检测控制环路的输出结果，造成 PWM 控制器误动作。传统的电路是用一个 RC 滤波器滤除此尖峰，现在多用一个消隐电路来消除此尖峰脉冲的影响。

如图 5-53 为简化的负电流检测电路。图中，晶体管源极直接与控制器的地连接。因此，当 V_{CC} 为 8V 时，不存在检测电阻压降，所以栅源电压近似为 8V。控制器又是如何检测到负偏压的？没有前级电路时，CS 引脚上的电压为 $R_{offset}I_{CS}$。假设这些器件在此引脚具有 1V 压降。当功率 MOSFET 导通时，电流经过检测电阻流入地，电阻上电压对地为负。CS 引脚上的电压为正电压（$R_{offset}I_{CS}$）加检测电阻上的负电压。因此，CS 引脚电压随着初级电流增加而降低。当达到阈值电压（约 20mV）时，比较器触发并复位工开关。

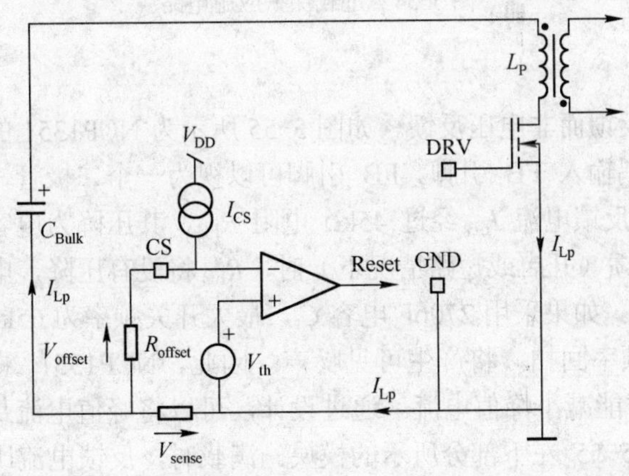

图 5-53　简化的负电流检测电路

这两个器件很容易选定。假设检测电阻压降为 1V，偏置电阻可通过式（5-46）计算得到

$$R_{offset}=\frac{1}{I_{CS}}=\frac{1}{270\mu F}=3.7k\Omega \tag{5-46}$$

式中，I_{CS} 采用 I_{CSmax} 的典型值 270μA。

如果需要 2A 的峰值电流，使用欧姆定律即可得到检测电阻值

$$R_{sense} = \frac{1}{I_{peak(max)}} = \frac{1}{2}\Omega = 0.5\Omega \tag{5-47}$$

（2）过载保护

如前所述，任何通用电源整流器在输入为高电压时，输出功率会比输入为低电压时高。NCP1351 同样采用过载保护来减小这种差异。如图 5-54 所示为过载保护应用电路。开通时，二极管阳极电平为负，此电平取决于输入电压，并通过 R_{OPP} 补偿电流检测引脚的电压。在小负载情况下，采用积分电路可以减小 OPP。电阻 R_{OPP} 要尽可能靠近 CS 引脚。22pF 的电容可消除杂散干扰，VD_2 可消除 270pF 电容在充放电时产生的正向冲击。外接了 100kΩ OPP 电阻，实际应用中需要连接可变电阻。

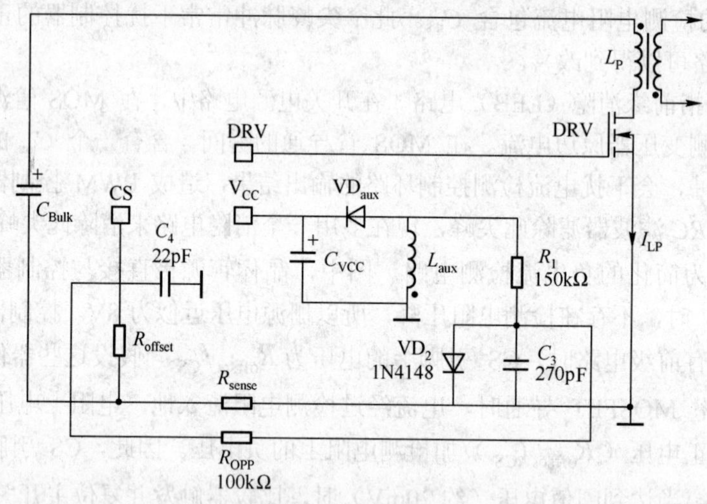

图 5-54 过载保护应用电路

（3）反馈

NCP1351 为电流反馈而非电压反馈。如图 5-55 所示为 NCP1351 的内部反馈电路。在输入/输出时，电流经光耦输入 FB 引脚。FB 引脚可以视为一个二极管，光耦输出电流使其正向偏置。图 5-55 中的反馈电流 I_{FB} 经过 45kΩ 电阻 R_{FB}，其压降为电容充电的可变阈值点，如图 5-56 所示。无反馈（开启或短路情况下）时，R_{FB} 将没有压降，电容电压被串联补偿电压 V_{offset} 钳位于 500mV。如果采用 270pF 电容 C_t，最大开关频率为 65kHz。

对峰值电流进行频率回扫，将产生可见噪声。因此，NCP1351 采用了专用电流压缩技术，此技术在大负载时能减小峰值电流。通过设计，可以将峰值电流从满载时的 100%变到轻载时的 30%。如图 5-55 左下部分所示的模块。满载时，反馈电流比较小，流过外部补偿电阻的电流为

$$I_{CS}=I_{CS\_min}+I_{dif}=I_{CS\_max}-I_{CS\_min}+I_{CS\_min}=I_{CS\_max} \tag{5-48}$$

当负载变小时，反馈电流从补偿发生器分流而增大。式（5-49）变为

$$I_{CS}=I_{CS\_max}-kI_{FB} \tag{5-49}$$

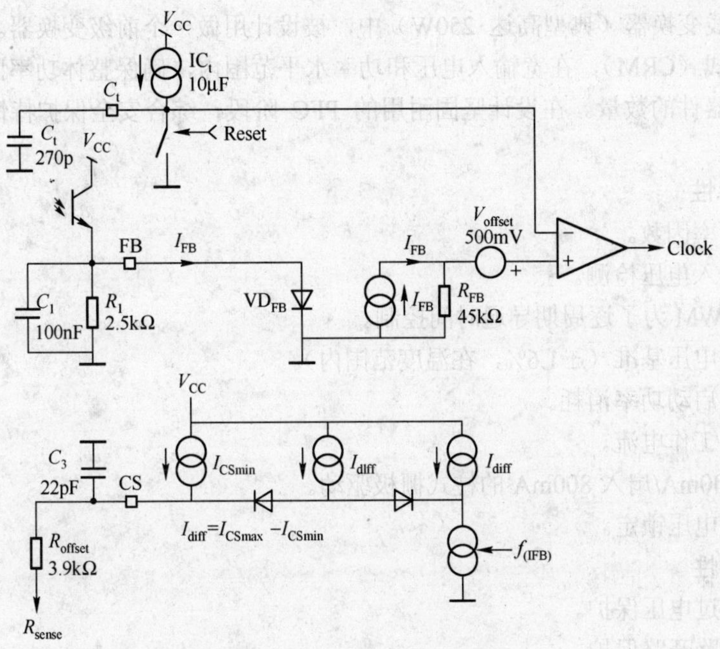

图 5-55　NCP1351 内部反馈电路

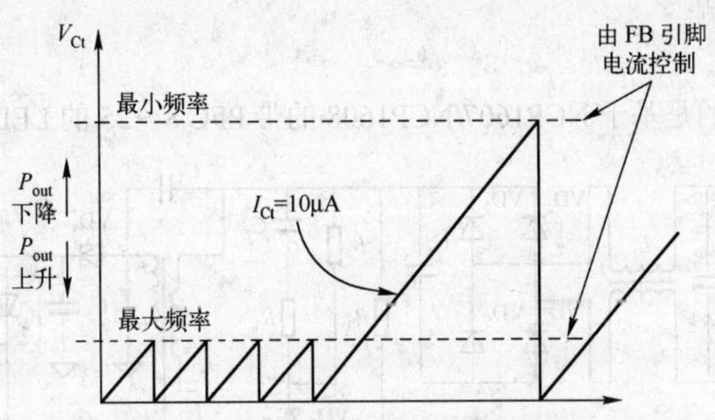

图 5-56　反馈环路中输入电流与开关频率关系曲线

由式（5-49）可计算出流过补偿发生器的电流减少量。k 表示内部变化率。当反馈电流为 I_{dif} 时，补偿值为

$$I_{CS}=I_{CS\_min} \tag{5-50}$$

此时，电流被完全压缩不变。为了进一步减小传递功率，只能降低频率。

5.6.3　NCP1607/8——带 PFC 8～25W LED 电源方案

在有 PFC 的 8～25W AC/DC LED 照明应用中，假定输入电压为 90～264V，功率因数高于 0.9，效率达 80%，提供短路及过功率保护，则输出电流同样有 350mA、700mA 和 1A 等不同选择。在这类应用中，可以采用安森美公司的半导体产品 NCP1607 或 NCP1608 PFC 控制器。

NCP1607 是一款高性价比的电压模式 PFC 控制器，在 AC/DC 适配器、电子镇流器和其

他音响电源离线变换器（典型高达 250W）中，被设计用做一个前级变换器。该控制器工作于临界导电模式（CRM），在宽输入电压和功率水平范围内，确保整体功率因数。NCP1607 最小化外部元器件的数量。在设计坚固耐用的 PFC 阶段，综合安全保护特性使得该器件成为最佳选择。

1．通用特性

1）整体功率因数。

2）无需输入电压检测。

3）锁存 PWM 为了逐周期导通时间控制。

4）高精度电压基准（±1.6%，在温度范围内）。

5）极低的启动功率消耗。

6）低典型工作电流。

7）扇出 500mA/扇入 800mA 的柱式栅极驱动。

8）迟滞欠电压锁定。

2．安全特性

1）可编程过电压保护。

2）反馈回路开路保护。

3）精确和可编程导通时间控制。

4）精确过流检测。

3．应用方案

如图 5-57 所示的是基于 NCP1607/NCP1608 的带 PFC 8～25 的 LED 电源方案。

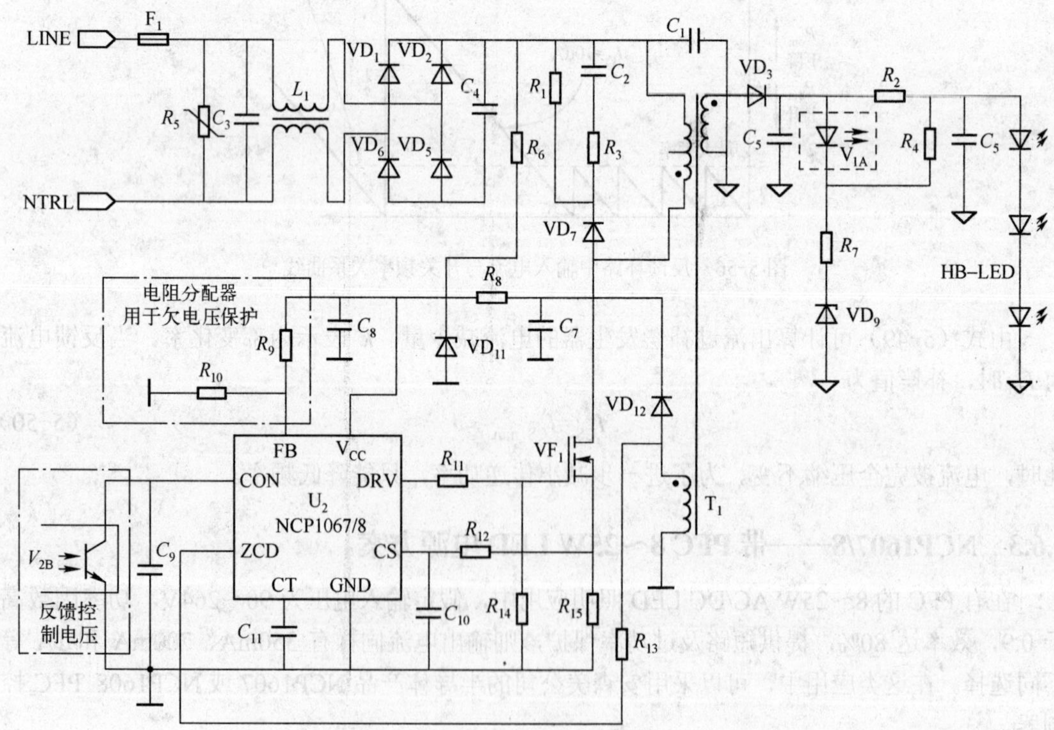

图 5-57　基于 NCP1607/8 的带 PFC 8～25W LED 电源方案

4. 引脚功能

NCP1607 为 8 引脚芯片，引脚及功能如表 5-7 所示。

表 5-7　NCP1607 引脚及功能

引脚号	名　称	功　能
1	FB	FB 引脚为内部误差放大器的反相输入端。外部电阻分压电路通过将输出电压与内部参考电压进行比较来进行电路调节。反馈信息也可用于可编程过电压和欠电压保护。此引脚电压低于欠电压保护阈值时控制器不工作
2	CON	此引脚为内部误差信号放大器的输出端。此引脚与 FB 之间具有一个补偿电路，可设定环路带宽。为了获取大功率因数比和低 THD 需要足够小的带宽
3	CT	此引脚为外部时基电容充电。电路通过比较 CT 引脚电压与内部调节装置的电压，控制功率开关的导通时间。此引脚在开关周期末为外部时基电容放电
4	CS	CS 引脚用于限制流过功率开关的涡流。当 CS 引脚电压高于内部阈值时，MOSFET 驱动器关断。连接在 CS 引脚的检测电阻检测到最大开关电流
5	ZCD	此引脚接辅助绕组，其电压用于检测在临界导通模式下何时电感消磁。此管脚接地控制器不工作
6	GND	模拟地
7	DRV	集成 MOSFET 驱动端，可以驱动栅极电压很高的功率 MOSFET
8	V_{CC}	控制器正电源输入端。当 V_{CC} 高于 $V_{CC(on)}$时，控制器开始工作，V_{CC} 低于 $V_{CC(off)}$时停止工作

5. 功能及工作原理

下面将简单介绍 NCP1607 的功能及工作原理。NCP1608 的工作原理可参照于此。

（1）功率因数校正

许多电子镇流器和开关电源都采用二极管整流器和大容量电容作为 AC/DC 变换装置。整流之后，直流电压经过其他电路驱动负载。当交流电压超出电容的耐压时，整流器将线电压整流为直流。此时电压接近线电压峰值，整流之后的电流波形将不再为正弦波，并且包含很多谐波成分。因此，功率因数很低（一般小于 0.6），使得表面上的输入功率比实际输入功率要大。另外，如果此线电压同时接有很多设备，影响将更加明显，并会产生电压下垂现象。

为了控制线电流的谐波分量，相关部门制定了统一的规章制度和要求。为了满足需要，在无源和有源电路中都采用了功率因数校正。无源电路包括许多大电容和电感，以及工频整流器。有源电路包含一些高频开关变换器，控制输入电流与输入电压同相。这些电路工作在更高的频率下，器件更小更轻，但比无源电路更高效。添加合适的有源 PFC 控制模块几乎可以使任何负载与交流电同相，可以明显减少谐波电流成分。鉴于此，有源 PFC 电路成为解决谐波干扰使用率最高的方法。通常，在整流器和大电容之间插入一个 PFC 预整流器即可实现 PFC，如图 5-58 所示。

Boost 变换器（或步进变换器）是最常见的有源 PFC 拓扑结构。通过控制，可以将正弦电压整流为恒值电压。对于中小功率（小于 300W）的应用，临界导通模式是更为合适的控制策略。临界导通模式（CRM）出现于不连续导通模式（DCM）和连续导通模式（CCM）交界处。临界导通模式下，当升压电感电流为零时，下一个驱动脉冲将出现。CRM 集合了 CCM 较低的峰值电流和 DCM 零电流开关的优点，是中小功率 PFC 的理想选择。

NCP1607 采用固定导通时间 CRM 控制，对于要求性价比高的应用是理想的选择。

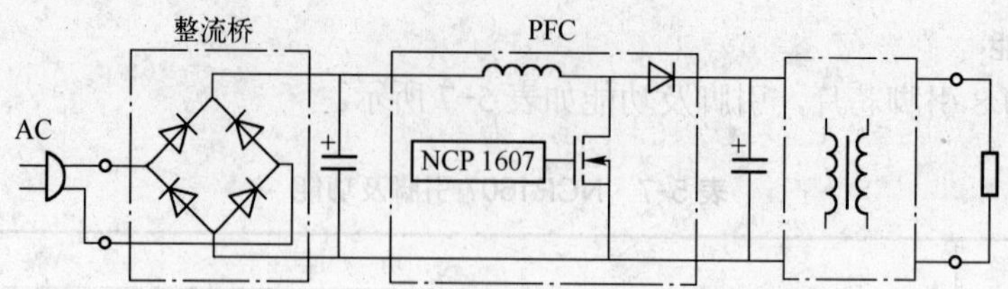

图 5-58 NCP1607 与有源 PFC 预整流器

（2）误差信号放大器控制

NCP1607 依靠其内置误差信号放大器（EA）控制 Boost 电路的输出，如图 5-59 所示，误差信号放大器的反相端为引脚 FB，正相端连接到 2.5V±1.6%参考电压，输出端为引脚 CON。

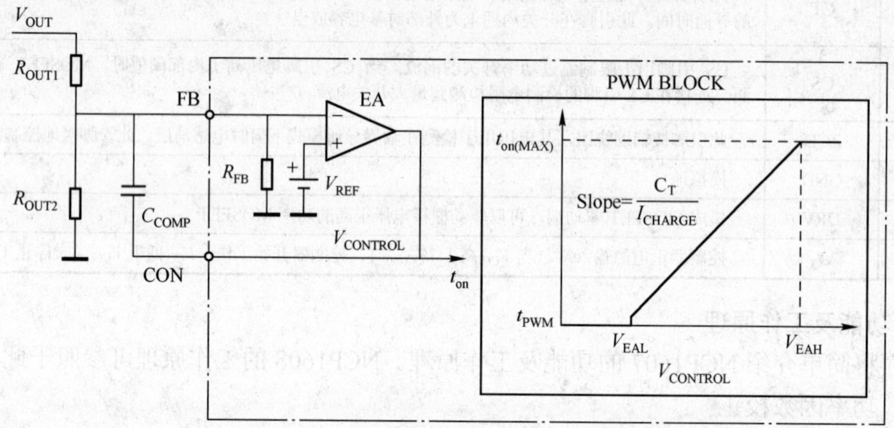

图 5-59 误差信号放大器与导通时间变换电路

图中，连接于 Boost 电路输出端和 EA 输入端的电阻分压器用于设定 FB 引脚的电压。如果输出电压太低，反馈电压下降，误差放大器使控制电压增大，延长驱动器的导通时间，增大传输功率并将输出反馈回整流器。相反，如果输出电压（反馈电压）太高，控制电平降低，驱动器导通时间缩短。这样，电路控制输出电压 V_{OUT}，使得 V_{OUT} 中经过电阻分压器（R_{OUT1} 和 R_{OUT2}）施加于 FB 的部分等于内部参考低电压（2.5V）。输出电压可由式（5-51）计算得，即

$$V_{OUT}=V_{REF}\left(\frac{R_{OUT1}+R_{EQ}}{R_{EQ}}\right) \tag{5-51}$$

式中，R_{EQ} 为 R_{OUT2} 与 R_{FB} 的并联值。

（3）导通和关断时间序列

NCP1607 用于控制临界导通模式 Boost 转换器，其开关时序要满足导通时间固定和关断时间可变的要求。导通时间由连接在引脚 3（CT）上的电容产生。电流源为此电容充电至 C_{ON} 引脚电压。注意，C_T 充电至 V_{CON} 减去 2.1V 的偏置（V_{EAL}）。一旦超出这个电平，驱动器将关断。

在交流电的一个周期中，如果导通时间固定，CRM 控制关断时间随着输入交流电变化。NCP1607 通过检测电感电压产生正确的关断时间。当电感电流降为零时，漏电压开始自然下降。如果此时开关器件导通，将达到临界导通模式。直接测量电感上的大电压是不经济并且不可取的，不如从 Boost 电路电感中抽取出小部分线圈来测量方便快捷。这个线圈被称为零电流检测（ZCD）线圈，通过将电感线圈输出按比例缩小达到测量的目的，更加实用。

5.6.4　功率高于 50W 的 LED 电源方案

功率 50～300W 的 AC/DC LED 广泛用于街道照明及大功率区域照明，一般要求输入电压在 90～264V 范围内，功率因数大于 0.95，效率大于 90%。此类应用可以采用下述几种方案，满足不同应用要求：

1）NCP1652，改进型单段式 PFC。

2）NCP1607/8+NCP1377，即临界导电模式 PFC+准谐振电流模式 PWM。

3）NCP1607/8+NCP1396，即临界导电模式 PFC+半桥谐振 LLC。

4）NCP1901，即最新型两段式（PFC+更高效率半桥谐振 LLC）。

例如，在 50～150W 的 AC/DC LED 应用中，既可以采用 NCP1652 这样的改进型单段式 PFC 控制器，也可以结合采用 NCP1607/8 PFC 控制器及 NCP1377 准谐振（QR）模式 PWM 控制器。其中，NCP1377 结合了真正的电流模式调制器和退磁检测器，确保任何负载/线路条件下工作于临界导通模式，并确保最低的开关漏电压（准谐振条件下）。NCP1652 驱动带有可编程死区时间的信号，支持有源钳位或同步整流，具有较高的效率。NCP1652 还具有输入欠电压保护、过电压保护、过电流保护等功能，支持频率抖动、跳周期及临界导电模式（CRM）/不连续导电模式（DCM）。

基于 NCP1607/8 及 NCP1396 的 100～200W LED 方案如图 5-60 所示。

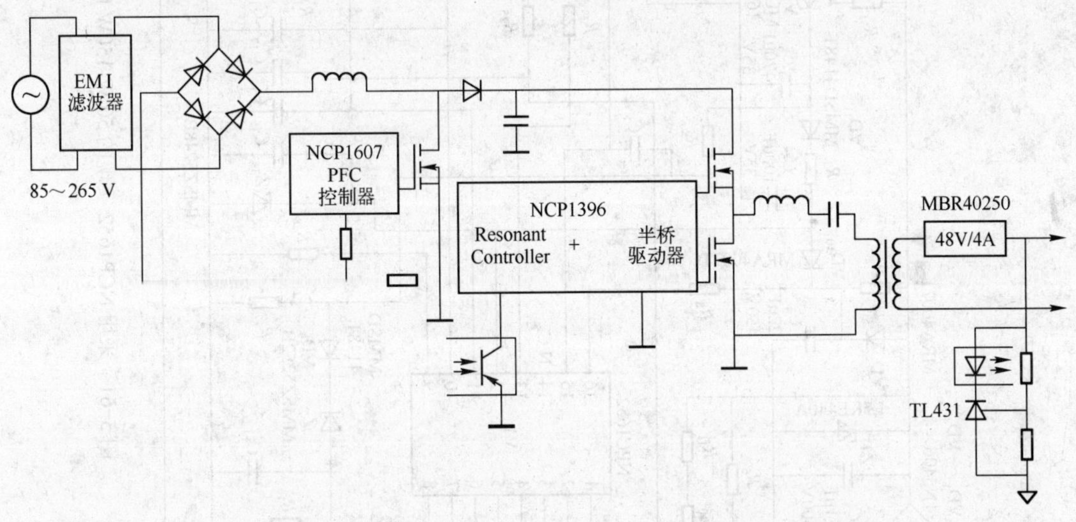

图 5-60　基于 NCP1607/8 及 NCP1396 的 100～200 W LED 方案

基于 NCP1652，采用 85～135V 或 185～264V 输入的 50～150W AC/DC LED 方案的示意图如图 5-61 所示。

基于 NCP1607/8 及 NCP1377 的 50～150W LED 方案如图 5-62 所示。

50W 以上功率的 AC/DC LED 照明应用，如果需要高效率的 LED 电源，则需要高效率的 LED 照明拓扑结构，往往从反激式拓扑结构转向谐振半桥拓扑结构，以充分发挥零电压开关（ZVS）技术的优势。NCP1396 及 NCP1901 均是安森美公司开发的 LED 电源用高效率半桥谐振方案。如图 5-63 所示的是基于 NCP1901 的最新型 PFC+谐振半桥 LED 驱动器方案，输入电压为 90～264V，功率 100～300W，其中，半桥段工作于固定频率以及固定占空比，用于降低开关损耗。

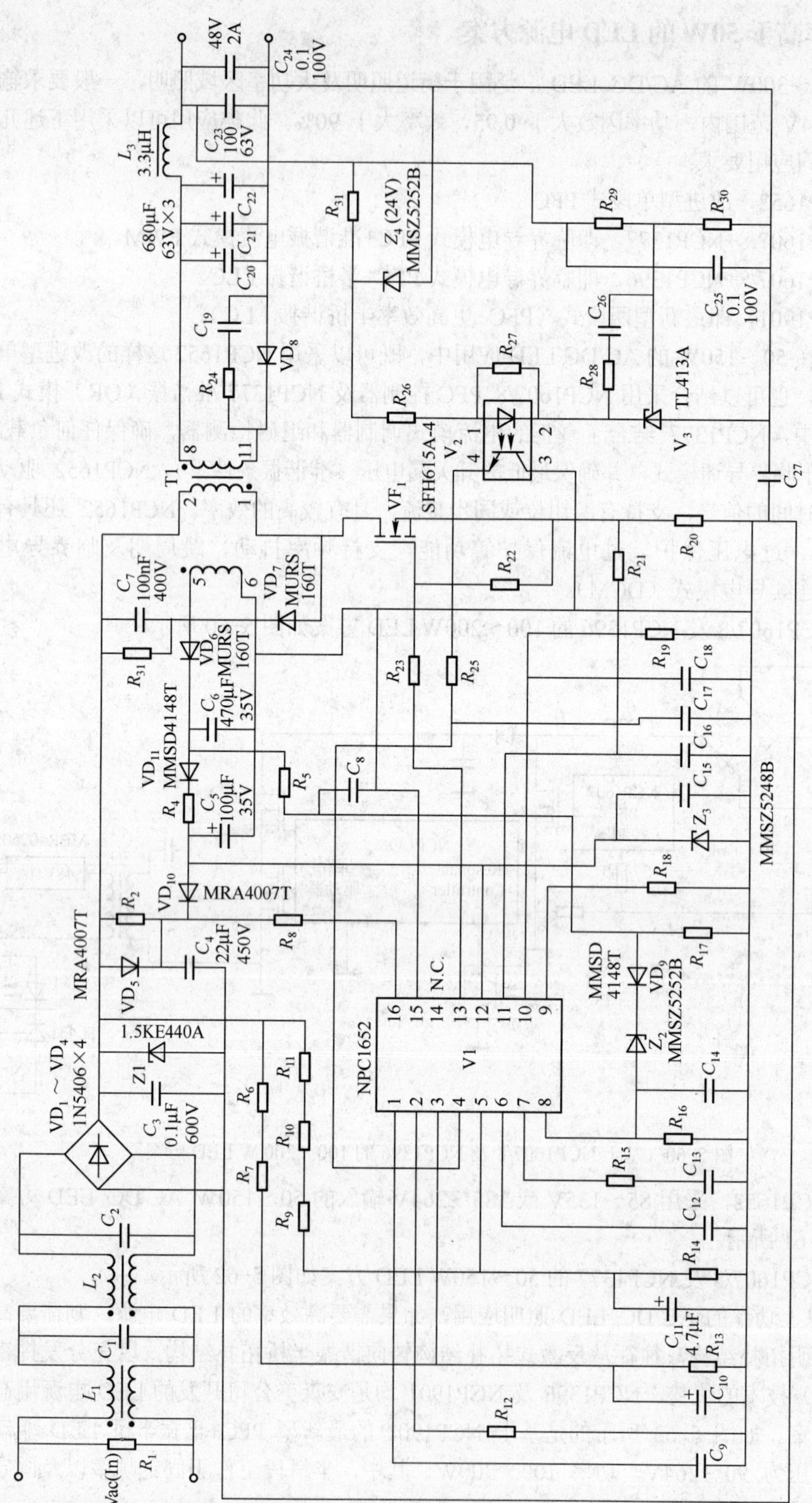

图 5-61　采用 NCP1652 实现的 50 W-150W LED 方案

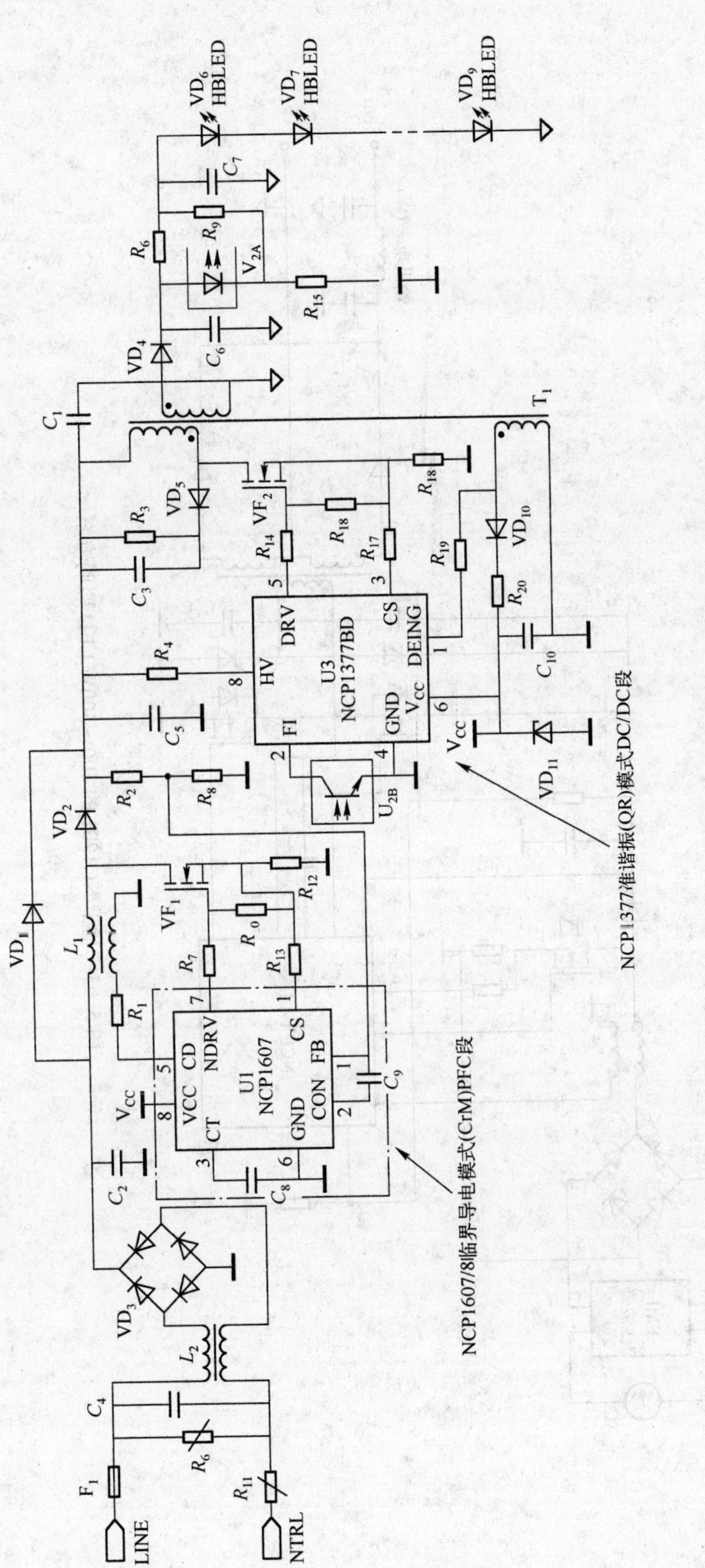

图 5-62　基于 NCP1607/8 及 NCP1377 的 50～150 W LED 方案

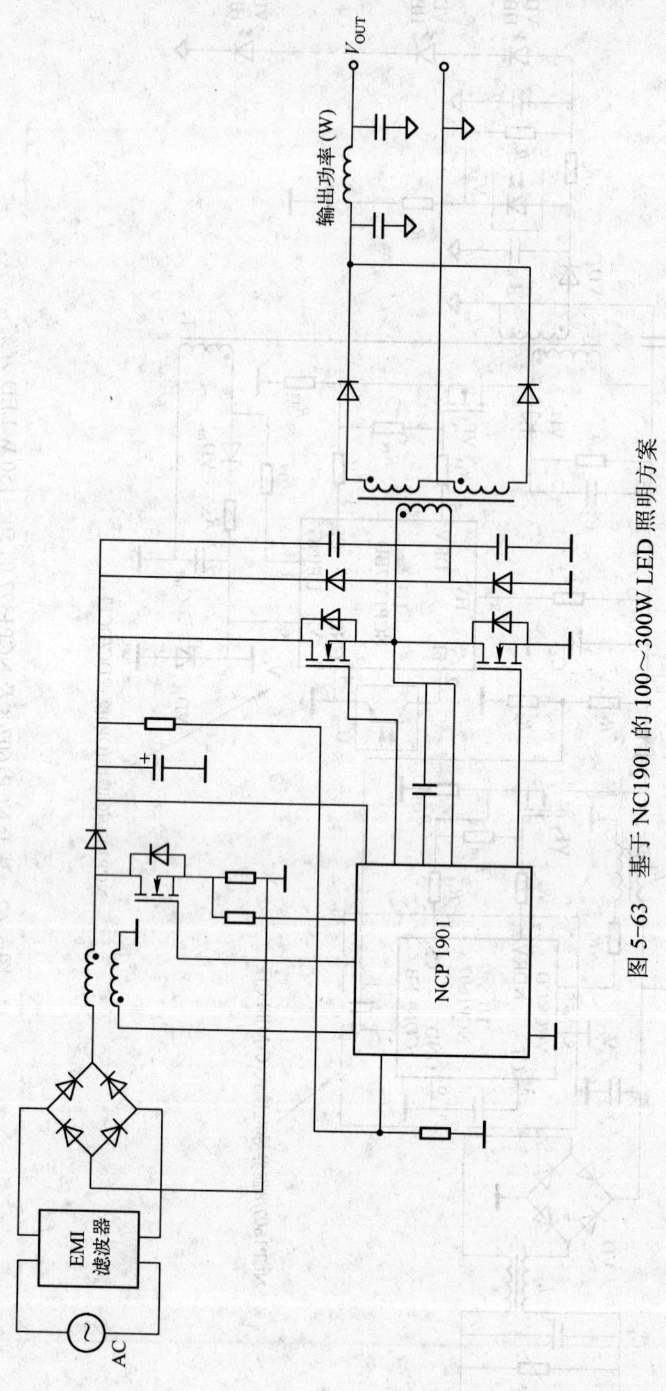

图 5-63　基于 NC1901 的 100～300W LED 照明方案

5.7　NXP AC/DC LED 电源方案

5.7.1　SSL152X——低于 15W AC/DC LED 电源方案

SSL152X 系列是一个开关模式电源（SMPS）控制器电路，可直接由整流通用电源供电工作。它采用高电压 EZ-HV SOI 工艺与低电压 BiCMOS 工艺相结合。器件内部集成一个高耐压功率开关，并包含一个可直接接由整流电压供电的启动电路。

内嵌一个专用谷底导通电路，对固态照明来说，这是一个非常有效的精简设计电子概念。

对于大多数基础应用来说，SSL152X 相当于一个电压源，无需二次电路设计，利用最经济的外部元器件，可以实现电压源和电流源。利用 SSL152X 可以为 LED 提供高效率和低成本的电源系统。

1．特点

1）为驱动高达 15W 的 LED 设计。

2）集成功率开关，SSL1522T 参数为 12Ω、650V；SSL1523P 参数为 5.5Ω、650V。

3）可调节频率的灵活设计。

4）*RC* 振荡器对负载不敏感的调节回路常数。

5）谷底导通，最小化导通损耗。

6）低待机功耗（<100mW），低功率输出时频率降低。

7）自适应过电流保护、欠电压保护、过温保护、短路保护。

8）可简单应用于原边反馈和次端反馈。

2．应用

用 LED 灯替换传统光源、LED 镇流器、轮廓灯、商业照明、其他照明。

3．引脚描述

SSL1523 采用 DIP-8 封装，SSL1522 采用 SO14 封装，SSL152X 的引脚功能如表 5-8 所示。

表 5-8　SSL1523 引脚及功能

符　号	引　脚		功　能
	DIP-8	SO14	
V_{CC}	1	1	电源
GND	2	2	地
GND	—	3	地
GND	—	4	地
GND	—	5	地
RC	3	6	频率设置
REG	4	7	输入调节
AUX	5	8	辅助绕组电压输入（去磁）
GND	—	9	地

（续）

符　号	引　脚		功　能
	DIP-8	SO14	
GND	—	10	地
SOURCE	6	11	内部 MOS 管的源极
n.c.	7	12	无连接
n.c.	—	13	无连接
DRAIN	8	14	内部 MOS 管的漏极，启动电流的输入和谷值的感应

4．工作原理与应用电路

SSL152X 是紧凑型反激转换器。变压器的辅助绕组用于间接反馈，以控制隔离输出。这个辅助绕组也可以给芯片供电。额外的副边检测电路和光电耦合反馈可以更精确地进行电压输出或电流控制。

SSL152X 采用电压控制模式，开关频率由最大的变压器退磁时间和振荡器的频率决定。在第一种情况下，转换器工作于自激振荡电源供电（SOPS）模式；在后一种情况下，转换器工作于恒定频率模式，频率由外部电阻 R_{RC} 和电容 C_{RC} 调节。此外，原边的一个周期只开始于次边铃声的谷底，这就可以使用恒定功率或恒定电流模式来驱动 LED。谷底导通技术最大限度地减小了开关电容的损失。

基于 SSL152X 的低于 15W 的 AC/DC LED 电路如图 5-64 所示，该电路采用原边反馈。

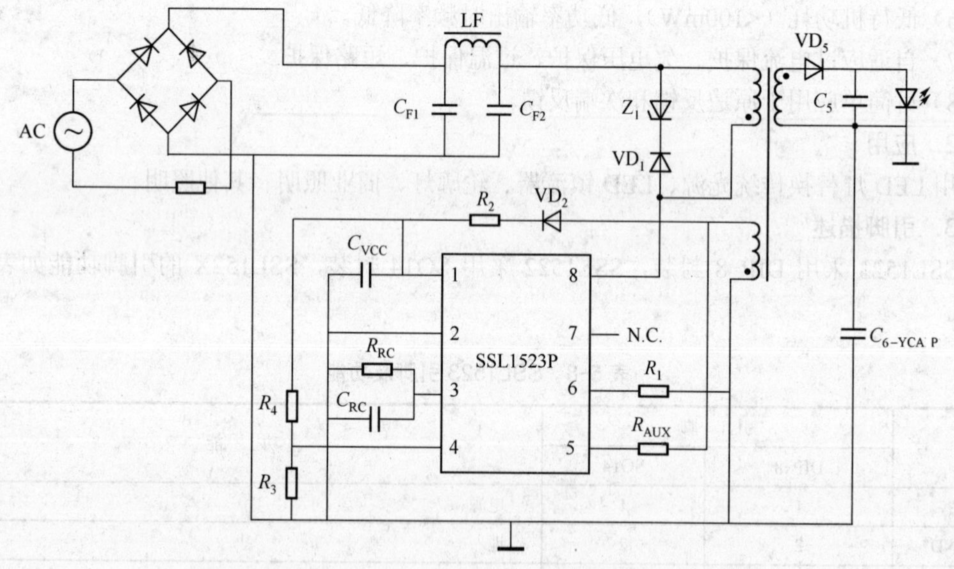

图 5-64　基于 SSL152X 的低于 15W 的 AC/DC LED 电路

5.7.2　SSL1623——15～25W 的 AC/DC LED 电源方案

对于功率范围为 15～25W 的应用场合，可选用 SSL1623。

1．SSL1623 的特点

1）内部集成功率开关，6.5Ω、650V。

2）通用 AC 电源供电工作，输入电压 AC 范围为 80～276V。

3）可调节频率的灵活设计。

4）*RC* 振荡器对负载不敏感的调节回路常数。

5）谷底导通，最小化导通损耗。

6）自适应过流保护、欠电压保护、过温保护、短路保护。

7）系统故障时安全重启模式。

8）可简单应用于原边反馈和次端反馈。

SSL1623 主要应用于 LED 镇流器、轮廓灯、LED 射灯、槽形发光字、筒灯。

2．引脚功能

SSL1623 采用 16 引脚 DIP 封装，引脚功能如表 5-9 所示。

表 5-9　SSL1623 的引脚功能

符　号	引　脚	功　能
V_{CC}	3	电源
GND	4	电源地
RC	5	频率设置
REG	6	调节输入
SGND	8	信号地，必须连接到电源地
AUX	11	来自辅助绕组的电压输入
SOURCE	12	内部 MOS 管的源极
N.C.	1,2,7,9,10,13,15,16	无连接
DRAIN	14	内部开关管的漏极，启动电流的输入和谷值感应

3．应用电路

基于 SSL1623 的 15～25W LED 驱动电路如图 5-65 所示。

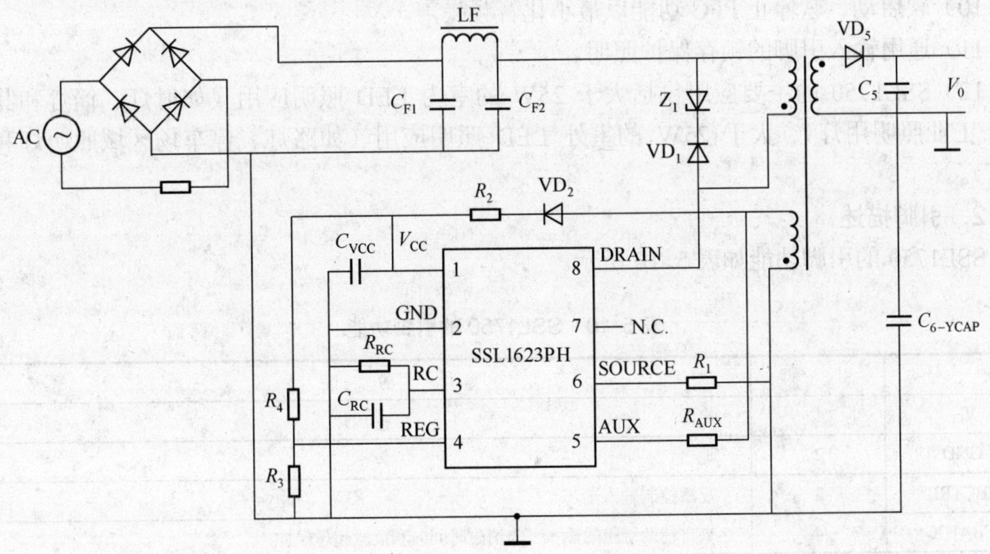

图 5-65　基于 SSL1623 的 15～25W LED 驱动电路

5.7.3 SSL1750——带 PFC 的 25～250W AC/DC LED 电源方案

SSL1750 集成了一个功率因数校正（PFC）控制器和一个反激控制器，高度集成化允许利用最少的外部元器件设计低成本、高效率的 LED 电源。

特别内嵌绿色功能可在所有功率应用上具有高效率，这适用于高功率应用的准谐振操作、带谷跳跃的准谐振操作以及针对较低功耗级应用的降频率操作。对于低功率 LED 照明应用，PFC 开关转到突发模式控制以保持高效率。在突发工作模式，增加了软启动和软停止功能以消除音频噪声。

在低功率情况下，反激控制器转换到降频模式，并将峰值电流限制到最大值的 25%。这可在低功率情况下确保高效率，同时最小化来自变压器的音频噪声。

专有的高压 BCD800 工艺使得芯片以一个有效、环保的途径从整流通用交流电压直接启动，另一个低电压绝缘硅（SOI）电路用于精确、高速地保护和控制电路。

SSL1750 是一个高效和可靠的 LED 驱动器，它可以很容易地实现高达 250W 功率的 LED 照明应用，而且需要最少数量的外部元件。

1．SSL1750 主要特性

1）集成的 PFC 和反激控制器。

2）70～276V 的通用交流电压输入。

3）高集成度导致非常少的外部元器件数量和高性价比设计。

4）片上启动电流源。

5）专有的谷值/零电压开关，实现最小开关损失。

6）频率限制以减少开关损失。

7）如在反激输出端检测到轻负载，转入突发模式。

8）针对系统故障情况的安全重启模式。

9）欠电压保护、精确过电压保护、控制环路开路保护、过温保护和过电流保护。

10）软启动、软停止 PFC 功能以最小化音频噪声。

11）通用输入引脚的锁存保护照明。

12）SSL1750 的主要应用包括大于 25W 的室内 LED 照明应用（如射灯、筒灯和其他消费/工业照明用灯）、大于 25W 的室外 LED 照明应用（如路灯、停车场区域照明灯和隧道灯）。

2．引脚描述

SSL1750 的引脚功能如表 5-10 所示。

表 5-10 SSL1750 的引脚功能

符 号	引 脚	功 能
V_{CC}	1	电源
GND	2	地
FBCTRL	3	反激控制输入端
FBAUX	4	来自辅助绕组的输入（为消磁时间）和反激超压保护
LATCH	5	输入保护

（续）

符　号	引　脚	功　能
PFCCOMP	6	PFC 的频率补偿端
VINSENSE	7	主电压的检测输入
PFCAUX	8	来自辅助绕组（为消磁时间和 PFC）
VOSENSE	9	PFC 输出电压的检测输入
FBSENSE	10	反激可编程电流检测输入
PFCSENSE	11	PFC 可编程电流检测输入
PFCDRIVER	12	PFC 的栅极驱动输出
FBDRIVER	13	反激栅极驱动输出
HVS	14	高电压安全空间，无连接
HVS	15	高电压安全空间，无连接
HV	16	反激的高电压启动和容值感应

3．工作原理和应用电路

基于 SSL1750 的恒流驱动 LED 电路如图 5-66 所示。

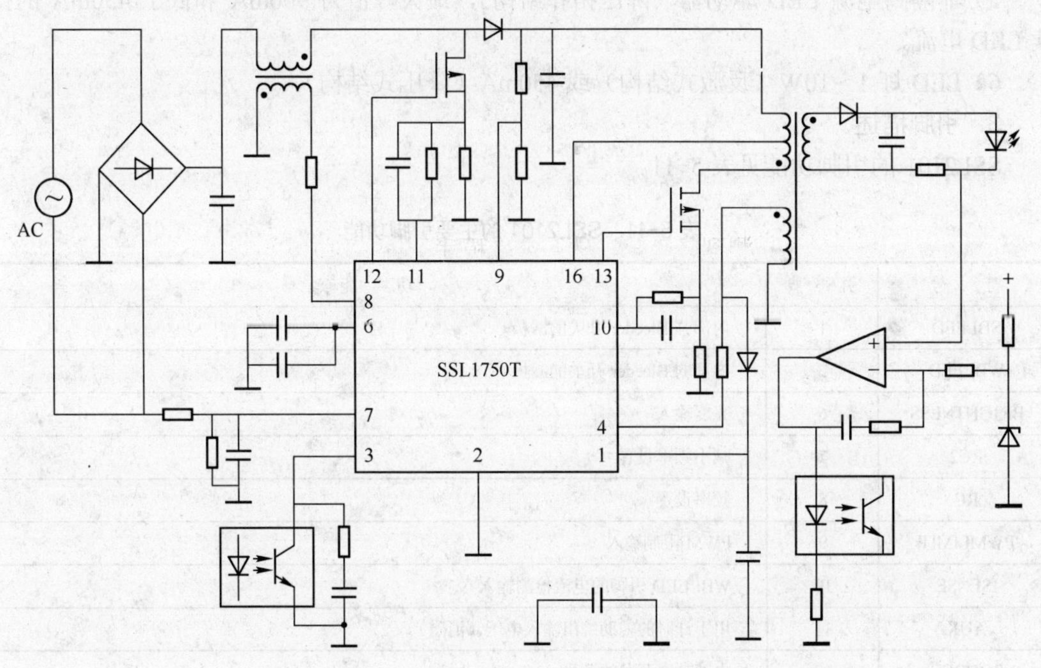

图 5-66　SSL1750 恒流驱动 LED 电路图

5.7.4　SSL2101——可调光 AC/DC LED 电源方案

SSL2101 是一个开关模式电源（SMPS）控制器，直接与整流电源中的一个阶段削减调光器一起工作，该器件包含一个高压功率开关，并且允许直接从整流电源电压启动，此外，该器件还包含一个高电压电路，给阶段削减调光器供电。

1. 特点

1）可轻松转移到现有的照明控制基础设施、晶闸管和晶体管调光器中。

2）支持大多数现有的调光解决方案。

3）内置专用电路优化谷值开关效率。

4）内置消磁检测。

5）内置的超温保护（OTP）。

6）短路绕组保护（SWP）的和过电流保护（OCP）。

7）可以内部产生电压，允许从整流电源电压启动。

8）对数校正自然调光曲线。

2. 应用领域

SSL2101 适合不同的功率要求，包括如下几个方面：

1）复古接灯，例如，GU10，功率最大到 10W。

2）LED 模块，独立电源，例如，LED 投光灯、射灯，功率最大到 15W。

3）LED 串，例如，零售展示，功率最大到 15W。

4）电源隔离的 LED 驱动器，功率为 10～15W（反激式拓扑结构）。

5）非隔离电源 LED 驱动器（降压拓扑结构），最大峰值为 900mA 和低于 450mA 的持续 LED 电流。

6）LED 灯 1～10W（反激式结构）或 450mA（降压式结构）。

3. 引脚描述

SSL2101 的引脚功能见表 5-11。

表 5-11 SSL2101 的主要引脚功能

符　号	引　脚	功　能
SBLEED	1	内部强 Bleeder 开关的漏极
WBLEED	2	内部弱 Bleeder 开关的漏极
BRIGHTNESS	6	亮度输入
RC2	7	减小频率设置
RC	8	频率设置
PWMLIMIT	9	PWM 限制输入
ISENSE	10	WBLEED 引脚的电流检测输入
AUX	11	用于计时的辅助绕组输入电压（消磁）
SOURCE	12	内部功率开关的源极
DRAIN	16	内部功率开关的漏极，启动电流和谷值检测的输入

4. 功能描述

SSL2101 是一个 LED 驱动器，直接使用整流电源。

SSL2101 使用接通时间和频率控制模式来控制 LED 的亮度，BRIGHTNESS 和 PWMLIMIT 引脚的输入与外部调光器一起用于控制 LED 的光输出，PWMLIMIT 引脚的输入还可以用于热流明管理（TLM）和 LED 电流的精确控制。

（1）启动和欠电压锁定（UVLO）

最初，器件是从整流电源自供电的，只要 V_{CC} 引脚的电压达到 V_{CC}（Startup），器件就启动。只要 V_{CC} 足够高，供电电源就被变压器的辅助绕组接管，并且为了高效工作，来自整流电源的电压将停止供电，或者连接到一个高电压的 Bleeder 电阻供电。

如果辅助供电不足，高电压将为器件供电，一旦 V_{CC} 引脚上的电压降到 $V_{CC(UVLO)}$以下，器件将关闭开关，如果内部的电流供给充足，器件将从整流电源电压重新启动。

（2）振荡器

芯片的内部振荡器为开关转换器提供了逻辑的时间。

振荡器频率由引脚 RC 和 RC_2 外接的电阻和电容决定。电容迅速充电至 $V_{RC(max)}$，开始一个新循环，然后放电至 $V_{RC(min)}$。由于电容按指数形式放电，低占空比因子时，占空比因子对整流电压的相对敏感性几乎等于高占空比因子时的敏感性。因此，与采用线性锯齿波振荡器的脉冲宽度调整（PWM）系统相比，此系统在占空比因子范围内更加稳定更容易稳定运行。当 $V_{BRIGHTNESS}$ 高时，转换器的频率可按式（5-52）计算，即

$$RC=\frac{1}{3.5}\left(\frac{1}{f_{OSC}}-t_{charge}\right) \tag{5-52}$$

式中，R 为两个振荡器电阻的并联阻抗；C 是连接到 RC 引脚的电容。

（3）占空比因子控制

占空比因子用一个内部稳压电源和引脚 RC 上的振荡器信号控制，内部稳压器由 PWMLIMIT 引脚上的电压来设置。

当 PWMLIMIT 引脚为低电压时，内部功率开关也会迅速变为低，开关电源的最小占空比可设置为 0，最大占空比可设置为 75%。

基于占空比和转换器开关频率的调光，这使用户有更大的自由度去定义参数值，可以调节为调光系统的参数，实现更精确的低亮度调光，以及消除音频变压器噪声。

（4）Bleeder 分压调光的应用

SSL2101 包含一些兼容调光器的电路，这个电路包含两个称为 Bleeder 的电流吸入器，一个强 Bleeder 用于调光和双向可控硅锁存的零交叉复位，一个弱 Bleeder 添加到维持特有电流的调光器中。

当 WBLEED 引脚是最高电压，SBLEED 引脚的电压低于 $V_{th(SBLEED)}$（通常是 52V）时，强 Bleeder 电流吸入器接通；当 ISENSE 引脚的电压高于 $V_{th(high)(ISENSE)}$（通常是-100mV）时，弱 Bleeder 电流吸入器将接通；当 ISENSE 电压低于 $V_{th(low)(ISENSE)}$（通常是-250mV）时，弱 Bleeder 电流吸入器将关闭；当强 Bleeder 电流吸入器导通时，弱 Bleeder 电流吸入器关闭如图 5-67 所示。

（5）谷值开关

当主开关接通（见图 5-68）时，新的周期开始，在振荡器电压、RC 和内部稳压器电平的时间确定后，开关关闭；第二个周期开始，内部稳压器电平是由 PWMLIMIT 引脚电压确定的。

在第二个行程后，漏极电压显示一个振荡周期，振荡频率大约为

$$\frac{1}{2\pi\sqrt{L_p C_p}} \tag{5-53}$$

式中，L_p 为主自感；C_p 为漏极的寄生电容。

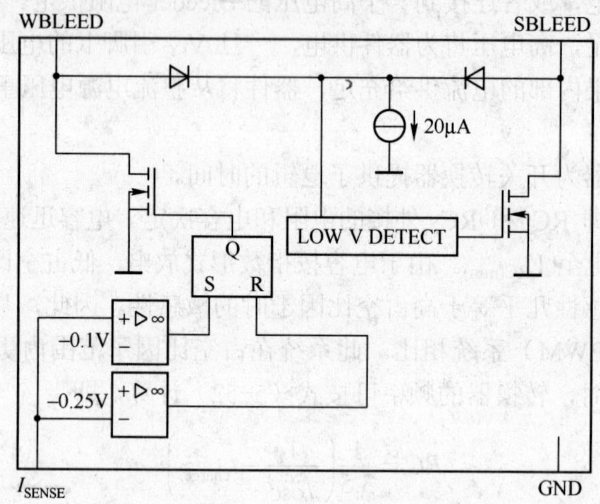

图 5-67 Bleeder 电路

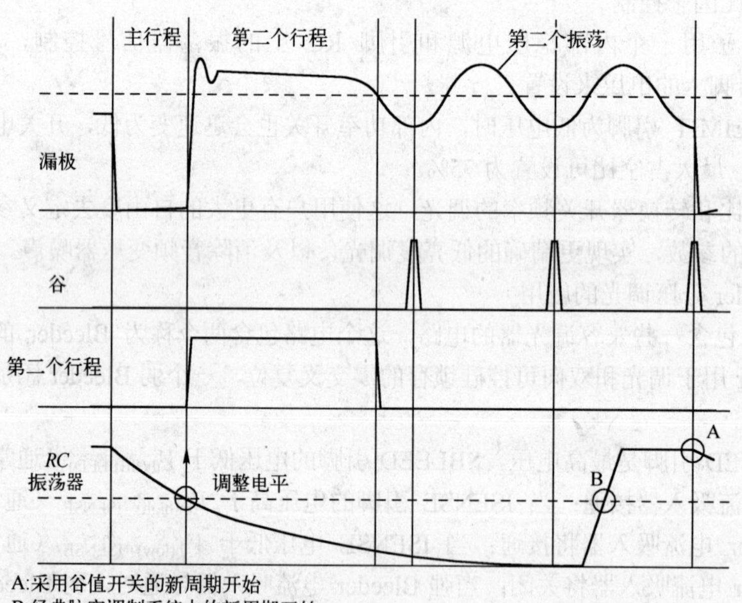

图 5-68 反激方式的谷值开关信号

振荡器再次变高时，第二个周期结束。

如图 5-68 所示为一个漏极电压和谷值开关信号，信号指示了第二个行程和 *RC* 振荡器的电压。

实际谷值开关信号在低振荡频率前，主行程将先启动一段时间，实际谷值关信号在高振荡频率后，主行程也将运行一段时间。

（6）过电流保护

周期性的漏极峰值电流限制电路用外部源电阻 R_{SENSE} 来检测电流，在导致边缘暗 t_{leb} 后电路有效，保护电路通过 R_{SENSE} 限制源极电压于 $V_{th(ocp)SOURCE}$，从而也限制了主峰值电流。

（7）退磁

SSL2101 还能在一块芯片上提供非隔离（降压）与隔离（回扫）解决方案。它有一个附加输入，可以用来检测电感元件的退磁，确保磁性材料得到充分利用，防止电流硬开关。该器件的内置电路可以用来降低电容性接通损耗，优化谷底开关效率，使 SSL2101 处于低功率水平时能进行高效功率转换。SSL2101 使用接通时间模式和频率模式来控制 LED 亮度。频率变化控制与接通时间控制二者相结合，产生与白炽灯相似的调光曲线。两种控制方法的使用还使设计师能降低峰值电流，帮助减小变压器或电感器的声频噪声。

5．工作原理与应用电路

SSL2101 是一个集成 LED 驱动电路，可以直接由整流电路供电工作。

SSL2101 利用导通时间控制模式和频率控制模式来控制 LED 的亮度。BRIGHTNESS 和 PWMLIMIT 引脚与一个外部调光器结合，可以用来控制 LED 光输出。PWMLIMIT 引脚也可以用来热腔管理（Thermal Lumen Management）和精确控制 LED 电流。

基于 SSL2101 的降压式 AC/DC LED 驱动电路如图 5-69 所示，基于 SSL2101 的反激式 AC/DC LED 驱动电路如图 5-70 所示。

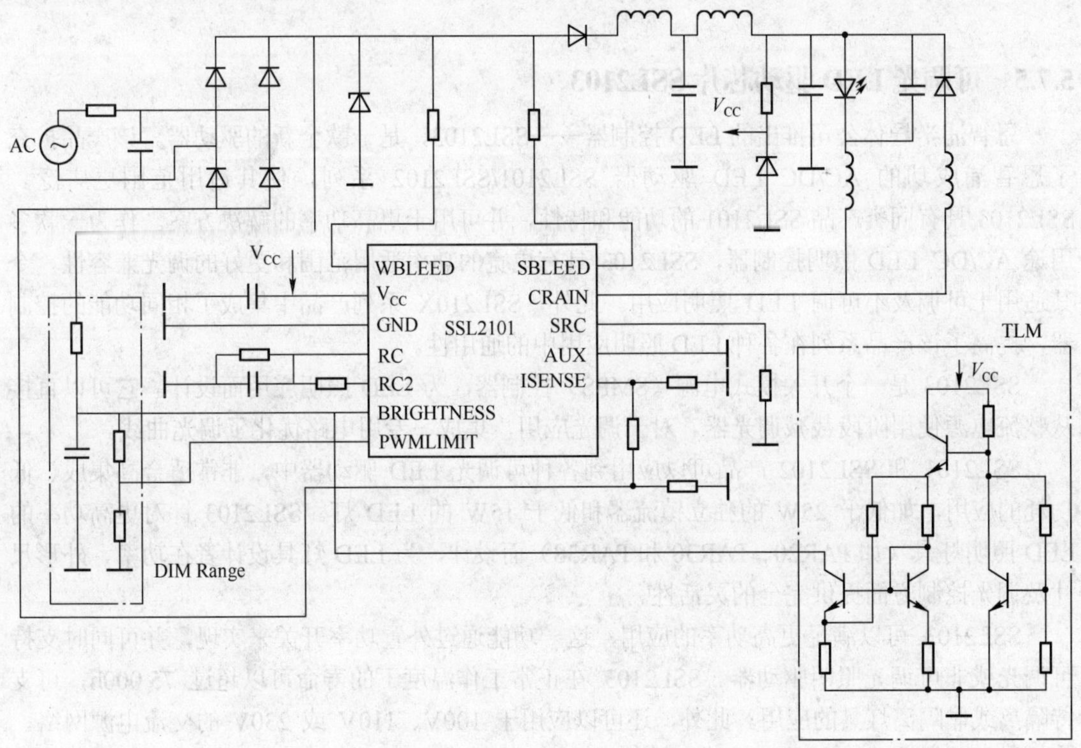

图 5-69　基于 SSL2101 的降压式 AC/DC LED 驱动电路

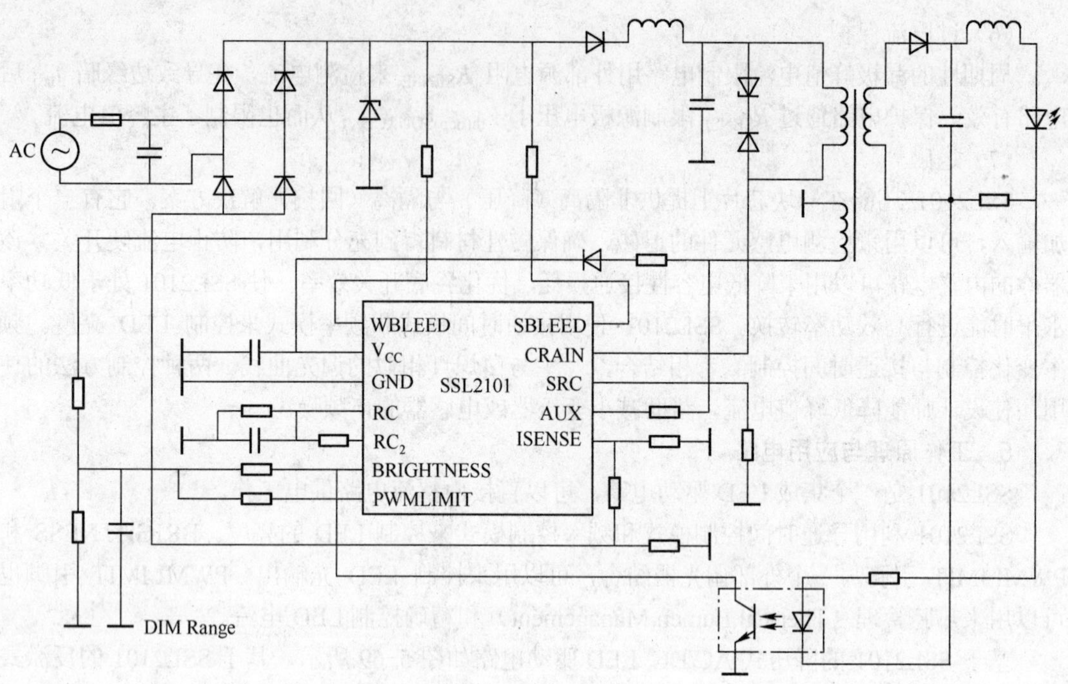

图 5-70　基于 SSL2101 的反激式 AC/DC LED 驱动电路

5.7.5　可调光 LED 驱动芯片 SSL2103

恩智浦半导体公司推出的 LED 控制器——SSL2103，是一款全新的驱动器。该产品扩充了恩智浦成功的 AC/DC LED 驱动器 SSL2101/SSL2102 系列，使其适用范围更广泛。SSL2103 具有同类产品 SSL2101 的功能和特性，并可用于更高功率的解决方案。作为一款多用途 AC/DC LED 照明控制器，SSL2103 具有更宽的功率适用范围和更好的调光兼容性，令其适用于可调及不可调 LED 照明应用。此外，SSL210X 系列产品中集成了相同功能的控制器，提高了该产品系列在各种 LED 照明应用中的通用性。

SSL2103 是一个开关模式电源（SMPS）控制器，为 LED 照明应用而设计。它可以直接从整流电源使用阶段裁减调光器。对于调光应用，集成、专用电路优化了调光曲线。

SSL2101 和 SSL2102 产品可以应用到各种可调光 LED 驱动器中，非常适合高集成、低功耗的应用，如低于 25W 的独立镇流器和低于 15W 的 LED 灯。SSL2103 针对更高功率的 LED 照明灯具（如 PAR20、PAR30 和 PAR38）而设计，为 LED 灯具设计者在功率、外形尺寸及调光控制方面提供完全的灵活性。

SSL2103 可以满足更高功率的应用，这一功能通过外置功率开关来实现，并可同时支持可调光或非可调光照明驱动器。SSL2103 在正常工作温度下的寿命可以超过 75 000h，可支持隔离或非隔离灯具的应用。此外，还可以应用于 100V、110V 或 230V 的交流电源网络，电路板外形尺寸可以应用于 E27、GU10 或者 PARX 型号的灯。此产品系列中还包含集成功率开关和泄流电路，可以使 PCB 板的尺寸更小。

SSL2103 具有如下几个方面的特点：

1）内置退磁检测功能。

2）内置过温保护（OTP）功能。

3）与大多数现有调光解决方案兼容。

4）能够轻松移植到现有照明控制中。

5）内部 V_{CC} 发生器，允许从整流电源电压启动。

6）对数校正的自然调光曲线。

7）内置电路管理的优化谷开关效率。

8）短路绕组保护（SWP）和过电流保护（OCP）。

第 6 章　单片机在 LED 照明中的应用技术

LED 的重要特点之一是它的可控性强和响应时间短，这使得 LED 与单片机能够很好地结合。同时，世界范围内的能源短缺及环境污染日益加剧，可再生能源发电技术及由此供电的 LED 照明技术越来越受到各国的重视。太阳能 LED 照明系统集太阳能发电技术、LED 照明技术及单片机智能控制技术于一身，是一种既环保又节能的照明系统。本章将介绍采用单片机控制的市电供电型 LED 照明系统和独立型太阳能 LED 照明系统。

采用单片机对 LED 光源进行必要的控制，可以得到全亮、半亮、轮流亮等丰富多彩的照明效果。同时，利用单片机控制技术，可以使太阳能极板产生的电能尽可能多地存储到蓄电池中，并对蓄电池的充、放电进行保护。

6.1　利用单片机实现 LED 彩灯控制

LED 彩灯由于其丰富的灯光色彩和可控性强等特点，在街道和城市建筑物的装饰中得到了广泛应用。

LED 彩灯控制有不带 CPU 的控制和带 CPU 的控制两种方案。不带 CPU 的控制方案需全部采用硬件电路实现，电路结构复杂，且只能实现几个固定模式的闪亮，不能根据现场的变化来调整闪亮模式。若采用带 CPU 的控制方案，可使电路简单，控制灵活，实现多种模式的控制，同时可根据现场需要，调整模式，充分发挥 LED 的特点。

目前市场上的各种单片机，其功能非常强大，低功耗的单片机也有多种，这为使用单片机实现彩灯控制提供了多种选择。本节将采用目前市场上广泛使用的单片机 AT89S51 为例，来设计一种彩灯控制方案。以单片机 AT89S51 为核心控制器件，配合键盘、显示、驱动等模块组成控制器，实现 LED 彩灯闪亮模式的控制。利用单片机的内部定时/计数功能和控制功能，根据闪亮时间的不同，在不同时刻输出灯亮或灯灭的控制信号，实现多种模式，形成五彩缤纷的效果。

LED 彩灯系统可直接与 220V 交流市电相连接，经过开关电源变换输出直流工作电压，一方面为 LED 彩灯模块提供工作电源，另一方面为 LED 彩灯控制器提供工作电源。LED 彩灯系统也可与太阳能供电系统相连接，太阳能电池板与充放电控制器相连接，将太阳能电池板产生的电能存储到蓄电池中，同时将蓄电池的电能释放，以供 LED 彩灯系统使用。

1. LED 彩灯系统组成

LED 彩灯系统包括 LED 彩灯模块和 LED 彩灯控制器两部分。

LED 彩灯模块主要由 LED 光源组成，可以采用单一颜色的 LED 光源，也可以采用多种颜色 LED 光源，根据可靠性和 LED 的数量，由恒流源为每个 LED 串供电。

LED 彩灯控制器由单片机、键盘、显示器和控制接口电路组成。

2．工作原理

控制器可根据使用场合和氛围来改变灯光模式，通过改变 LED 光源的亮、灭时间，以及改变 LED 光源的亮度，实现多种形式的彩灯控制。

根据实际需要，可通过键盘选择一种或几种模式循环工作，满足不同场合和不同时间段对彩灯效果的要求。

3．主控模块电路

主控模块电路如图 6-1 所示。主控模块主要由 AT89S51 单片机、LED 显示器、键盘和 LED 驱动器等组成。

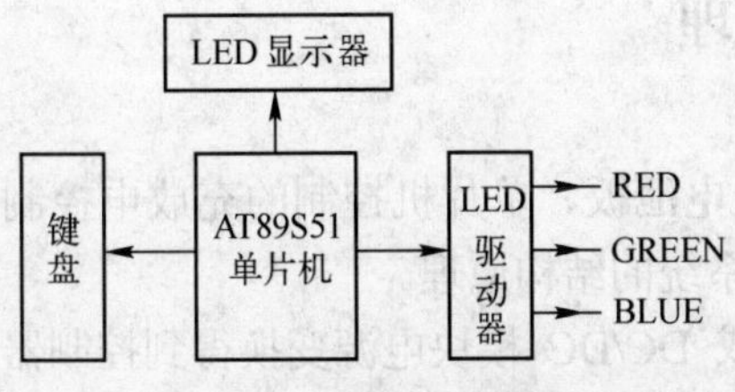

图 6-1　主控模块电路

通过单片机的 P 口与 LED 驱动器连接实现 LED 显示器的控制。键盘接口电路可直接与单片机的 P 口相连接，实现模式的设置和组合。通过单片机的其定时功能，控制 LED 驱动器实现 LED 的亮与灭，并实现彩灯的调光控制。

4．LED 彩灯模块

LED 彩灯模块电路如图 6-2 所示。LED 彩灯模块是由 LED 彩灯（如红、绿、蓝，也可以是其他颜色的 LED 光源，为方便描述，本节只采用 3 个颜色的 LED 光源，即红、绿、蓝）构成，根据实际应用中对彩灯亮、灭时间和亮度的需要，以及驱动电源的功率，可将不同数量的 LED 彩灯进行串联和并联，从而组成一个完整的 LED 彩灯。

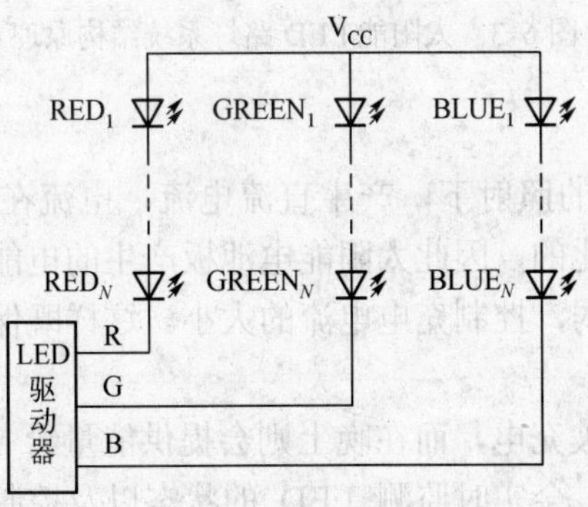

图 6-2　LED 彩灯模

每个 LED 模块上有 3 种颜色的 LED 光源，根据需要可把红、绿、蓝 3 种颜色的 LED 光源排列成多种形状，通过软件控制，可形成多种效果。

由于 LED 光源具有多种颜色，所以实际设计时，还可以将 4 色、5 色，甚至更多颜色的 LED 光源应用于彩灯模块中。

6.2 采用单片机的LED路灯解决方案

采用太阳能供电的 LED 路灯具有寿命长、节能、安全、绿色环保、光视效能高等优点，因此，得到了广泛的应用。

本节将给出一种采用单片机控制的太阳能LED路灯解决方案，该系统能自动检测环境光以控制路灯的工作状态，提供恒定电流控制 LED，并有蓄电池状态检测与保护电路，用户可自行设定LED路灯的工作时间。

6.2.1 系统组成与工作原理

1. 系统组成

LED 太阳能路灯由光伏电池板、单片机控制的充放电控制器、开关和蓄电池组成，图6-3所示为太阳能LED路灯系统的结构原理。

将蓄电池通过线性电源或 DC/DC 模块电源变换得到控制器需要的电源，给 MCU 和周边电路供电。

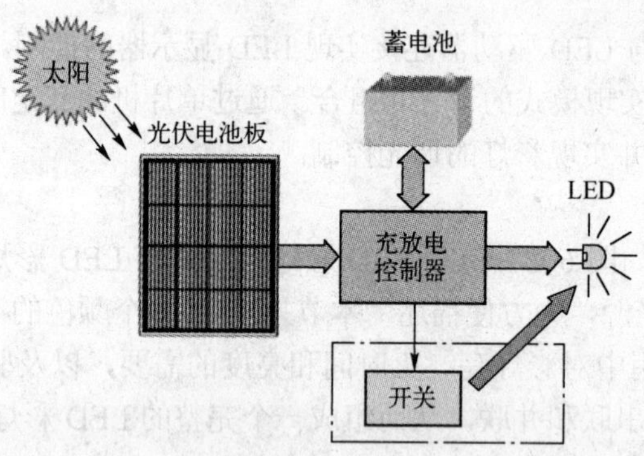

图6-3 太阳能LED路灯系统结构原理

2. 工作原理

太阳能电池板在太阳光的照射下，产生直流电流，电流在控制器的控制下给蓄电池充电。由于太阳光是有强弱变化的，因此太阳能电池板产生的电能也是变化的。控制器根据太阳能电池板产生的电能的强弱，控制充电电流的大小。这样既保护了蓄电池，又最大限度地将电池板的电能存储起来。

蓄电池在白天的时候会被充电，而在晚上则会提供能量给 LED。LED 的工作是通过控制器进行的，控制器工作时，会实时监测 LED 的状态以及控制工作时间的长短。连续阴雨天以及蓄电池电能不足的情况下，为保护蓄电池，控制器将控制蓄电池不再释放电能给LED。因此，在设计太阳能供电的路灯时，需要考虑连续阴雨天数和蓄电池的能量等因素。

太阳能充放电控制器基本原理如图 6-4 所示。太阳能电池板首先经过一个二极管 VD 和一个 MOS 场效应晶体管 VF_1 连接到蓄电池（实际电路里会先通过一个熔丝再连接到蓄电池上）。二极管 VD 有如下两个作用：一是防止太阳能电池输出较低时由蓄电池形成反充电流；二是当太阳能电池板极性接反时起到保护电路的作用。单片机通过控制 VF_1 的导通与截止来实现蓄电池的充电。

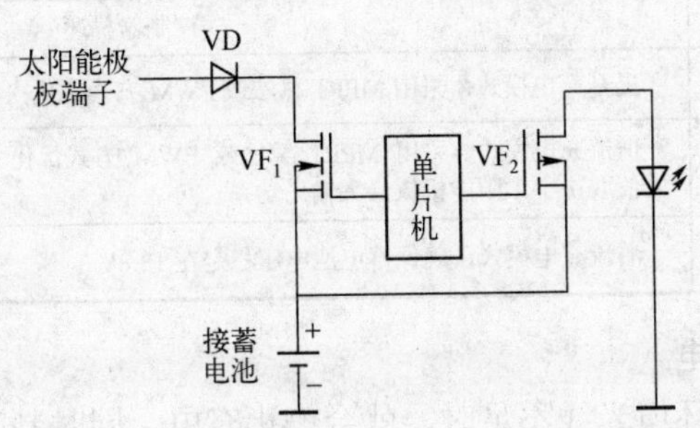

图 6-4　太阳能充放电控制器基本原理

蓄电池也是通过一个 MOS 场效应晶体管 VF_2 给 LED 供电的。在实际电路中，VF_2 后面需要连接一个恒流源，如果为了降低成本，也可以仅在 VF_2 后面连接一个限流电阻。

控制器的控制作用是通过一个单片机来实现的，单片机的主要工作包括以下 4 点：

1）采用最大功率点跟踪（MPPT）算法来优化太阳能电池板的工作效率，提高太阳能电池板的利用率，或采用脉冲宽度调制（PWM）控制方式，实现太阳能电池板对蓄电池的控制，通过控制 PWM 的占空比，优化充电效率。

2）针对蓄电池的不同状态采用不同的充电模式。对蓄电池的充电一般是采用 3 段模式，在蓄电池欠电压情况下，采用提升充电模式；充电到一定程度后，采用恒流充电模式；再充电到一定程度后，采用涓流充电模式。

3）自动判断白天黑夜，并以此来切换蓄电池充电和放电模式。

4）提供监控保护、温度监测、状态输出和用户控制输入检测等功能。

6.2.2　控制器的主要功能

控制器的主要功能包括两个方面，即蓄电池充电以及蓄电池给 LED 供电。

1．蓄电池充电

当控制器检测到环境光充足时，控制器就会使蓄电池进入充电模式。蓄电池充电有两个比较重要的电压值，即深度放电电压和浮充充电电压。前者代表正常使用情况下，蓄电池电能被用完的状态，而后者则代表蓄电池充电的最高限制电压，这些参数可从蓄电池产品说明书上查到。在设计电路中针对 12V 蓄电池，分别设置深度放电电压为 11V，浮充充电电压为 13.8V（皆为室温条件下的电压值，实际电路中，需要对环境温度进行检测，在软件中增加相应的温度补偿参数），具体充电模式见表 6-1。

从表 6-1 中可以看出，提升充电模式和恒流充电模式会用到 MPPT 算法或 PWM 方式，MPPT 算法或 PWM 方式有很多种方式可以实现。设计电路中采用相对简单的扰动观察法（Perturbance and Observation method）来实现，这个控制方法的基本思想是通过增大或者减小充电电路开关信号的占空比，然后观察输出功率是变大还是变小，以此来决定是增大还是减少占空比。由于太阳能电池板的输出变化相对比较缓慢，而且是单极点，所以这种方式效果较好。

表 6-1　蓄电池充电模式

蓄电池电压 U_{BAT}	控制器描述
欠电压保护值<U_{BAT}<11V	提升充电模式，采用 MPPT 算法或 PWM 方式优化太阳能极板输出效率
11V<U_{BAT}<13.8V	恒流充电模式，采用 MPPT 算法或 PWM 方式优化太阳能极板输出效率，充电电流最大值取决于太阳能极板最大输出功率
$U_{BAT} \geqslant$ 13.8V	涓流充电模式，确保蓄电池电压稳定在 13.8V

2．蓄电池给 LED 供电

当控制器检测到周围环境光线不足时，就会停止充电，同时判断环境光线的亮度是否需要照明以及是否照明达到时间等条件，如果满足条件蓄电池则进入给 LED 供电模式。LED 中流过检测的电流，由单片机通过调整开关信号 PWM 的占空比来获得恒定输出电流，或直接控制开关管输出，由恒流源完成恒流控制。

可通过检测环境光强来调整流过 LED 的电流，当周围环境由亮变暗时，控制器控制输出电流由小变大；当环境光完全暗下来时，控制器控制输出电流达到最大值。除了由环境控制 LED 的明暗外，还可以通过外设开关来控制 LED 的明暗，或根据时间来调整 LED 的明暗。

太阳能 LED 路灯不仅能利用太阳能以及高效环保的 LED 给道路照明，而且可以同时减少温室气体排放，达到绿色照明的目的。随着太阳能电池板的价格进一步降低和 LED 性价比的提高，相信这个系统会得到越来越广泛的应用。

6.3　LED 智能照明控制系统的设计

对于人眼而言，在同等照度下，LED 路灯的亮度是普通钠灯的 2.5 倍。相应地，在达到同样亮度的条件下，LED 路灯的照度只是普通钠灯的 40%。经实际和理论测算，在亮度相同的条件下，LED 路灯比普通钠灯节能 50%～80%，并且 LED 路灯的均匀性远高于普通钠灯，显色性温也比普通钠灯好。本节以 LED 路灯为控制对象，设计一种以单片机为控制核心，由 RS-485 通信、红外检测物体运动和 PWM 调制恒流驱动模块共同组成的 LED 路灯控制系统设计方案，并给出具体的实现电路。

本节给出的LED智能照明和恒流驱动控制系统设计方案，可根据不同工作环境的亮度要求来自动控制照明的开关和亮度。特别是在大功率LED照明系统上采用恒流源驱动，具有提高用电效率、达到节约电能的效果。

6.3.1　系统硬件设计

本节以 C8051F020 单片机为控制器，设计LED智能照明控制系统，其框图如图 6-5 所示。系统是由传感器单元（A）、控制器单元（B）、LED驱动电路（C）和照明模块（D）4 部分组成的。C8051F020 芯片用于对来自热红外传感器、光强传感器、声控传感器的信号进行计算处理，将处理过的信号经 D/A 转换、运算放大去驱动 LED 电路和显示电路。

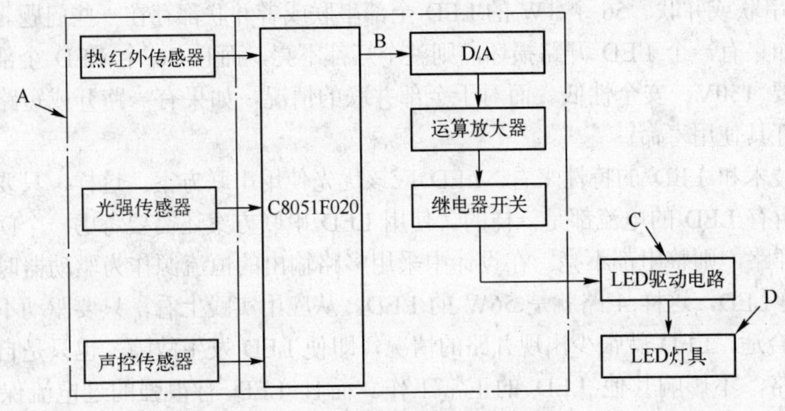

图 6-5　LED 智能照明控制系统

6.3.2　传感器单元

1．光强传感器

光敏电阻的光谱响应峰值比较接近人视觉敏感区的波长，并且当光照强度减弱时，它的响应时间相对延长，装置在光照强度变化时，输出状态保持相对稳定。考虑到光敏电阻对温度变化较为敏感，偏置电路中的电阻可以采用与探测元件温变系数相近的光敏电阻，以防止工作点漂移。

2．声控传感器

声控传感器部分由声控传感器、音频放大器、选频电路、延时开启电路和晶闸管电路组成。利用声音的相对比较，判断是否启动控制电路，使用调节器可以调节给定声控传感器的初始值。声控传感器不断地把外界声音的强度与给定强度比较，超过给定的强度时，向主机发送“有声音”信号，否则发送“没有声音”信号。

6.3.3　控制单元

控制单元采用单片机作为照明系统的控制核心，选用美国 Silicon LAB 公司的 C8051F020 芯片作为主控模块，该芯片有一个 12 位 A/D 转换器，3 个 10 位 A/D 转换器，一个 8 位 A/D 转换器和两个 12 位 D/A 转换器，所有的 A/D 转换器均可通过内部编程实现信号的放大，给系统设计带来了很大的方便。

6.3.4　驱动电路

驱动电路选用合适的多路输出的恒流源作为发光二极管的驱动器，制作一体化半导体灯的专用电源变换器，安装在半导体灯内部，每路可驱动一串（7～14 个）功率为 1W 的发光二极管。该电路可由 220V 交流市电供电，输出 350mA 稳定的单向脉动恒定电流。驱动器使用高频脉宽调制开关变换电路实现恒流控制，变换效率高达 90%以上，工作稳定。驱动器为全密闭模块封装结构，适合在高湿度、高粉尘、强振动、对防爆有一定要求的环境下使用。

目前应用最多的是采用单个功率为 1W 的 LED，要设计 56W 的 LED 灯具，需要 56 个

1W 的 LED 串联或并联。56 个 1W 的 LED 全部串联或者并联都存在一些问题。对于全部串联的情况，如果有一个 LED 开路损坏，则整个灯都不亮，而且 56 个 LED 全部串联，其驱动电压至少要 150V，安全性低。而对于全部并联的情况，如果有一路开或短路，则电流不均衡，影响灯具使用寿命。

从驱动技术和 LED 的特性来看，LED 应该优先使用串联方案。这样，只要驱动器给的电流合适，所有 LED 的电流都是一样的。使用 LED 串联方案还需要考虑一个问题，就是若一个 LED 开路，则整串都不亮。在设计中采用多路输出的恒流源作为驱动器时，每路可驱动 14 个串联 LED，这样 4 路就是 56W 的 LED。从应用实践上看，只要驱动不失控，供给 LED 的电流合适，LED 就很少出现开路的情况，即使 LED 发生故障，也只是自身不亮，但还是保持通路，不影响其他 LED 的正常工作。而且 LED 有很强的过电流保护能力，如 350mA 的 1W LED 短时间内通过 600mA 的电流也不会损坏。所以，使用 LED 时应以串联为主，这样 LED 才有稳定、一致的电流，有利于提高灯具的寿命，56W 的 LED 驱动电路如图 6-6 所示。

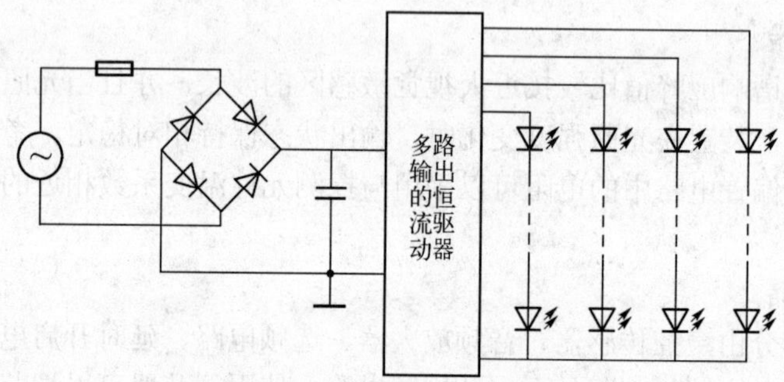

图 6-6　56W 的 LED 驱动电路

6.4　LED 显示屏的单片机控制

随着人们生活水平的提高，要求信息获取的速度加快，大屏幕 LED 显示屏成为人们快速获取信息的手段之一。本节将介绍一种采用单片机控制 LED 显示屏的构成及控制技术，使读者了解 LED 显示屏的工作原理和控制方法。

LED 显示屏的基本工作原理是动态扫描。其显示过程是先从数据存储器读字模数据，再通过单片机的串行口或并行口将数据写给 LED 点阵片，然后再行扫描。

动态扫描方案与静态显示方案相比，可以减少驱动元器件的个数，但要求刷新频率高于 50Hz，以避免显示的图像或文字出现闪烁。由于刷新频率的限制，一片单片机能控制的显示元件的数量是有限的。

现在大屏幕 LED 显示屏的应用已越来越广泛。为了对成百上千片的 LED 点阵实现有序的、快速的显示控制，可采用多 CPU 技术。

1. LED 显示屏的工作原理

动态扫描又分为行扫描和列扫描两种方式，常用的方式是行扫描。行扫描方式又分为 8 行扫描和 16 行扫描两种。

在行扫描工作方式下，每一片 LED 点阵片都有一组列驱动电路，列驱动电路中有一片锁存器或移位寄存器进行数据锁存，用来锁存待显示内容的字模数据。在行扫描工作方式下，同一排 LED 点阵片的同名行控制引脚是并接在一条线上的，共 8 条线，最后连接在一个行驱动电路上。行驱动电路中也有一片锁存器或移位寄存器，用来锁存行扫描信号。

LED 显示屏的列驱动电路和行驱动电路一般采用单片机进行控制，LED 显示屏显示的内容一般按字模的形式存放在单片机的外部数据存储器中，字模是 8 位二进制数。

单片机对 LED 显示屏的控制过程是先读后写。按 LED 点阵片在屏幕上的排列顺序，单片机先对第一排的第一片 LED 点阵片的列驱动锁存器写入从外部数据存储器读得的字模数据，接着对第二片、第三片、……、直到这一排的最后一片都写完字模数据后。单片机再对这一排的行驱动锁存器写行扫描信号，于是第一排第一行与字模数据相关的发光二极管点亮，接着第二排第一行、第三排第一行、……、直到最后一排第一行的 LED 点阵片被点亮。各排第一行都点亮后，延时一段时间，然后全部熄灭，这样就完成了单片机对 LED 显示屏的一行扫描控制。

单片机对 LED 显示屏第二行的扫描控制、第三行的扫描控制、……、直到第 8 行的扫描控制，其过程与第一行的扫描控制过程相同。对全部 8 行的控制过程都完成后，LED 显示屏也就完成了一帧图像的显示。

虽然按这种工作方式，LED 显示屏是一行一行点亮的，每次都只有一行亮，但只要保证每行每秒钟能点亮 50 次以上，即刷新频率高于 50Hz，那么由于人的视觉特性，所看到的 LED 显示屏显示的图像仍是全屏稳定的图像。

2．LED 显示屏的控制方法

显示控制电路是按行扫描方式工作的，列控制电路分为两大类，一类是用 74LS377 之类的芯片作为列驱动电路的锁存器，CPU 通过并行总线给列驱动电路的锁存器写字模数据；另一类是用移位寄存器 74LS595 之类的芯片作为列驱动电路的锁存器，CPU 通过串行总线给列驱动电路的锁存器写字模数据。

无论是并行总线的控制方式还是串行总线的控制方式，其工作过程都是先给单片机的数据指针 DPTR 赋值，接着累加器 A 按数据指针 DPTR 的指向，从外部数据存储器 RAM 中读取字模数据。并行总线时，给数据指针 DPTR 赋值，接着 CPU 将累加器 A 中的字模数据，按数据指针 DPTR 的指向，写给 LED 点阵片列驱动电路的锁存器。串行总线时，CPU 将累加器 A 中的字模数据，通过串行口写给 LED 点阵片列驱动电路的锁存器。

假如单片机的晶振频率是 12MHz、每个机器周期是 1μs（有的单片机机械周期为 2μs），那么上述两种控制方式完成一片 LED 点阵片的显示控制花费时间要十几微秒。

若完成一片 LED 点阵片的显示控制大约只要 4μs，按此推算，一片单片机可以对 600 多片 LED 点阵片进行显示控制。

3．LED 显示屏的控制方案

如图 6-7 所示为 LED 显示屏电路原理框图。采用 MCS51 系列单片机对 LED 显示屏进行控制，随机存储器 62512 用 RAM 作为 LED 显示屏的数据存储器，存储待显示内容的字模数据。采用 8 行扫描方式，多片 LED 点阵片共用一组行驱动电路，每片 LED 点阵片都有一组列驱动电路，用 74LS377 作为行列驱动的锁存器，CPU 通过并行总线给列驱动电路的锁存器写字模数据。地址译码电路，用于产生 LED 点阵片行驱动电路和列驱动电路的片选地址。

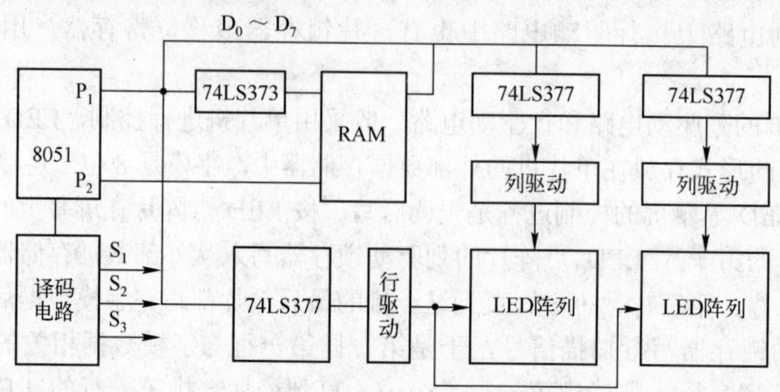

图 6-7 LED 显示屏电路原理框图

单片机的具体工作过程如下：假定数据指针 DPTR 中已经装入了数据存储器的地址，执行指令“MOVX A，@DPTR”。这条指令的功能是 CPU 按 DPTR 的指向从外部数据存储器中读字模数据，然后存入累加器 A 中。由于 LED 点阵片列驱动电路的片选地址和数据存储器的某一段的逻辑地址是重叠的，也就是说，在执行指令“MOVX A，@DPTR”时，DPTR 除了指向外部数据存储器的某个地址外，还选中了某一个 LED 点阵片列驱动电路的锁存器。如果此时被选中的这个锁存器的锁存引脚刚好有选通脉冲来到，那么锁存器也就将从外部数据存储器送出的字模数据锁住了。这个选通脉冲用的就是 RD，RD 是 CPU 在执行指令“MOVX A，@DPTR”时向外部数据存储器发出的读控制信号。由于 MCS51 系列单片机的读控制信号 RD 和写控制信号 WR 的时序完全相同，因此 RD 可以代替 WR 实现锁存功能。这条指令在执行时，在完成对数据存储器读的同时，又完成了对 LED 点阵片的写，因此加快了显示控制的速度。

在这个电路中，CPU 完成一次向 LED 点阵片的列驱动电路的锁存器写字模数据的时间程序过程，大约需要 4μs。因为完成一次向 LED 点阵片的列驱动电路的锁存器写字模数据的程序过程只要两步，首先给数据指针 DPTR 赋有效地址，接着 CPU 按 DPTR 的指向从外部数据存储器中读字模数据，与此同时也将字模数据传给了 LED 点阵片列驱动电路的锁存器。两条指令，4 个机器周期，共 4μs（这是用每个机器周期为 1μs 时来计算的）。

本电路的行驱动锁存器的锁存控制，还是用 CPU 的写控制信号 WR，不作更改。行驱动锁存器的片选信号也来自地址译码电路。为了避免数据存储器和 LED 点阵片之间的相互干扰，与这组地址对应的数据存储器的这部分存储空间就不再使用了。

4. 控制方案在 LED 显示屏中的应用

现在商业上用的大屏幕 LED 显示屏，需要用到成百上千的 LED 点阵片。单片机对 LED 显示屏的控制，包括单片机与 PC 的通信、字模数据的数据处理以及显示控制三个部分。一片单片机既要与 PC 通信，又要进行数据处理，还要进行显示控制，因此需要用两片单片机来完成此项任务。

其中，单片机与 PC 的通信、数据处理及显示控制由一片单片机完成。显示控制采用前面的控制方案，电路简单，而且显示控制的效率很高。例如，采用常用的 6 cm×6 cm 外廓尺寸的 LED 点阵片时，屏幕面积小于 $2m^2$，由一片单片机就可以完成。对于大屏幕 LED 显示屏，还有如下一些问题需要考虑：

（1）单片机与 PC 的通信问题

大屏幕 LED 显示屏与 PC 连接时，PC 用来编辑待显示的内容，并将内容传给大屏幕 LED 显示屏中的单片机。PC 与单片机通信时，不会干扰显示屏的工作。因为显示屏是一场一场显示的，场与场之间有黑屏的时间，利用黑屏的时间进行通信即可。

（2）增加显示场次的问题

大部分显示屏以场的形式显示内容。前面的方案只考虑了显示一帧图像时，LED 点阵片的 I/O 接口地址和数据存储器的一段建立了映射关系，因此只能显示一场定格的图像。工作时，由 P_1 口控制多路开关，切换数据存储器的不同段和 LED 点阵片的 I/O 接口地址映射，于是显示屏就可以一场一场地循环显示了。如果扩充外部数据存储器的片数，并由 P_1 口使能其中的一片，那么将可以有更多的段和 LED 点阵片的 I/O 接口地址建立映射关系，像拉幕、流水等一些显示效果，也就可以实现了。

（3）字模数据的数据处理问题

显示的方式比较多，如定格、拉幕、流水等，流水方式中又有向左流水、向右流水等。在转换显示方式时，就必须进行一次字模数据的数据处理，用一片单片机即可解决此问题。因为转换显示方式时，本来要黑屏 1s 至几秒，这段时间正好用来进行数据处理。

6.5　大功率 LED 智能化照明

随着大功率 LED 进入实用阶段，大功率 LED 光源在照明中的应用得到了快速发展。大功率 LED 的发光效率高、光衰速度慢，因此与计算机结合可以实现智能化的照明方案。

1. 系统方案设计

LED 光源的稳定性不仅与自身的材料有关，而且与驱动电源有很大的关系，瞬态电压或电流的尖峰等，很容易使其光衰加快或对其造成损坏。驱动电源的性能直接影响整个光源系统的工作寿命和稳定性。

对于大功率 LED，正向电压 V_F 微小的变化会引起正向导通电流 I_F 较大的变化，电流过强会引起 LED 光源的快速衰减，而电流过弱会影响 LED 的发光强度，从而不能发挥 LED 光源高发光效率的优点。温度升高时，LED 的势垒电势降低会使电流越来越大，如果散热性不好，将缩短 LED 的寿命。此时如果采用恒压源驱动，将不能保证全部 LED 亮度一致，并且影响 LED 的可靠性、寿命和光衰特性，故超高亮 LED 需采用恒流源来驱动，以最大限度地发挥 LED 光源的性能。

提高光视效能和照明灯具的可靠性，设计具有保护功能的 LED 驱动电路，具备自动控制与检测的智能型 LED 驱动电路，是高亮度 LED 照明技术的发展趋势。本节将介绍一种采用单片机作为控制器的核心器件，通过负反馈调整输出电流达到稳定的恒流输出，从而完成亮度可调的、适合多种大功率 LED 的智能驱动系统，使系统的性能得到很大的改善和提高，有效地保证光源输出稳定性和可靠性。系统原理框图如图 6-8 所示。

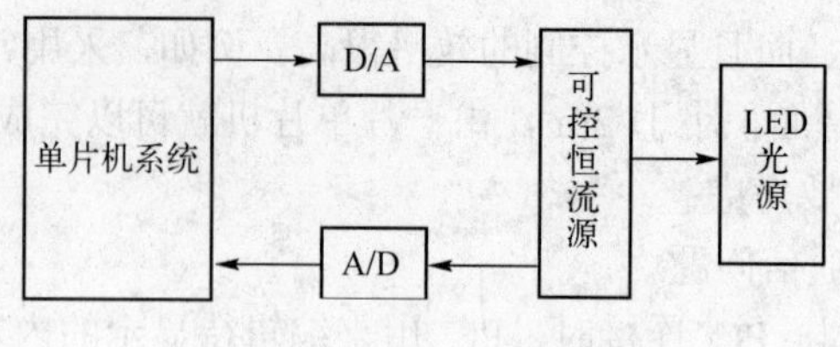

图 6-8　系统原理框图

2．可控恒流源

图 6-9 是系统中用到的恒流源电路。该电路属于电流串联负反馈的拓扑结构，由集成运放和 MOS 管构成。为了实现可调恒流源控制，在运算放大器的同相输入端引入由 D/A 输出的可调电压信号 V_{in}，使其成为受控恒流源。在反向输入端连接采样电阻 R 检测到的电流信号，恒流源的输出电流直接取决于 D/A 的输出电压和采样电阻 R 上电压的比值，即

$$I_S = V_{in} / R$$

式中，I_S 是流过 LED 的电流。

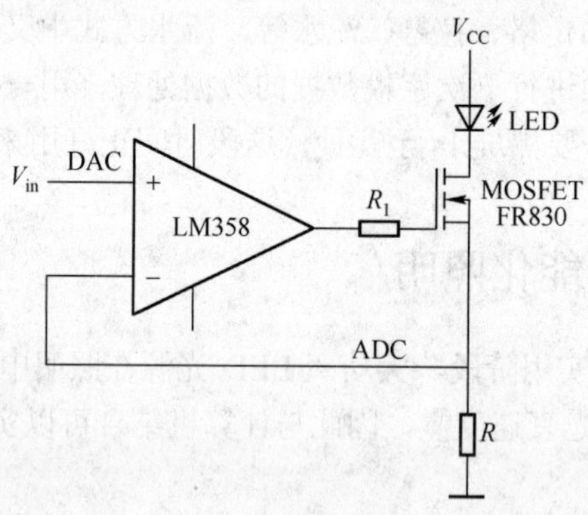

图 6-9　恒流源电路

集成运放 LM358 内部包括两个独立的、高增益的、内部频率补偿的运算放大器，具有高增益、失调电压影响小等特点。配合 MOSFET RF830，通过反馈跟随输入电压 V_{in}，功率 MOSFET 的栅极与运放的输出级相连，用来控制 MOS 管的导通程度，从而控制 LED 的驱动电流。当 LM358 的同相端输入电压恒定时，由于负反馈的存在，保证了 LM358 输出电压恒定，从而使流经 LED 负载的电流为恒定电流。

若运算放大器的供电电源是在 0～30V 的范围内，单片机控制的输出电压，即运算放大器的同相输入电压 V_{in} 在 0～1.0V 范围内变化，控制恒流源的输出电流在 0～1.0A 的范围内，那么采样电阻 R 的阻值为 1Ω。

采样电阻 R 的稳定性会直接影响恒流源的稳定度。当输出电流达到一定程度时，R 就会发热，从而引起自身阻值的变化，这是影响恒流源输出电流值精度的一个重要因素，同时 A/D 转换通过采样 R 上的电压值为单片机进行闭环控制提供数据。由于本设计最大输出电流为 1.0A，那么 R 的功率为 1W，可采用温度系数比较小的康铜材料，制作阻值为 1 Ω、功率大于 1W 的电阻。电路中 MOS 管应选取大功率管以满足电流的要求，这里采用漏极电流达

1.5A、耗散功率为 74W 的 N 沟道增强型 MOSFET RF830。

3．自动控制单元

上述可控恒流源的设计已满足了电源的稳定输出要求，但电源的稳定只是光源稳定的必要条件。因为在电源稳定的情况下，光源输出电流仍会在长时间内出现波动。单片机可以选择具有 A/D 和 D/A 接口，如 C8051F040 等，配合键盘、显示等组成单片机系统。按键（S_1～S_4）可实现控制模式的选择。例如，若要改变 LED 光源的亮度等，可通过键盘设定需要的参数；若要改变 LED 的工作模式，也可通过键盘来选择相应的模式。自动控制模块电路如图 6-10 所示。

采用如下方法控制电流值：首先使用键盘输入给定电流值，根据单片机写入的数据经过其内置的 12 位 D/A 转换输出直流电压提供给运算放大器的输入电压 V_{in}，再通过 12 位 A/D 检测采样电阻 R 上的电流，通过单片机处理计算出控制电压，修改 D/A 的输出值，实现对恒流源输出电流的调节。

4．系统软件设计

系统软件的设计主要包括初始化管理模块、按键管理模块、数据处理模块和显示模块，所有模块都用单片机 C51 语言编写。根据硬件电路，整个单片机软件部分主程序流程如图 6-11 所示。

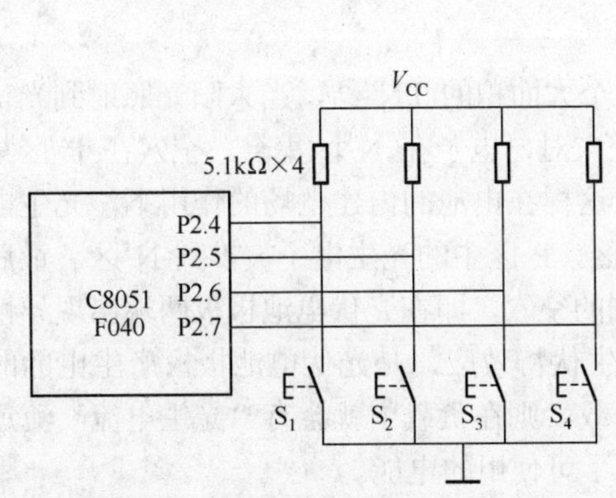

图 6-10 系统自动控制模块电路

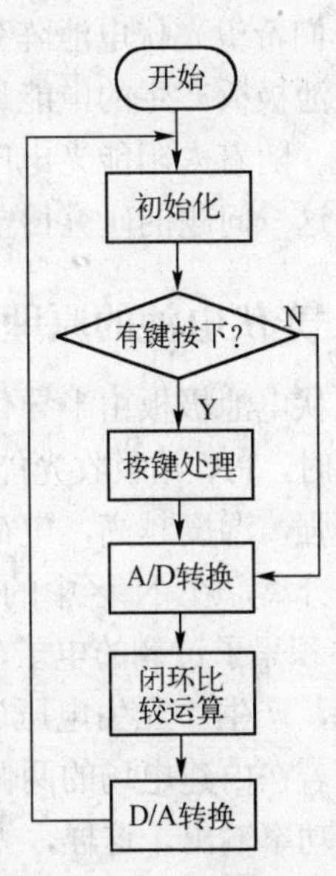

图 6-11 主程序流程

在闭环比较运算中，通过比较实际值与设定值的差值来逼近标准值。如果实际值大于设定值，则将原来 D/A 的入口数值减去这个差值再送去 D/A 转换；如果实际值小于设定值，则把原来 D/A 的入口数值加上这个差值再送去转换。循环比较，使实际值和设定值一致后通过数码管把稳定的实际值显示出来。

系统的性能指标主要由两大关系所决定，即设定值与 A/D 采样显示值的关系，以及内部测量值与实际测量值的关系。后者是由采样电阻 R 与运算放大器的放大倍数受温度影响的误差所造成的，为了减少这种误差，一定要选用温度系数低的电阻作为采样电阻。

第 7 章　太阳能 LED 应用技术

LED 以其光视效能高、寿命长的优点，被广泛应用于节能环保照明产业中。而 LED 与作为新能源之一的太阳能组合而成的太阳能 LED 照明系统，更是被誉为新一代绿色照明的最佳方案。

太阳能光伏发电的原理就是利用光伏电池板在阳光的照射下产生电能，再通过充电控制技术，将电能存储到蓄电池中。

7.1　光伏电池

光伏电池极板是通过光电效应直接把光能转化成电能的装置，其作用是将太阳的辐射能转换为电能，再送往蓄电池中存储起来。

人们希望光伏电池阵列在同样日照、同样温度的条件下输出尽可能多的电能，也希望将光伏电池极板产生的电能最大限度地存储起来，这就引出了光伏电池阵列的最大功率点的跟踪问题。随着太阳能光电应用的日益普及，由于光伏电池的高度非线性特性以及其昂贵的价格，对这一问题的研究日益迫切。

7.1.1　光伏电池的原理

光伏电池极板由半导体晶片构成，具有一个大面积的 PN 结，当太阳光照射到光伏电池极板上时，PN 结吸收光能后产生光生电子-空穴对，电子在 N 区集合，空穴在 P 区集合，光照越强，温度越高，电荷积累的数量越大。这样在电池的内建电场的作用下，光生电子和空穴被分离，在 N 区中的光生空穴被推到 P 区，P 区中的光生电子被推到 N 区。最后使得 N 区中积累了过剩的电子，P 区中积累了过剩的空穴，即在光伏电池极板两端出现异性电荷的积累，产生“光生电压”，这就是所谓的光生伏特效应，是光伏电池极板产生电能的理论基础。若在内建电场的两侧引出电极并接上负载，则在负载中就会有“光生电流”流过，从而获得功率输出。这样，太阳光能就直接变成了可使用的电能。

7.1.2　光伏电池的种类、选择与维护

1．种类

目前应用于光伏发电系统的硅材料主要包括单晶硅、多晶硅和非晶硅。单晶硅光伏电池极板的转换效率最高，光电转换效率在 17%左右，但成本也最高；多晶硅光伏电池极板的制作工艺与单晶硅光伏电池极板差不多，其光电转换效率约 12%左右，稍低于单晶硅光伏电池极板，但是材料制造简便，生产成本较低，因此得到了快速发展；非晶硅薄膜光伏电池极板成本低、重量轻，光电转换效率较高，达到 10%左右，低于多晶硅光伏电池，便于大规模生产，有极大的潜力，但受制于其材料引发的光电效率衰退效应，稳定性不高，直接限制了它

的应用范围。

2．光伏电池极板电压选择

一片光伏电池大约只能产生 0.48V 的电压，这个电压远低于实际应用所需要的电压。为了满足实际应用的需要，需要把光伏电池进行串、并联组合，并进行封装以构成光伏电池极板组件，这些光伏电池通过导线连接在一起。一个组件上，光伏电池的标准数量是 36 片，这意味着一个光伏电池极板组件大约能产生 17V 的电压，开路电压可达到 22V，正好能为一个额定电压为 12V 的蓄电池进行有效充电。

当实际应用领域需要更高的电压时，可以把多个组件串联组成光伏电池极板方阵，以获得所需要的电压。例如，当光伏电池极板对 24V 的蓄电池充电时，可以将两个极板组件串联起来使用。当单个光伏电池极板的功率不能满足实际需要时，就可以将两个或多个光伏电池极板并联，实现更大功率的输出。

3．光伏电池极板的安装与维护

光伏电池极板的安装方位对功率输出有很大影响。所以在安装时要调整其方位与倾角以提高效率。当然，根据太阳的方向经常改变光伏电池极板的方向可以获得更高的效率。光伏电池极板组件串联安装时，应在保证组件的方向与倾角相同，若方向或角度不同会因为组件接收太阳光线的差异而导致输出功率损失。

光伏电池极板组件有一对防水插头，在进行串联时，前一个组件的正极插头要连接下一个组件的负极插头，输出电线要正确地连接到设备上。不可以短接光伏电池极板组件的正、负极，防止烧坏电池组件。

安装地点应尽可能避免有阴影区域，因为阴影会导致输出功率的损失，并且不要将光伏电池极板组件安装在明火或易燃物旁边。光伏电池极板组件的装配结构应该能够承受风压和积雪的压力，为了适应环境，装配结构要选用合适的材料，并要进行防腐蚀处理。安装要可靠，防止组件从高处跌落。光伏电池组件不可拆解、弯曲，或用硬物撞击。

由于光伏电池极板需要长时间在户外使用，必须要定期对它进行维护，以延长光伏电池极板的使用寿命。

光伏电池极板在阳光照射下会产生高压，所以维护时要格外小心。维护时不可触摸线缆或接头活动的部分，如有需要，要使用适当的安全设备（绝缘工具或手套等）。

维护过程可采取以下步骤：

1）检查装配结构是否松脱，若有必要，可重新拧紧各零件。

2）检查各线材、地线及插头连接状况。

3）经常用柔软的抹布擦拭组件表面。

4）若更换组件，必须选用相同类型、相同型号的组件。

7.1.3　光伏阵列的输出功率

假设流过负载 R 的电流为 I，负载的两端电压为 V，则

$$V = IR \tag{7-1}$$

光伏电池的输出功率可由下式得出：

$$P = IV \tag{7-2}$$

由于光伏电池的输出电流 I 是非线性的，那么由式（7-2）得到的光伏电池的输出功率也是

非线性的。

当负载 R 从 0 变化到无穷大时，即可画出如图 7-1 所示的光伏电池负载特性曲线。曲线上的任一点都称做工作点，与工作点对应的横、纵坐标即为工作电压和工作电流。调节负载电阻 R 到某一值 R_m 时，在曲线上得到一点 M，其对应的工作电压 V_m 和工作电流 I_m 之积最大，即

$$P_m = V_m I_m$$

一般称 M 点为光伏电池的最佳工作点（或最大功率点）。

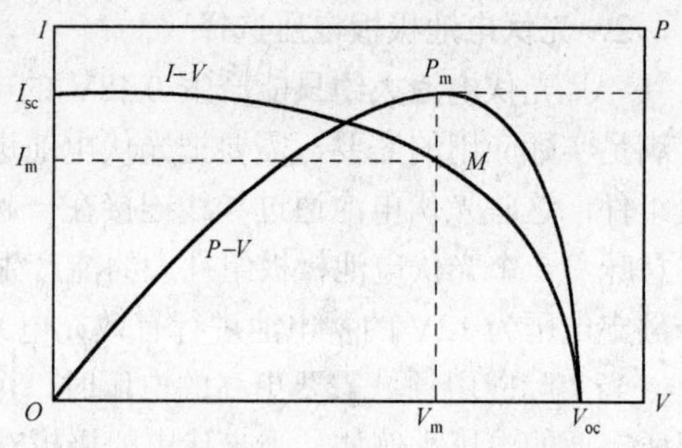

图 7-1　光伏电池的负载特性曲线

7.2　蓄电池

在应用光伏电池阵列做电源的应用系统中，一般都会使用蓄电池组存储光伏电池产生的电能，以备在夜间或者阴雨天等光伏电池阵列供电能力不足时使用。

对于蓄电池组而言，选择适当的充电方法，可以延长蓄电池的使用寿命，而且可以提高充电效率，另外，蓄电池组的可靠与稳定对整个应用系统的可靠性和稳定性也是至关重要的。这需要准确判断蓄电池组的充电状态，从而选取充电电路的工作状态。控制器使用的充电电路可采取快充、恒充、浮充三个阶段的充电方法。

在太阳能路灯系统中，光伏电池阵列是整个系统的唯一的能量来源，由于阴晴变化和昼夜变化，光伏电池阵列的输出功率和能量随时在波动，使得负载无法获得连续而稳定的电能供应，需要配备储能装置进行能量调节。蓄电池一般作为整个太阳能路灯系统的储备能源，它能对电能进行存储和调节，极大地改善系统的供电质量，它是整个太阳能路灯系统的关键部分。

蓄电池充放电电流以 I_C 表示，其实际值与蓄电池容量有关。“$1I_C$”表示在一个小时的时间内，使蓄电池达到额定容量的电流。I_C 表示电流，以安(A)为单位，电池的容量以 Ah 为单位。

7.2.1　蓄电池的作用

在独立的太阳能光伏发电系统中，蓄电池是整个系统的重要组成部分。在光伏发电系统中，蓄电池的主要作用如下。

1．储存能量

在大部分独立光伏系统中，太阳能产生电能和负载用电时间不同，白天光伏极板输出电能，而负载晚上才工作，蓄电池可以将日照充足时光伏极板发出的电能存储起来，保留到夜间或阴天使用，解决了发电与用电不同步的问题。

2．对光伏电池极板的工作电压的钳位作用

光伏电池极板的工作特性受太阳光照度、温度等影响很大，光伏电池极板的输出电压往往不稳定，而各种用电设备的工作时间和功率都有着各自的规律，这样将光伏电池极板组件直接连接负载时，负载常常不能工作在最佳工作点附近，系统效率低。而蓄电池对光伏电池极板的工作电压具有钳位作用，能够保证光伏阵列工作在最佳工作点附近。

3．提供启动电流

在光伏发电系统中会有生产性负载。这些负载不仅容量大，而且在启动和运行过程中会产生浪涌电流和冲击电流，如水泵、割草机和制冷机等，这些负载的启动电流常常是额定工作电流的 5～10 倍。由于光伏组件受到太阳辐射强度的限制，光伏阵列可能不满足它们的起动电流的要求，而蓄电池的低内阻及良好的动态特性可以满足上述电感负载对电源的要求，给负载提供瞬时大电流。

7.2.2 蓄电池的分类及工作原理

1．分类

目前国内外在光伏系统中使用的蓄电池主要有如下三种：开口铅酸蓄电池、阀控铅酸蓄电池（VRLA），以及镍钙/镍氢/镉镍电池。在这三大类电池中，开口铅酸蓄电池在其使用过程中存在易挥发、易泄漏、容量低等缺点，而镍钙/镍氢/镉镍电池容量虽大，但价格昂贵；阀控铅酸蓄电池由于其容量大、价格低、自放电率低、结构紧凑、不存在镉镍电池的“记忆效应”、寿命长、基本免维护等优越性，在无人值守或缺少技术人员的偏远地区使用特别有利，因而在独立光伏系统中大量应用，而且将在今后一段时期内继续大量使用。

2．蓄电池的充电原理

蓄电池的充电是由太阳能充电控制器完成的。太阳能充电控制器最主要的功能是控制光伏电池极板对蓄电池进行充电，蓄电池的性能与充放电的方式有很大的关系，所以在设计控制器之前需要对蓄电池的原理、充放电过程作分析研究。

一般铅酸蓄电池由正极板、负极板、隔板、电池槽、电解液和接线端子等部分组成，极板主要由铅制成，电解液是硫酸溶液。

铅酸蓄电池充放电原理如下：铅酸蓄电池释放化学能的过程（放电过程）是负极氧化，正极还原的过程；电池补充化学能的过程（充电过程）是负极还原，正极氧化的过程。

铅酸蓄电池充电时，正极上的硫酸铅（$PbSO_4$）氧化成 PbO_2，负极上的 $PbSO_4$ 还原成 Pb；放电后正负极都生成硫酸铅。

正极板的化学反应方程式为

$$PbO_2 + 4H^+ + SO_4^{2-} + 2e^- \underset{\text{充电}}{\overset{\text{放电}}{\rightleftharpoons}} PbSO_4 + 2H_2O \tag{7-3}$$

负极板的化学反应方程式为

$$Pb + SO_4^{2-} \underset{\text{充电}}{\overset{\text{放电}}{\rightleftharpoons}} PbSO_4 + 2e^- \tag{7-4}$$

将两个极板的反应方程合为一个，则有如下的化学方程式：

$$PbO_2 + 2H_2SO_4 + Pb \underset{\text{充电}}{\overset{\text{放电}}{\rightleftharpoons}} PbSO_4 + 2H_2O + PbSO_4 \tag{7-5}$$

放电过程和充电过程互为可逆过程。放电过程消耗电解液中的硫酸（H_2SO_4），生成水（H_2O），结果是硫酸溶液的浓度下降。充电过程极板中的 $PbSO_4$ 转变成 Pb 和 PbO_2，硫酸根（SO_4^{2-}）回到电解液中，与水形成硫酸，浓度又逐渐上升，最后达到一个稳定值。因此，可以用电池中硫酸溶液的密度来衡量电池充放电的程度。

铅酸蓄电池放电时，在蓄电池的电位差的作用下，负极板上的电子经过负载进入正极板形成电流，同时它的大部分化学能转换成电能供给外部电路，一小部分化学能转化成热能散失掉。而且在放电过程中，蓄电池内的电化学反应吸收热量，内阻产生的热量被电化学反应吸收，所以放电时蓄电池温升较低。当蓄电池开始放电后，电解液中的 H_2SO_4 不断减少，H_2O 逐渐增多，溶液密度下降。

蓄电池充电时，应外接一个直流电源，使正负极板在放电后生成的物质恢复成原来的活性物质，并把外界传输给它的电能转换成化学能存储起来。蓄电池内的电化学反应释放热量，此外，充电电流流过蓄电池内阻时，也产生热量，蓄电池的温度也因此升高，蓄电池的充电电流越大，温升越高。

在充电时还伴随着一个很难避免的副反应，就是电解 H_2O 生成 H_2 和 O_2。特别是在充电过程的后期，电压升高了，电能主要消耗在电解水方面，而且对极板活性物质很不利。因此在充电过程中要对蓄电池进行过充电保护。

负极（阴极）上的反应方程式

$$4H^+ + 4e \rightarrow 2H_2\uparrow \tag{7-6}$$

正极（阳极）上的反应方程式

$$2H_2O - 4e \rightarrow 4H^+ + O_2\uparrow \tag{7-7}$$

总反应方程式

$$2H_2O \rightarrow 2H_2\uparrow + O_2\uparrow \tag{7-8}$$

对蓄电池充电时，需要对充电电流进行控制，防止充电电流过大，损坏电池。传统的充电方式大多采用恒压充电或恒流充电，具有电路简单、成本低廉等优点，但在恒压充电电路中，蓄电池组初期充电电流较大，对蓄电池的寿命有一定影响；若采用恒流充电方式，当电池充电后期电压升高时充电电流仍然很大，造成不必要的能量损失。因此，采用分阶段充电方式是一种可行的方案，即在充电初期采用恒流充电，当蓄电池端电压达到其浮充电压后，则采用恒压充电。蓄电池充电特性曲线如图 7-2 所示。

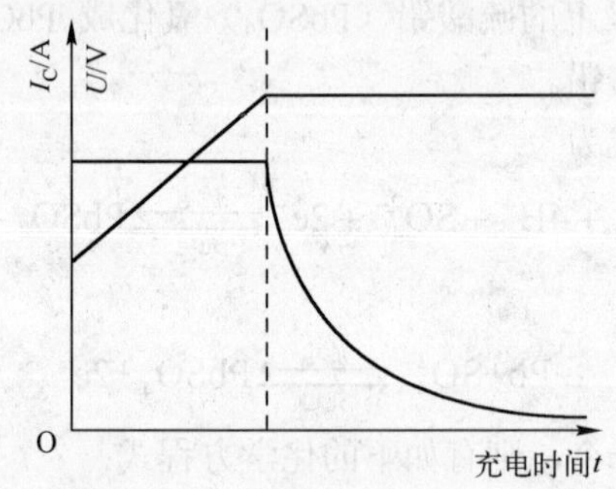

图 7-2　蓄电池充电特性曲线

在充电初期控制充电电流，采用较大的电流充电，一般为 $0.1I_C$，当充电电流超过 $0.3I_C$ 时可认为是过电流充电，电池端电压几乎呈直线上升。当进入恒压充电阶段，充电电流按指数规律迅速衰减，电流衰减速率变慢，充电结束前几小时起，电流不再改变。蓄电池充满后即为浮充状态，要求充电器有精确而稳定的浮充电压。正常的浮充电压在 1.125～1.15 倍之间。浮充电压过低，蓄电池充不满；浮充电压过高，会造成过电压充电。过电压充电会造成蓄电池寿命缩短甚至烧坏。

7.2.3　蓄电池的技术指标及使用寿命

1. 技术指标

（1）蓄电池的额定容量

蓄电池容量是指按国家标准规定的电池容量，单位为 Ah，它反映了蓄电池的容量，数值越大，则存储的电量就越多。如对于 38Ah 的电池，则表示用恒流 1A 放电，可放电 38 小时。

（2）蓄电池的实际容量

蓄电池的实际容量反映蓄电池实际存储电量的大小，单位为 Ah。在使用过程中，蓄电池的实际容量会逐步衰减。国家标准规定新出厂的电池实际容量大于额定量值为合格电池。

（3）放电循环寿命

放电循环寿命指的是蓄电池进行充电、放电，直到蓄电池容量减少到额定容量的 70%时的循环次数，充足电后再放电到一定的深度为一次循环。蓄电池循环次数越多，寿命越长。

（4）蓄电池额定电压和蓄电池组额定电压

国家标准规定的电池电压值为额定电压，铅酸电池每格的电压值为 2V，一般使用的电池是 6 格即 12V。

蓄电池组工作电压是指蓄电池组实际输出电能时的电压值，12V 电池组的工作电压一般在 11.2～13.7V 之间，低于 11.2V 时为过放电，高于 13.7V 时为过充电。

2. 影响蓄电池寿命的因素

作为光伏发电系统中的关键部件，蓄电池的寿命较短是阻碍整个光伏发电系统性能和推广的主要原因之一。在光伏发电系统中，影响铅酸蓄电池寿命的因素主要有以下几个方面：

（1）充电电压的设置对蓄电池寿命的影响

智能控制器是通过判断蓄电池两端的电压来接通或断开光伏电池的，因为系统充电电压的高低将会影响到蓄电池的寿命。根据蓄电池的工作原理可知，在充电过程中会有气体析出，当充电电压设置过高时，析出的气体会很多，而排出的气体量很多时有燃烧的危险，这时析出的氧气和氢气不可能全部复合成水，这就使得蓄电池内部压力增大，电解液密度变大，化学反应加剧，同时在过充电时正极活性物质 PbO_2 会受到气体的冲击，将使活性物质 PbO_2 脱落，使极板腐蚀速度加快，从而影响蓄电池容量和寿命。

（2）过放电控制点的设置对蓄电池寿命的影响

蓄电池过放电控制点的设置直接影响到蓄电池的放电深度，若蓄电池过放点设置较低，会使蓄电池产生深度放电。当蓄电池深度放电后，其内部将有大量 $PbSO_4$ 吸附在阴极表面，由于它是绝缘体，可阻碍蓄电池内部的化学反应，使蓄电池内阻变大，若不及时充足电，将使吸附在阴极的 $PbSO_4$ 形成“硫酸盐化”而不可逆转，从而导致蓄电池容量减小，寿命缩短。同时，因为蓄电池正极活性物质 PbO_2，本身互相结合不牢，放电时生成 $PbSO_4$，充电时又恢复为 PbO_2，而 $PbSO_4$ 的摩尔体积是 PbO_2 的 1.94 倍，因此放电时活性物质体积会膨胀，这样在充放电过程中体积将反复发生收缩和膨胀，使 PbO_2 粒子逐渐松弛，变得易于从板栅上脱落。随着放电深度的增加，这种收缩和膨胀的程度越大，结合力的破坏性也越大，蓄电池的循环寿命也就越短。

（3）温度对蓄电池寿命的影响

温度对铅酸蓄电池的电解液黏度和电阻有很大的影响，当电解液温度升高时，其扩散增加、电阻降低，因此蓄电池的容量及活性物质利用率随温度的升高而增加。蓄电池的寿命一般是指在 25℃时蓄电池的寿命，若蓄电池温度升高 6℃，则蓄电池的寿命会减少一半。蓄电池温度高时，会加剧内部的化学反应，使蓄电池的极板速度加快，同时在充放电时容易造成过充电和过放电。温度低时，蓄电池内部化学反应速度减缓，使蓄电池释放容量减小，若长期工作在低温下，蓄电池会因充电不足而形成“硫酸盐化”，减少蓄电池的容量，缩短蓄电池寿命。目前，大部分智能控制器都有温度补偿功能，可有效控制因温度影响而造成的过充电和过放电，但温度仍会影响蓄电池内部的化学反应速度。为了最大可能地保证蓄电池有一个良好的工作环境，工作温度应控制在 20～30℃内，这样能够延长蓄电池的使用寿命。

（4）运行环境对蓄电池寿命的影响

蓄电池的运行因天气条件、温度、季节等环境的变化对蓄电池寿命产生影响。冬季日照时数减少，而蓄电池负荷不变，即充电电量减少，而放电电量不变，蓄电池往往会在一段时间内长期处于欠充电状态，蓄电池的容量因长期过放电而硫酸盐化，硫酸盐化是指在负极栅板上形成一种粗大、难以接受充电的 $PbSO_4$ 结晶，使蓄电池容量减少，此现象又称为不可逆硫酸盐。而雨季连续的阴雨天及蓄电池负载变大时，同样会出现以上的情况。严重时蓄电池将无法充电，影响蓄电池的使用寿命。

7.2.4 蓄电池的充电、放电技术

1．充电方式的局限性

目前，控制器常用的蓄电池充电法有 3 种，即恒流充电法、阶段充电法和恒压充电法。

（1）恒流充电法

恒流充电法是指通过保持充电电流不变进行充电的方法。这种充电控制方法简单，但由于电池的可接受电流能力是随着充电过程的进行而逐渐下降的，到充电过程后期，充电电流多用于电解水，产生大量气体，影响蓄电池的使用寿命。

（2）阶段充电法

这种充电方法包括二阶段充电法和三阶段充电法。二阶段充电法是先用恒定电流充电至预定的电压值，然后改为恒定电压完成充电的其余阶段，一般两阶段之间的转换电压就是第二阶段的恒电压；三阶段充电法是指在充电开始和结束时采用恒定的电流充电，中间用恒定的电压进行充电。阶段充电法虽然可以将出气量减到最少，但作为一种快速充电方法使用，受到一定的限制。

（3）恒压充电法

恒压充电时要严格掌握充电电压，电压在全部充电时间里保持恒定的数值，充电电压过低，蓄电池会充不满，过高则会造成过量充电。由于充电初期蓄电池电动势较低，充电电流很大，随着充电的进行，电流将逐渐减少。这种充电方法在充电初期电流过大，对蓄电池寿命造成很大影响，且容易使蓄电池极板弯曲，严重影响蓄电池的使用。

2．放电方式的局限性

当蓄电池给负载供电时，没有时刻检测蓄电池的电压，这样很容易使蓄电池过放电，将会导致蓄电池深度放电。

所以，如何改善太阳能充电控制器的充、放电方式，开发性能良好的控制器，提高其在

实际应用中的效率，成为了一个重要的研究方向。

3．充电方式的改进

铅酸蓄电池目前在通信、交通、电力等部门得到了广泛应用，但由于其充放电控制的不合理而损坏的电池占相当大的比例。若铅酸蓄电池充放电适当，可以工作 10～15 年。

目前市场上控制器的主要问题是由于对于蓄电池的保护不够充分，不合理的充电方式导致蓄电池的损坏。本节通过对蓄电池的工作原理和对影响蓄电池使用寿命因素的分析，将介绍一种改进的充电方式——脉宽调制（Pulse Width Modulation，PWM）方式。

脉宽调制是利用微处理器的数字输出来对模拟电路进行控制的一种非常有效的技术，广泛应用于测量、通信、功率控制与变换的许多领域中。这种充电方法不仅遵循蓄电池固有的充电接受率，而且能够提高蓄电池充电接受率，这也是蓄电池充电理论的新进展。

脉宽调制方式是指在固定时钟频率下，通过调节开关的通断时间来控制信号的占空比，从而实现对输出电压的调整。输出电压波形如图 7-3 所示。

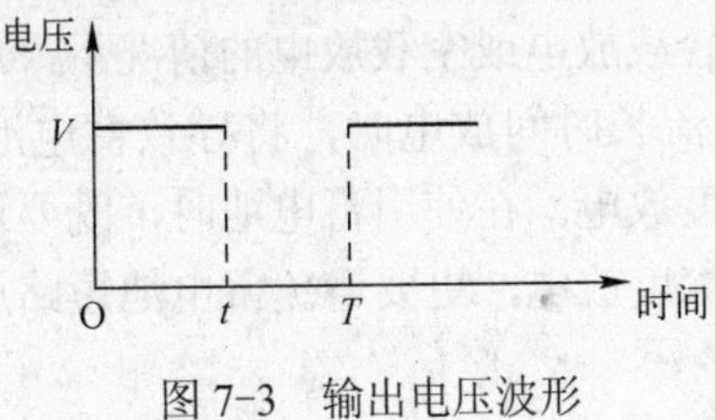

图 7-3　输出电压波形

输出的平均电压为

$$V_{\text{ave}} = \frac{1}{T}\int_0^t V\mathrm{d}t = \frac{t}{T}V = \alpha V \tag{7-9}$$

式中，占空比α表示了在一个周期 T 内，开关导通的时间与周期的比值，α的变化范围是 0～1。所以当 U 不变时，输出电压的平均值取决于占空比的大小，即只要改变占空比，就可以改变输出电压，从而达到对蓄电池有效充电的目的。

具体工作过程如下：

1）有阳光照射时，如果蓄电池发生过放电现象，充电先要提升充电电压，保持一段时间，然后降到直充电压，即根据蓄电池的电压来控制光伏极板与蓄电池的通断占空比，并保持一段时间，以便激活蓄电池，避免硫化结晶，最后降到浮充电压并保持。如果没有发生过放电，就不会有提升充电方式，以免蓄电池失水，这些自动控制过程将使蓄电池达到最佳充电效果并保持或延长蓄电池的使用寿命。

2）无光照，即阴雨天或夜晚时，蓄电池对负载供电，同样也要检测蓄电池两端电压，当电压到达设定的最低放电电压时，控制器会自动切断负载来保护电池。当光伏电池极板对蓄电池的充电达到控制器设定的再次启动电压时，负载才会被再次接入电路。

PWM 调制充电方式首先对电池充电一段时间，然后让电池停止充电一段时间，如此循环往复。充电脉冲使蓄电池充满电量，而间歇期使蓄电池经化学反应产生的氧气和氢气有时间重新化合成水，从而减轻了蓄电池的内压，使下一轮的充电能够更加顺利地进行，使蓄电池可以吸收更多的电量。PWM 调制充电方式使蓄电池有较充分的反应时间，减少了析气量，提高了蓄电池的充电效率。

4．放电方式对蓄电池的影响

要时刻检测蓄电池的电压，否则很容易导致蓄电池的深度放电，所以应时刻在线检测，保护蓄电池，提高使用寿命。

作为电源，蓄电池的性能与工作频率有很大关系。变换器典型的开关频率为 20kHz 或更高的时候，蓄电池似乎是开路的，因为蓄电池输出端、内部以及电极上存在等效电感，而且化学反应本身需要一定的时间来完成。如果以 1kHz 至几赫兹的低频方式工作，由于内部的化学反应，蓄电池会表现出非线性现象。当输出电流逐渐增大时，电压会逐渐下降。

电池的输出电流与端电压之间的关系还与温度、剩余电量有关。蓄电池还有一种自放电现象，在一组充满电的蓄电池不接任何负载（完全空载）的情况下，如果放置较长的时间，自身的能量会逐渐丢失。

蓄电池实际放出的电量与放电电流有关，放电电流越大，蓄电池的效率越低，应避免大电流放电，以提高蓄电池的效率。一般电路设计和用户选择负载，都保证蓄电池放电电流不超过 $2I_C$。放电深度对蓄电池使用寿命的影响也非常大，蓄电池放电深度越深，其循环使用次数就越少。但当蓄电池处于轻载放电或空载放电的情况下，尽管采用小电流放电能提高蓄电池的效率，但是当用极小电流长时间放电时，将导致蓄电池实际放出容量超过其额定容量，从而造成蓄电池严重的深度放电。在使用蓄电池时，既要避免重载过电流放电，又要避免长时间轻载逆变造成蓄电池深度放电，更要避免蓄电池短路放电，否则会严重损坏蓄电池的再充电能力，缩短使用寿命。

5．总体控制策略

太阳能充电控制器各个部分的控制功能全部由单片机（如 Atmega48）来完成。单片机采集太阳能极板两端电压、蓄电池两端电压和负载电流后，经过单片机内部的控制算法软件的运算，从单片机的输出端口输出控制信号，控制信号将对功率开关器件 MOS 管开通与关断进行控制，从而控制太阳能极板是否对蓄电池充电，蓄电池是否对负载供电。为了简化系统结构，采用软件控制的保护方式，实现过充、过放、过载保护等。

6．温度补偿

为了保护蓄电池，延长蓄电池的使用寿命，在对蓄电池充电时要有相应的温度补偿。由于热敏电阻在不同温度下的阻值是不同的，所以在不同温度下，温度采样的电压也不同，所以可用热敏电阻进行温度补偿。

7.2.5 蓄电池的管理

与其他系统不同，在光伏系统中蓄电池的投资可以占系统初期投资的 1/4～1/2，而且也是系统中最薄弱的一个环节，许多蓄电池因达不到其使用寿命而提前失效，使得系统不得不更换。因而在独立运行光伏系统时，蓄电池成为最昂贵的部件。解决问题的途径除了对蓄电池本身进行性能提高外，系统能量管理对整个系统的性价比也影响重大，特别是对蓄电池的充、放电控制。

蓄电池不宜长期处在过放或过充的状态，即蓄电池端电压既不能长时间低于某一值也不能长时间高于某一值，否则会极大地缩短蓄电池的使用寿命。为了对蓄电池进行保护，在太阳能控制器工作的过程中必须要设置蓄电池的欠电压保护点和过电压保护点，对蓄电池电压进行有效监控。根据蓄电池正常使用的标准，对 2V 的标准单体电池，其最低工作电压不能低于 1.85V，最高工作电压不能高于 2.45V，设定欠电压和过电压保护点。

由于蓄电池内部含有化学物质，并且存储了大量的能量，在使用时，除了保证人员安全外，还需要注意保护蓄电池本身。由于免维护蓄电池的广泛使用，蓄电池在正常工作情况下，一般不需要维护。使用时，尽量做到以下几点：

1）蓄电池若有腐蚀、破裂、变形、发热或其他异常现象，应停止使用，避免发生危险。

2）避免小孩接近任何静置或充电中的蓄电池。

3）在搬运过程中，应避免有较大的冲击。

4）因蓄电池充放电时会产生可燃气体氢气，存放地点需要通风，防火。

5）尽量满足充电温度范围在 0～40℃；放电温度范围在–20～50℃；保存温度范围在–20～40℃。将蓄电池置于高温，会缩短蓄电池寿命，置于温度过低之环境中也会降低电池性能，最佳温度在 20～25℃。

6）将长期不使用的仪器内的蓄电池移开，以免蓄电池过放电而影响蓄电池的寿命及性能。

7）不要直接将端子焊接，以免漏液，不能将电池倒立使用。

8）不允许撞击蓄电池或使用在易于发生振动的场所。

9）废电池要回收，并确认无短路状况，因为蓄电池内部的剩余能量也可能造成火灾。

7.3　太阳能 LED 路灯设计

随着城市建设规模的不断扩大和建设水平的不断提高，城市的路灯总数每年大约以 20%的平均速度递增，太阳能路灯在国内一些城市开始使用，国内很多企业也纷纷投入了大量的技术、资金开发这一新兴产业，然而仍然在技术、成本等方面存在诸多问题，太阳能路灯在国内的应用仍处于滞缓态势。

太阳能路灯系统由光伏电池极板、蓄电池、太阳能控制器、灯具组成。太阳能路灯系统实质上是一个小的独立光伏系统，太阳能路灯系统结构如图 7-4 所示。

如图 7-4 所示，在太阳能路灯系统中，太阳能控制器是整个路灯系统中不可或缺的部件，它用于连接光伏电池极板、蓄电池和灯具，白天控制光伏电池极板对蓄电池充电，夜晚控制蓄电池对灯具供电。它的使用不仅能保护蓄电池以及灯具的安全，同时也能保障整个系统持续、稳定的运行，可以说它的性能在一定程度上决定了整个路灯系统的性能。

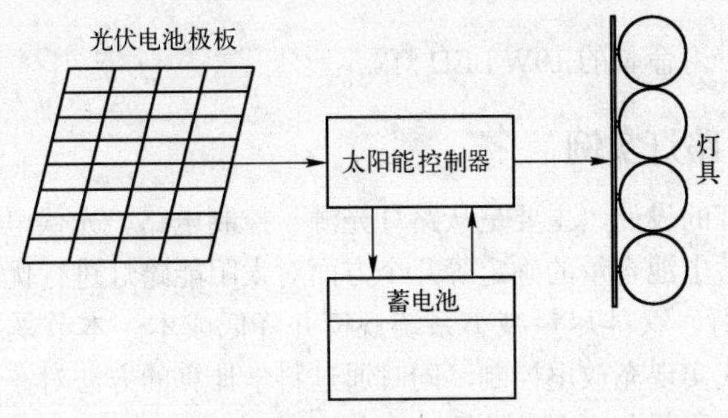

图 7-4　太阳能路灯系统结构

7.3.1 蓄电池组容量配置基础

蓄电池的额定容量用 C 表示，单位为安时（Ah），它是放电电流和放电时间的乘积。对同一个电池采用不同的放电参数所得出的额定容量是不同的，为了便于对电池容量进行描述、测量和比较，必须事先设定统一条件。实践中，电池容量定义如下：用设定的电流把电池放电至设定的电压（终止电压）所经历的时间和这个电流的乘积。终止电压可以简单地理解为，放电时电池电压下降到不至于损坏电池的最低限度值。

蓄电池的容量选择直接影响到系统的可靠性以及成本。蓄电池容量的选择一般要遵循以下原则：首先在能够满足夜晚照明的前提下，把白天光伏极板组件的能量尽量多地存储起来，同时还要能够存储足够的电能以满足连续阴雨天夜晚照明的需要。蓄电池容量过小，不能够满足夜晚照明的需要，蓄电池容量过大，一方面蓄电池始终处在充电状态，影响蓄电池寿命，同时造成能源浪费。

7.3.2 光伏电池极板与蓄电池、负载的匹配

光伏电池极板与蓄电池应用、电负荷（路灯）相匹配使用。可用一种简单方法确定它们之间的关系。光伏电池极板的电压要超过蓄电池工作电压的 20%～30%，才能保证给蓄电池正常充电；光伏电池极板功率必须比负载功率高出 2～4 倍以上，系统才能正常工作。

蓄电池容量的计算公式如下：

蓄电池容量=光源用电功率×每天所用时间/用电电压×连续阴雨天数×1.5(损耗系数)

以太阳能路灯负载为 10W 为例，下面给出具体的太阳能路灯系统配置。

1．光伏电池极板的选择

以 12V 蓄电池为例，选用开路电压 21V，功率 25W 以上的光伏电池极板。

2．蓄电池的选择

假设连续阴雨天为 3 天，每天连续用电时间为 10h，则蓄电池的容量选择为

$$蓄电池容量=10W\times10h/12V\times3\times1.5=37.5Ah$$

所以这里选用容量为 38Ah 的蓄电池即可。

3．控制器的选择

采用 PWM 调制方法对蓄电池的充电进行控制，开关器件采用 MOS 管，控制器具有温度补偿、过充、过放、负载短路、过载保护等功能，极大地延长了蓄电池的使用寿命，保证整个路灯系统的正常工作。

4．灯源的选择

选用高效、节能、寿命长的 10W LED 灯。

7.3.3 太阳能 LED 路灯实例

太阳能 LED 路灯的设计，主要是从路灯光源、控制电路、光伏电池组件最佳倾角的确定、光伏电池组件和蓄电池容量的确定等几个方面对太阳能路灯进行优化设计，做到既能保证系统的稳定可靠运行，又能尽量减小系统规模并降低成本。本节采用 LED 作为路灯光源，采用直接耦合方式实现充放电控制，同时通过科学计算的方法对在某特定地区使用时的光伏电池组件最佳倾角和蓄电池容量进行讨论。

太阳能 LED 路灯照明系统通常由光伏电池组件、蓄电池、LED 光源、控制器（交流光

源还需逆变器）等几部分组成。本节从光源选择、控制电路、光伏电池板最佳倾角的确定、光伏电池组件、蓄电池容量确定这 5 个方面对太阳能路灯照明系统进行设计优化。

1．光源选择

太阳能路灯与普通路灯不同，它采用光伏电池作为唯一的供电源，因为目前光伏电池组件的成本还比较高，所以为了降低系统成本，必须使用高效的光源。传统的光源功耗比较大，而且大多在高压下工作，使用升压逆变环节又降低了能源利用率，而 LED 采用低压直流供电，安全而且光源控制成本低，使调节明暗、频繁开关成为可能。

2．控制电路

太阳能路灯系统一般都是小型光伏系统，小型光伏系统的控制器自耗电流要小于额定工作电流的 1%，因此控制器电路的设计与低功耗器件的选择非常重要。本节设计的太阳能路灯采用的是由集成运放构成的电压比较器作为控制电路，这种电路的控制系统完全由硬件组成，简单可靠、维护方便、成本低、电路本身功耗也极低，是一种匹配性很好的电路。这种电路的关键是针对蓄电池的充、放电特性设计一个比较好的电压回差，同时器件的选择要可靠，再加上发光二极管构成的充、放电状态指示电路，便成了一个具有实用功能的控制器电路，具有防止蓄电池过放电、过充电功能。

本系统采用直接耦合方式的充、放电控制器电路，根据 LED 与蓄电池的匹配特性，能够做到功率自适应，在太阳辐照不足的几个月里，由于蓄电池的充电状态通常较低，使蓄电池放电时端电压也较低，这样负载工作电流较小、功率小，系统也能够工作更长的时间。反之在太阳辐照比较充足时，负载工作电流较大、功率大，也会更亮。

3．光伏电池板最佳倾角的确定

在独立光伏系统设计中，光伏电池组件平面通常朝向赤道，相对地平面有一定倾角。由于太阳辐照量随季节、气候变化，倾角不同，每个月方阵面接收到的太阳辐照量差别很大，而且由于蓄电池在充电时受其额定容量限制，放电时又受到放电深度限制，因此在太阳能路灯优化设计中，要按照负载情况，综合考虑当地气候状况、地理条件来确定最佳倾角，使方阵平面上的太阳辐照量尽量满足连续性、均匀性、极大性的要求，降低系统成本。

（1）负载情况

太阳能路灯类产品主要有定时控制和光控两种工作方式，实际上是以衡性负载方式和季节性负载方式工作。定时控制是指不受外界影响，定时开关灯，但是存在天黑灯不亮或天亮灯还亮的问题。光控太阳能路灯在户外光线暗到一定程度（200lx 或其他）时自动打开，天亮时自动关闭，优点是可以根据光照情况自动控制光源工作，一年四季均可以正常工作。

（2）气候情况

本例设计是以在北京地区的使用情况为参考的。北京市全年无霜期 186 天左右，全年光照时数为 2700h。特别是五、六月份光照时间最长。

从图 7-5 中可以看出，北京地区一年中总辐射量最少的时段是春季，阴雨天气比较多，大气透明度差，中、低云层经常布满天空，该段时间散射辐照量在总辐照量中占的比例很高。

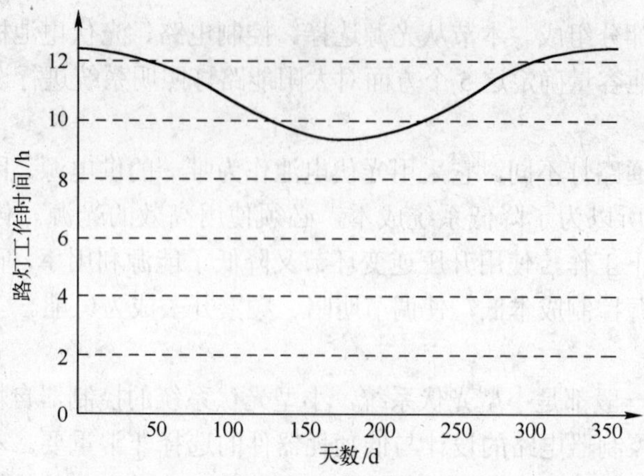

图 7-5 光控太阳能路灯全年工作时间变化曲线

（3）倾斜面太阳辐照度计算

倾斜面太阳辐照计算一般是以过去 10 年的气象资料数据作为依据，在提供水平面太阳辐照量数据基础上，可以使用 Hay 提出的天空散射辐射各向异性的模型算出朝向赤道不同倾角的方阵面上所接收到的太阳辐照量。

通过 Hay 模型的计算，可以得到如图 7-6 所示的不同倾角平面的月平均太阳辐照量变化曲线。从图 7-6 可以看出，12～2 月是各倾角平面获得太阳辐照量最低的时段，而且这段时间几种倾角平面获得的太阳辐照度相差不大，分析原因主要是因为 12～2 月是北京地区的冬季，阴、雪天气比较多，散射辐照量在总辐照量中占的比例很高，这 3 个月散射辐照量比例都在 55%以上，由于改变倾角对光伏电池组件接收直接辐射作用较大，对散射辐照作用不大，因此在 12～2 月这 3 个月不同倾角的平面接收的太阳辐照量差别不是很大；在夏季的 5～8 月，以 0° 平面接收的太阳辐照量最大，15° 和 22° 倾斜角平面接收的太阳辐照度很接近，然而 40° 平面接收到的太阳辐照量与其他 3 种倾角相比辐照量降低很多。北京地区在秋季虽然太阳高度角逐渐减小，太阳辐照量仍然比较高，15°、22°、40° 几种倾斜角平面获得太阳辐照量很接近，而 9 月以后 0° 平面接受的太阳辐照量快速减少，降幅很大；冬季，晴天居多，尤其是前冬，雨量稀少，冬季的 12 月和 2 月份，高度角是全年最低时期。从图 7-6 可以看出在不同角度倾斜面上，太阳辐照量差别较大，在 40° 时能获得最大的太阳辐照量，水平面上的太阳辐照量严重减小，同时冬至前后光控制太阳能照明系统工作时间是全年最长的，因此倾斜角度应考虑冬季的太阳辐照情况。

通过对图 7-6 不同倾角平面的月平均太阳辐照量变化的分析，结合使用负载的情况，在太阳能路灯系统设计时，首先要考虑系统在 12～2 月低太阳辐照量情况下正常工作的条件，北京地区使用的光控太阳能路灯是冬季耗电量较大的季节性负载。

4．光伏电池板和蓄电池容量的确定

确定光伏电池板和蓄电池容量的组合，即是在保证路灯负载可靠性的前提下，使用最小的光伏电池组件和蓄电池容量，以最优化设计达到可靠性和经济性的最佳结合。对于可靠性，国内外大多采用负载缺电率（LOLP）来衡量。其定义为，系统停电时间与实际所需要用电时间的比值。LOLP 值在 0～1 之间，数值越小，可靠性越高。即要求 LOLP=0，实际上交流电网对大城市供电也只能达到 LOLP=10^{-3} 数量级，因此要求价格相对昂贵的光伏系统达到 100%的可靠性，显然是不合理的。因此在太阳能路灯设计时，在满足负载合理的可靠性的同时，还要有最佳的经济性，见表 7-1。北京太阳能路灯设计的可靠性 LOLP 值为 0.1，能够保证 4～5 个阴雨天的供电。按照这个可靠性设计，系统配置见表 7-2，使用 8 支 1W 大功率 LED 作为光源，两块 12W 光伏电池组件（朝南 220° 倾斜角布置），12V、38Ah 免维护铅酸蓄电池。

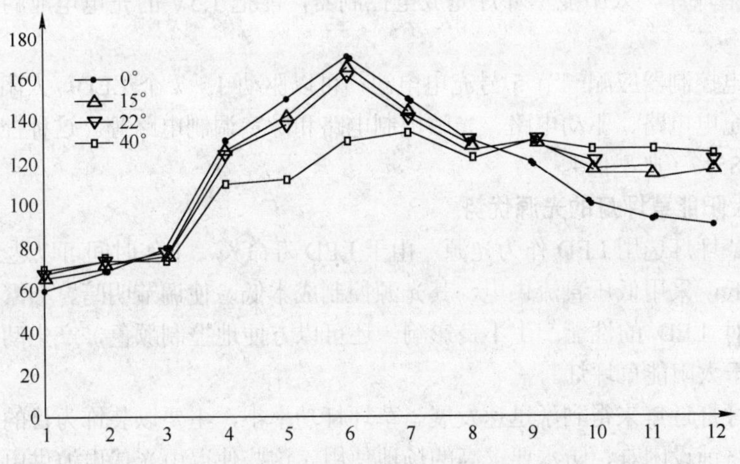

图 7-6　不同倾斜角平面的月平均太阳辐照量变化曲线

表 7-1　对不同使用场合光伏系统 LOLP 推荐值

使用类别	LOLP 值
太阳能路灯	10^{-1}
户用光伏系统	10^{-2}
微波通信站光伏系统	10^{-4}

表 7-2　太阳能路灯系统构成

组成	数量	参数
光伏电池组件	2	P_{mp}=12W，U_{mp}=18.0，I_{mp}=0.67A，U_{oc}=21.8V，I_{sc}=0.78A
蓄电池		12V、38Ah 免维护铅酸蓄电池
灯具		8 支 1W 大功率 LED
控制器		光控，护蓄电池过放电、过充电功能

7.4　太阳能草坪灯设计

太阳能草坪灯主要利用光伏电池为电源，当白天太阳光照射在光伏电池上时，把光能转变成电能存储在蓄电池中，再由蓄电池在晚间为草坪灯提供电源。其优点主要为安全、节能、方便、环保等。适用于住宅社区绿草地美化照明点缀、公园草坪美化点缀。

1. LED 太阳能草坪灯的结构组成

LED 太阳能草坪灯由光伏电池组件、小功率 LED 光源、免维护可充电蓄电池、自动控制电路、灯具等组成。

2. LED 太阳能草坪灯的系统组成

太阳能草坪灯充放电控制器，能自动在充电和放电之间切换，当白天光伏电池板感应到阳光时，自动切换到充电状态；当夜色降临光伏电池板感应不到阳光时，自动切换到放电状态，点亮草坪灯。太阳能草坪灯充放电控制器，能把 1.5V 的充电电池的输出电压提升到 3.6V。

一套充放电控制器应配一节 5 号充电电池，可以驱动 1～7 个 LED。太阳能草坪灯控制器，主要包括充电电路、驱动电路、光敏控制电路和脉宽调制电路等。这种控制器的转换效率一般在 80～85%（典型值)。

3. LED 太阳能草坪灯的光源优势

目前多数草坪灯选用 LED 作为光源，由于 LED 寿命长，工作时间可以达到 100 000h 以上，工作电压低，采用低压直流供电，其光源控制成本低，使调节明暗、频繁开关都成为可能，并且不会对 LED 的性能产生不良影响。还可以方便地控制颜色，产生动态幻景，所以它特别适合用于太阳能草坪灯。

太阳能草坪灯近年来得到了迅速发展。草坪灯功率小，主要以装饰为目的，适合在移动性要求高、电路铺设困难、防水要求高的场地使用。这些使得由光伏电池供电的草坪灯展现出许多前所未有的优势。

参考文献

[1] Steve Winder. LED 驱动电路设计[M]. 谢运祥，王晓刚，译.北京：人民邮电出版社，2009.

[2] Aliberti J. 驱动高功率 LED 照明应用的一种新方法[J].电子设计技术，2010(2):46.

[3] Kelly Ang G L. LED 驱动器的优化设计[J]. 电子设计应用，2009(9): 71-73，75.

[4] 安森美半导体. 功率因数校正（PFC）手册.

[5] 高云. 太阳能充电控制器研究[D].北京：北京交通大学电子信息工程学院，2007.

[6] 葛大勇，徐景智. 光源的颜色[J]. 光源与照明，2006(3): 35-36.

[7] 黄汉云. 太阳能光伏照明技术与应用[M]. 北京：化学工业出版社，2009.

[8] 江磊，蒋晓波，陈郁阳，等. 一种用于 LED 路灯的高效率电源驱动器设计[J].照明工程学报，2009(4): 54-58.

[9] 姜春玲，封百涛. 一种大功率 LED 驱动电路的设计与研究[J]. 泰山学院学报，2009，31(6): 54-56.

[10] 靳桅. 基于 51 系列单片机的 LED 显示屏开发技术[M]. 北京：北京航空航天大学出版社，2009.

[11] 景占荣，李晓霞，高伟. 新型 LED 驱动电路研究[J]. 西安工业大学学报，2009，29(6): 570-573.

[12] 雷月清. 验证聚合物发光电化学池中 P-N 结的电流电压特性[D].北京：北京交通大学理学院，2008.

[13] 李荣. 太阳能半导体照明系统的研究[D].南昌：南昌大学电子与信息工程学院，2008.

[14] 林炳魁. 独立型太阳能 LED 照明系统设计[J]. 漳州职业技术学院学报，2009，11(4): 4-6.

[15] 刘彬. LED 恒流驱动电源的研究与设计[D].北京：北京交通大学电子信息工程学院，2007.

[16] 刘胜利. 高亮度 LED 照明与开关电源供电[M]. 北京：中国电力出版社，2010.

[17] 路秋生. 功率因数校正技术与应用[M]. 北京：机械工业出版社，2006.

[18] 路秋生. LED 照明与应用[J]. 灯与照明，2009，33(4): 24-28.

[19] 马年骏. LED 光源——新一代绿色照明[J]. 上海节能，2008(12): 19-23.

[20] 毛兴武. 新一代绿色光源 LED 及其应用技术[M]. 北京：人民邮电出版社，2008.

[21] 欧阳平. 聚合物太阳能电池的研究[D].北京：北京交通大学理学院，2008.

[22] 尚林林，杨红官，郭友洪. 一种用于 LED 驱动的高效电荷泵电路的设计[J]. 固体电子学研究与进展，2010，30(1): 134-138.

[23] 沈海平. 大功率 LED 可靠性预测机制研究[D].杭州：浙江大学信息学院，2008.

[24] 苏达. 大功率 LED 封装散热性能的若干问题研究[D]. 杭州：浙江大学信息学院，2008.

[25] 孙小斌. LED 背光液晶显示器的色彩管理[D]. 北京：北京交通大学理学院，2007.

[26] 王存旭，迟新利，王刚. 白光 LED 在太阳能照明中的应用[J].沈阳工程学院学报：自然科学版，2008，4(4): 343-345.

[27] 王环. 基于 DSP 的太阳能并网发电系统的研究[D]. 北京：北京交通大学电气工程学院，2004.

[28] 魏学业，邓仙玉. 光伏发电系统最大功率点跟踪控制装置：中国，201010144108.X[P].2010-08-04.

[29] 魏学业，高云. 恒流输出的自适应 LED 灯具控制器：中国，200810246623.1[P].2009-06-10.

[30] 魏学业，张屹，高云. 一种自适应太阳能充电控制器：中国，200810102132.X: 10[P].2008-08-13.

[31] 吴财福，张健轩，陈裕恺. 太阳能光伏并网发电及照明系统[M]. 北京：科学出版社，2009.

[32] 杨恒. LED 照明驱动器设计步骤详解[M]. 北京：中国电力出版社，2010.

[33] 杨清德，康娅. LED 及其工程应用[M]. 北京：人民邮电出版社，2007.

[34] 杨旸，赵梦恋，陆佳颖，等. 高亮度白光 LED 驱动控制器设计[J].浙江大学学报：工学版，2010(1): 111-117.

[35] 姚帅，余桂英 .一种基于 Boose-Buck 拓扑的 LED 驱动电路[J]. 照明工程学报：2009(3): 24-27.

[36] 余永林，姚启仓. 基于 HV9931 的单位功率因数 LED 驱动器设计[J]. 国外电子元器件:2007(4): 38-41.

[37] 袁晓伟. 便携式产品中白光 LED 驱动电路的设计[D]. 信号与信息处理. 北京:北方工业大学，2008.

[38] 周志敏，纪爱华. LED 驱动电源设计 100 例[M]. 北京：中国电力出版社，2009.

[39] 周志敏，纪爱华. LED 照明技术与工程应用[M]. 北京：中国电力出版社，2010.

[40] 周志敏，纪爱华. 太阳能 LED 路灯设计与应用[M]. 北京：电子工业出版社，2009.

[41] 周志敏，周纪海，纪爱华. LED 驱动电路设计实例[M]. 北京：电子工业出版社，2010.

[42] 朱士海. 隔离式 LED 驱动电源系列方案[J]. 今日电子：2009(11): 52-53，55.